ICT 建设与运维岗位能力培养丛书

IPv6 技术与应用（华三版）

周永福　黄君羡　主　编
徐文义　蔡宗唐　副主编
正月十六工作室　组　编

电子工业出版社
Publishing House of Electronics Industry
北京·BEIJING

内 容 简 介

本书围绕网络管理工程师对 H3C（新华三技术有限公司）网络设备的配置与管理技能，系统、完整地介绍了 IPv6 地址、邻居发现、地址冲突检测、IPv6 静态路由、IPv6 默认路由、OSPFv3、IPv6 访问控制列表、IPv6 隧道等知识。

全书由 IPv6 局域网应用篇、IPv6 园区网应用篇、IPv4 与 IPv6 混合应用篇、IPv6 扩展应用篇 4 个单元组成，每个单元包含 3～5 个项目，每个项目均源于一个真实的业务场景，按工作过程系统化展开。通过在业务场景中学习和实践，让读者快速熟悉 IPv6 的相关知识及应用。

本书提供了微课、PPT、源代码等教学资源，适合作为应用型本科、高职、中职、技师等院校信息技术的专业课程教材，也可作为 IPv6 技术与应用的培训教材，以及社会信息技术相关工作人员的参考用书。

未经许可，不得以任何方式复制或抄袭本书之部分或全部内容。
版权所有，侵权必究。

图书在版编目（CIP）数据

IPv6 技术与应用：华三版 / 周永福，黄君羡主编. —北京：电子工业出版社，2023.1
ISBN 978-7-121-44849-2

Ⅰ.①I… Ⅱ.①周… ②黄… Ⅲ.①计算机网络—通信协议 Ⅳ.①TN915.04

中国国家版本馆 CIP 数据核字（2023）第 005427 号

责任编辑：李　静
印　　刷：山东华立印务有限公司
装　　订：山东华立印务有限公司
出版发行：电子工业出版社
　　　　　北京市海淀区万寿路 173 信箱　邮编 100036
开　　本：787×1 092　1/16　印张：18.75　字数：480 千字
版　　次：2023 年 1 月第 1 版
印　　次：2023 年 8 月第 2 次印刷
定　　价：59.80 元

凡所购买电子工业出版社图书有缺损问题，请向购买书店调换。若书店售缺，请与本社发行部联系，联系及邮购电话：（010）88254888，88258888。
质量投诉请发邮件至 zlts@phei.com.cn，盗版侵权举报请发邮件至 dbqq@phei.com.cn。
本书咨询联系方式：（010）88254604 或 lijing@phei.com.cn。

前　言

　　正月十六工作室集合 IT 厂商、IT 服务商、资深教师组成教材开发团队，聚焦产业发展动态，持续跟进新一代 ICT（Information Communication Technology，简称 ICT）岗位需求变化，基于工作过程系统化开发项目化课程和全方位教学资源。

　　本书前期历经职业院校教学、企业培训的多次打磨，融合了教材开发团队多年的教学与培训经验，采用最容易让读者理解的方式，通过场景化的项目案例将理论与技术应用密切结合，让技术应用更具实用性；通过标准化业务实施流程熟悉工作过程；通过项目拓展进一步巩固业务能力，促进读者养成规范的职业行为。全书通过 15 个精心设计的项目让读者逐步地掌握 IPv6 技术与应用，为成为一名准 IT 网络管理工程师打下坚实的基础。

　　本书极具职业特征，有如下特色。

　　1. 课证融通、校企双元开发

　　本书由高校教师和企业工程师联合编撰。书中关于路由与交换的相关技术及知识点导入了新华三网络服务技术标准和新华三认证考核标准；课程项目导入了荔峰科技、中锐网络等服务商的典型项目案例和标准化业务实施流程；高校教师团队按照高职网络专业人才培养要求和教学标准，考虑读者的认知特点，将企业资源进行教学化改造，形成工作过程系统化教材，教材内容符合网络管理工程师岗位技能培养要求。

　　2. 项目贯穿、课产融合

　　● **递进式场景化项目重构课程序列**。本书围绕网络管理工程师岗位对网络工程中 IPv6 技术、技能的要求，基于工作过程系统化方法，按照 TCP/IP 协议由低层到高层这一规律，设计了 15 个进阶式项目案例，并将网络知识分块融入各项目中，构建各项目内容。学生通过进阶式项目的学习，掌握相关的知识和技能，可具备网络管理工程师的岗位能力。

　　● **用业务流程驱动学习过程**。本书将课程项目按企业工程项目实施流程分解为若干工作任务。通过项目描述、项目需求分析、项目相关知识、项目规划设计为任务做铺垫；任务实施过程由任务规划、任务实施和任务验证构成，符合工程项目实施的一般规律。读者通过对 15 个项目的渐进学习，逐步熟悉网络管理工程师岗位中 IPv6 配置与管理知识的应用场景，熟练掌握业务实施流程，养成良好的职业素养。

　　IPv6 技术与应用学习地图如图 0-1 所示。

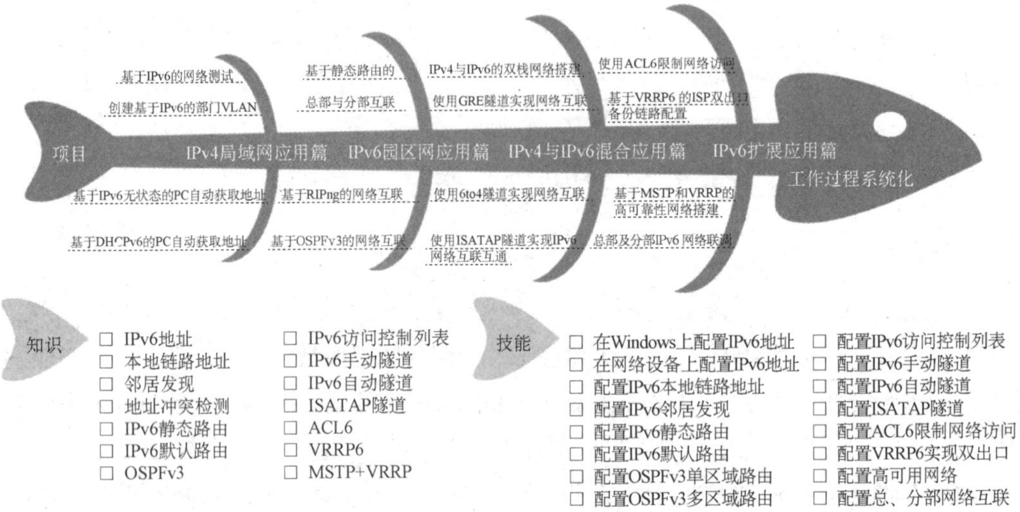

图 0-1 IPv6 技术与应用学习地图

鱼骨图内容：

项目（工作过程系统化）：
- IPv4 局域网应用篇
  - 基于 IPv6 的网络测试
  - 创建基于 IPv6 的部门 VLAN
  - 基于 IPv6 无状态的 PC 自动获取地址
  - 基于 DHCPv6 的 PC 自动获取地址
- IPv6 园区网应用篇
  - 基于静态路由的总部与分部互联
  - 基于 RIPng 的网络互联
  - 基于 OSPFv3 的网络互联
- IPv4 与 IPv6 混合应用篇
  - IPv4 与 IPv6 的双栈网络搭建
  - 使用 GRE 隧道实现网络互联
  - 使用 6to4 隧道实现网络互联
  - 使用 ISATAP 隧道实现 IPv6 网络互联互通
- IPv6 扩展应用篇
  - 使用 ACL6 限制网络访问
  - 基于 VRRP6 的 ISP 双出口备份链路配置
  - 基于 MSTP 和 VRRP 的高可靠性网络搭建
  - 总部及分部 IPv6 网络联调

知识：
- IPv6 地址
- 本地链路地址
- 邻居发现
- 地址冲突检测
- ISATAP 隧道
- IPv6 静态路由
- IPv6 默认路由
- OSPFv3
- IPv6 访问控制列表
- IPv6 手动隧道
- IPv6 自动隧道
- ISATAP 隧道
- ACL6
- VRRP6
- MSTP+VRRP

技能：
- 在 Windows 上配置 IPv6 地址
- 在网络设备上配置 IPv6 地址
- 配置 IPv6 本地链路地址
- 配置 IPv6 邻居发现
- 配置 IPv6 静态路由
- 配置 IPv6 默认路由
- 配置 OSPFv3 单区域路由
- 配置 OSPFv3 多区域路由
- 配置 IPv6 访问控制列表
- 配置 IPv6 手动隧道
- 配置 IPv6 自动隧道
- 配置 ISATAP 隧道
- 配置 ACL6 限制网络访问
- 配置 VRRP6 实现双出口
- 配置高可用网络
- 配置总、分部网络互联

图 0-1 IPv6 技术与应用学习地图

3. 实训项目具有复合性和延续性

考虑企业真实工作项目的复合性，工作室在每个项目后精心设计了课程实训项目。实训项目不仅考核与本项目相关的知识点、技能点和业务流程，还涉及前序知识点与技能点，强化了各阶段知识点、技能点之间的关联，让读者熟悉知识与技能在实际场景中的应用。

本书若作为教学用书，参考课时为 35～64 课时，各项目的参考课时如表 0-1 所示。

表 0-1 课时分配表

内容模块	课程内容	课时
IPv6 局域网应用篇	项目 1 Jan16 公司 IPv6 网络测试	1～2
	项目 2 Jan16 公司创建基于 IPv6 的部门 VLAN	2～4
	项目 3 基于 IPv6 无状态的 PC 自动获取地址	2～4
	项目 4 基于 DHCPv6 的 PC 自动获取地址	2～4
IPv6 园区网应用篇	项目 5 基于静态路由的总部与分部互联	2～4
	项目 6 基于 RIPng 的 Jan16 园区网络互联	2～4
	项目 7 基于 OSPFv3 的 Jan16 公司总部与多个分部互联	2～4
IPv4 与 IPv6 混合应用篇	项目 8 Jan16 公司基于 IPv4 和 IPv6 的双栈网络搭建	2～4
	项目 9 使用 GRE 隧道实现 Jan16 公司总部与分部的互联	2～4
	项目 10 使用 6to4 隧道实现 Jan16 公司总部与分部的互联	2～4
	项目 11 使用 ISATAP 隧道实现 Jan16 公司 IPv4 网络与 IPv6 网络的互联互通	2～4
IPv6 扩展应用篇	项目 12 使用 ACL6 限制 Jan16 公司网络访问	2～4
	项目 13 Jan16 公司基于 VRRP6 的 ISP 双出口备份链路配置	4～6
	项目 14 Jan16 公司基于 MSTP 和 VRRP 的高可靠性网络搭建	4～6
	项目 15 综合项目——Jan16 公司总部及分部 IPv6 网络联调	4～6
课时总计		35～64

本书由正月十六工作室组编，主编为周永福、黄君羡，副主编为徐文义、蔡宗唐，编者信息如表0-2所示。

表0-2 参编单位及编者

参编单位	编者
正月十六工作室	蔡宗唐、欧阳绪彬、刘国凯、何嘉愉
新华三技术有限公司	赵磊
国育产教融合教育科技（海南）有限公司	卢金莲
荔峰科技（广州）有限公司	刘勋
河源职业技术学院	周永福、徐文义、安华萍、王艳萍
广东交通职业技术学院	黄君羡、唐浩祥

本书在编写过程中，参阅了大量的网络技术资料和书籍，特别引用了IT服务商的大量项目案例，在此，对这些资料的贡献者表示感谢。

由于技术发展迅速，加上编者水平有限，书中难免有疏漏或不足之处，望广大读者批评指正。

正月十六工作室
2022年9月

ICT 建设与运维岗位能力培养丛书编委会

（以下排名不分顺序）

主　任：

罗　毅　广东交通职业技术学院

副主任：

白晓波　全国互联网应用产教联盟
武春岭　全国职业院校电子信息类专业校企联盟
黄君羡　中国通信学会职业教育工作委员会
王隆杰　深圳职业技术学院

委　员：

朱　珍　广东工程职业技术学院
许建豪　南宁职业技术学院
莫乐群　广东交通职业技术学院
梁广明　深圳职业技术学院
李爱国　陕西工业职业技术学院
李　焕　咸阳职业技术学院
詹可强　福建信息职业技术学院
肖　颖　无锡职业技术学院
安淑梅　锐捷网络股份有限公司
王艳凤　唯康教育科技股份有限公司
陈　靖　联想教育科技股份有限公司
秦　冰　统信软件技术有限公司
李　洋　深信服科技股份有限公司
黄祖海　中锐网络股份有限公司
肖茂财　荔峰科技有限公司
蔡宗山　职教桥数据科技有限公司
江　政　国育产教融合教育科技有限公司

目 录

单元1 IPv6局域网应用篇

项目1 Jan16公司IPv6网络测试 ·················· 3
  项目描述 ·················· 3
  项目需求分析 ·················· 3
  项目相关知识 ·················· 3
    1.1 IPv4的局限性 ·················· 3
    1.2 IPv6概述 ·················· 4
    1.3 IPv6的数据包封装 ·················· 5
    1.4 IPv6地址的表达方式 ·················· 8
    1.5 IPv6地址结构 ·················· 9
  项目规划设计 ·················· 9
  项目实施 ·················· 10
    任务 在PC上配置IPv6地址 ·················· 10
  项目验证 ·················· 14
  练习与思考 ·················· 14

项目2 Jan16公司创建基于IPv6的部门VLAN ·················· 17
  项目描述 ·················· 17
  项目需求分析 ·················· 17
  项目相关知识 ·················· 18
    2.1 IPv6单播地址 ·················· 18
    2.2 IPv6组播地址 ·················· 20
    2.3 IPv6任播地址 ·················· 21
    2.4 ICMPv6协议 ·················· 22
  项目规划设计 ·················· 25
  项目实施 ·················· 26
    任务2-1 创建部门VLAN ·················· 26

	任务2-2 配置交换机之间的互联端口	29
	任务2-3 配置交换机及PC的IPv6地址	30
项目验证		32
练习与思考		33

项目3 基于IPv6无状态的PC自动获取地址 36

项目描述 36

项目需求分析 36

项目相关知识 37

    3.1 邻居发现协议 37

    3.2 EUI-64规范 40

    3.3 无状态地址自动配置 42

项目规划设计 43

项目实施 45

    任务3-1 创建部门VLAN 45

    任务3-2 配置交换机互联端口 47

    任务3-3 配置交换机及PC的IPv6地址 49

项目验证 51

练习与思考 52

项目4 基于DHCPv6的PC自动获取地址 55

项目描述 55

项目需求分析 55

项目相关知识 56

    4.1 DHCPv6自动分配概述 56

    4.2 DHCPv6协议报文类型 57

    4.3 DHCPv6有状态自动分配工作过程 58

    4.4 DHCPv6无状态地址自动分配工作过程 58

项目规划设计 59

项目实施 60

    任务4-1 创建部门VLAN 60

    任务4-2 配置交换机互联端口 62

    任务4-3 配置交换机的IPv6地址并开启DHCPv6功能 63

项目验证 66

练习与思考 68

单元2　IPv6园区网应用篇

项目5　基于静态路由的总部与分部互联 ·· 73
 项目描述 ·· 73
 项目需求分析 ·· 73
 项目相关知识 ·· 74
  5.1　静态路由概述 ··· 74
  5.2　默认路由概述 ··· 74
  5.3　静态路由的配置案例 ·· 74
  5.4　静态路由的负载分担配置案例 ·· 75
  5.5　静态路由的备份配置案例 ·· 76
  5.6　默认路由的配置案例 ·· 77
 项目规划设计 ·· 77
 项目实施 ·· 79
  任务5-1　创建部门VLAN ·· 79
  任务5-2　配置PC、交换机、路由器的IPv6地址 ························· 81
  任务5-3　配置交换机和路由器的静态路由 ································ 84
 项目验证 ·· 86
 练习与思考 ·· 87

项目6　基于RIPng的Jan16园区网络互联 ·· 90
 项目描述 ·· 90
 项目需求分析 ·· 91
 项目相关知识 ·· 91
  6.1　RIPng概述 ··· 91
  6.2　RIPng工作机制 ··· 91
  6.3　RIPng与RIPv2的主要区别 ·· 92
 项目规划设计 ·· 93
 项目实施 ·· 95
  任务6-1　创建部门VLAN ·· 95
  任务6-2　配置交换机互联端口 ··· 98
  任务6-3　配置路由器、交换机、PC、FTP服务器的IPv6地址 ········ 100
  任务6-4　配置RIPng动态路由协议 ··· 103
 项目验证 ·· 105
 练习与思考 ·· 106

项目 7　基于 OSPFv3 的 Jan16 公司总部与多个分部互联 ············· 109
项目描述 ············· 109
项目需求分析 ············· 110
项目相关知识 ············· 110
7.1　OSPFv3 概述 ············· 110
7.2　OSPFv3 与 OSPFv2 的比较 ············· 110
7.3　OSPFv3 工作机制 ············· 112
项目规划设计 ············· 113
项目实施 ············· 115
任务 7-1　配置路由器及 PC 的 IPv6 地址 ············· 115
任务 7-2　配置 DHCPv6 自动分配 ············· 118
任务 7-3　配置 OSPFv3 动态路由协议 ············· 120
项目验证 ············· 124
练习与思考 ············· 127

单元 3　IPv4 与 IPv6 混合应用篇

项目 8　Jan16 公司基于 IPv4 和 IPv6 的双栈网络搭建 ············· 133
项目描述 ············· 133
项目需求分析 ············· 133
项目相关知识 ············· 134
8.1　双栈技术概述 ············· 134
8.2　双栈技术组网结构 ············· 134
8.3　双栈节点选择协议 ············· 135
项目规划设计 ············· 135
项目实施 ············· 137
任务 8-1　创建部门 VLAN ············· 137
任务 8-2　配置交换机互联端口 ············· 140
任务 8-3　配置 IPv4 网络 ············· 143
任务 8-4　配置 IPv6 网络 ············· 144
项目验证 ············· 146
练习与思考 ············· 146

项目 9　使用 GRE 隧道实现 Jan16 公司总部与分部的互联 ············· 149
项目描述 ············· 149
项目需求分析 ············· 149

项目相关知识 ·· 150
　　　　9.1　IPv6 Over IPv4 隧道技术概述 ··· 150
　　　　9.2　IPv6 Over IPv4 GRE 隧道 ·· 151
　　项目规划设计 ·· 152
　　项目实施 ·· 153
　　　　任务 9-1　配置运营商路由器 ·· 153
　　　　任务 9-2　配置公司路由器及 PC 的 IP 地址 ···································· 154
　　　　任务 9-3　配置出口路由器的 IPv4 默认路由 ··································· 157
　　　　任务 9-4　配置 IPv6 Over IPv4 GRE 隧道 ······································ 158
　　项目验证 ·· 159
　　练习与思考 ··· 160

项目 10　使用 6to4 隧道实现 Jan16 公司总部与分部的互联 ························· 163
　　项目描述 ·· 163
　　项目需求分析 ·· 163
　　项目相关知识 ·· 164
　　　　10.1　6to4 隧道技术 ··· 164
　　　　10.2　6to4 隧道中继 ··· 166
　　项目规划设计 ·· 167
　　项目实施 ·· 169
　　　　任务 10-1　配置运营商路由器 ·· 169
　　　　任务 10-2　配置公司路由器及 PC 的 IP 地址 ·································· 170
　　　　任务 10-3　配置出口路由器的 IPv4 默认路由 ································· 172
　　　　任务 10-4　配置 6to4 隧道 ··· 173
　　项目验证 ·· 175
　　练习与思考 ··· 176

项目 11　使用 ISATAP 隧道实现 Jan16 公司 IPv4 网络与 IPv6 网络的互联互通 ········ 179
　　项目描述 ·· 179
　　项目需求分析 ·· 179
　　项目相关知识 ·· 180
　　　　11.1　ISATAP 隧道概述 ·· 180
　　　　11.2　ISATAP 隧道工作原理 ··· 180
　　项目规划设计 ·· 183
　　项目实施 ·· 184
　　　　任务 11-1　创建部门 VLAN 并划分端口 ······································· 184
　　　　任务 11-2　配置 PC、路由器、交换机的 IPv4 和 IPv6 地址 ············· 186

任务11-3　配置IPv4和IPv6网络路由 190
　　任务11-4　配置ISATAP隧道 191
　项目验证 193
　练习与思考 194

单元4　IPv6扩展应用篇

项目12　使用ACL6限制Jan16公司网络访问 199
　项目描述 199
　项目需求分析 199
　项目相关知识 200
　　12.1　ACL6概述 200
　　12.2　ACL6工作原理 200
　项目规划设计 205
　项目实施 206
　　任务12-1　创建部门VLAN并划分端口 206
　　任务12-2　配置PC、交换机、路由器的IPv6地址 208
　　任务12-3　配置静态路由 210
　　任务12-4　配置ACL6 211
　项目验证 213
　练习与思考 215

项目13　Jan16公司基于VRRP6的ISP双出口备份链路配置 218
　项目描述 218
　项目需求分析 219
　项目相关知识 219
　　13.1　VRRP概述 219
　　13.2　VRRP v3报文结构 221
　　13.3　VRRP v3工作过程 222
　　13.4　VRRP v3负载均衡 224
　项目规划设计 225
　项目实施 227
　　任务13-1　配置PC、路由器的IPv6地址 227
　　任务13-2　配置静态路由 230
　　任务13-3　配置VRRP6 232
　项目验证 234

练习与思考 ··· 234

项目 14　Jan16 公司基于 MSTP 和 VRRP 的高可靠性网络搭建 ············ 237

项目描述 ··· 237

项目需求分析 ··· 238

项目相关知识 ··· 238

  14.1　传统生成树协议的弊端 ································ 238

  14.2　MSTP 协议原理 ·· 239

  14.3　MSTP+VRRP ·· 240

项目规划设计 ··· 241

项目实施 ··· 244

  任务 14-1　配置部门 VLAN ····································· 244

  任务 14-2　配置聚合链路及交换机互联链路 ············· 246

  任务 14-3　配置 PC、路由器、交换机的 IPv6 地址 ····· 250

  任务 14-4　配置 MSTP ·· 253

  任务 14-5　配置 VRRP6 ·· 254

  任务 14-6　配置 OSPFv3 ··· 256

  任务 14-7　配置 OSPFv3 接口 cost 值 ························ 259

项目验证 ··· 260

练习与思考 ·· 261

项目 15　综合项目——Jan16 公司总部及分部 IPv6 网络联调 ············ 264

项目描述 ··· 264

项目需求分析 ··· 265

项目规划设计 ··· 265

项目实施 ··· 267

  任务 15-1　互联网网络配置 ···································· 267

  任务 15-2　总部基础网络配置 ································· 268

  任务 15-3　总部 IP 业务及路由配置 ·························· 269

  任务 15-4　分部基础网络配置 ································· 273

  任务 15-5　分部 IP 业务及路由配置 ·························· 274

  任务 15-6　总部与分部互联隧道配置 ························ 277

  任务 15-7　总部安全配置 ······································· 279

项目验证 ··· 280

练习与思考 ·· 281

单元 1　IPv6 局域网应用篇

项目 1　Jan16 公司 IPv6 网络测试

随着 IPv6 的普及，Jan16 公司所在的智慧园区已全面升级为 IPv6 网络。Jan16 公司部署的交换机、路由器均支持 IPv6，所以公司准备将公司的信息中心升级为 IPv6 网络，前期需要测试公司现有 PC 是否支持 IPv6。

网络工程师小蔡负责该测试任务，计划先使用信息中心的两台终端接入测试交换机（SW），测试公司网络是否支持 IPv6。公司测试网络拓扑如图 1-1 所示。

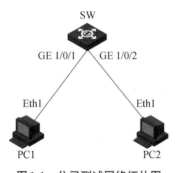

图 1-1　公司测试网络拓扑图

本项目只需要在信息中心的两台 PC 上配置 IPv6 地址，并测试通信是否正常即可。

1.1　IPv4 的局限性

IPv4 是目前广泛部署的互联网协议，它经过了多年的发展，已经非常成熟，易于实现，得到了所有厂商和设备的支持，但也有一些不足之处。

1. 能够提供的地址空间不足且分配不均

互联网起源于 20 世纪 60 年代的美国国防部，每台联网的设备都需要一个 IP 地址，初期只有上千台设备联网，使得采用 32 位长度的 IP 地址看来几乎不可能被耗尽。但随着互联网的发展，用户数量大量增加，尤其是随着互联网的商业化后，用户数量呈现几何倍数的增长，IPv4 地址资源即将耗尽。IPv4 可以提供 2^{32} 个地址，由于协议初期规划的问题，部分地址不能被分配使用，如 D 类地址（组播地址）和 E 类地址（实验保留地址），造成整个地址空间进一步缩小。

另外，在初期看来是不可能被耗尽的 IP 地址，在具体数量的分配上也是非常不均衡的，美国占了一半以上数量的 IP 地址，特别是一些大型公司（如 IBM），申请并获得了 1000 万个以上的 IP 地址，但实际上往往用不了，造成非常大的资源浪费。另外，亚洲人口众多，但获得的地址却非常有限，地址不足这个问题显得更加突出，进一步限制了互联网的发展。

2. 互联网骨干路由器的路由表非常庞大

由于 IPv4 发展初期缺乏合理的地址规划，造成地址分配的不均衡，导致当今互联网骨干设备的 BGP 路由表非常庞大，已经达到数十万条的规模，并且还在持续增长中。由于缺乏合理的规划，也导致无法实现进一步的路由汇总，这样给骨干设备的处理能力和内存空间带来较大压力，影响了数据包的转发效率。

1.2 IPv6 概述

互联网工程任务组（Internet Engineering Task Force，IETF）在 20 世纪 90 年代提出了下一代互联网协议——IPv6。

相比于 IPv4，IPv6 具有诸多优点。

1. 地址空间巨大

相对于 IPv4 的地址空间而言，IPv6 采用 128 位的地址长度，其地址总数可达 2^{128} 个，几乎不会被耗尽，这个地址数量可以使地球上的每一粒沙子都拥有一个单独的 IP 地址。如此庞大的地址总数可以满足任何未来网络的应用，如物联网等。

2. 层次化的路由设计

在规划设计 IPv6 地址时，采用了层次化的设计方法，前 3 位固定，第 4~16 位为顶级聚合,第 25~48 位为次级聚合,第 49~64 位为站点级聚合。理论上,互联网骨干设备上的 IPv6 路由表只有 8192(顶级聚合为第 4~16 位,共 13 位,顶级路由则为 2^{13}=8192)条路由信息。

3. 效率高,扩展灵活

相比 IPv4 报头大小的可变化(可为 20~60 字节),IPv6 基本报头采用了定长设计,大小固定为 40 字节。相比 IPv4 报头中数量多达 12 个的选项,IPv6 把报头分为基本报头和扩展报头,基本报头中只包含选路所需要的 8 个基本选项,其他功能都设计为扩展报头,这样有利于提高路由器的转发效率,也可以根据新的需求设计出新的扩展报头,以使其具有良好的扩展性。

4. 支持即插即用

设备连接到网络中时,可以通过自动配置的方式获取网络前缀和参数,并自动结合设备自身的链路地址生成 IP 地址,简化了网络管理工作。

5. 更好的安全性保障

IPv6 通过扩展报头的形式支持 IPSec 协议,无须借助其他安全加密设备,因此可以直接为上层数据提供加密和身份认证,保障了数据传输的安全性。

6. 引入了流标签的概念

相比 IPv4,IPv6 引入了 Flow Label(流标签)的概念。使用 IPv6 新增的 Flow Label 字段,加上相同的源 IP 地址和目的 IP 地址,可以标记数据包属于某个相同的流量,业务可以根据不同的数据流进行更细致的分类,实现优先级控制,例如,基于流的 QoS 等应用适用于对连接的服务质量有特殊要求的通信,如音频或视频等实时数据传输。

1.3　IPv6 的数据包封装

相比转发效率低下的 IPv4,IPv6 将报文的报头分为基本报头和拓展报头两部分。基本报头中只包含基本的必要属性,如 Source Address(源地址)、Destination Address(目的地址)等,扩展报头(扩展属性)添加在基本报头的后面。

1. IPv6 基本报头

IPv6 基本报头大小固定为 40 字节(1 字节=8 位),其中包含 8 个字段,其格式如图 1-2 所示。

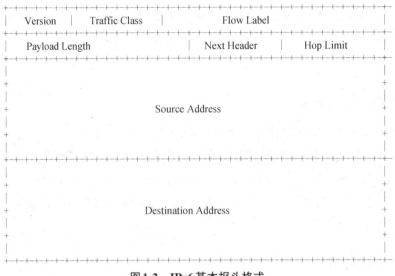

图1-2 IPv6基本报头格式

（1）Version（版本）：长度为4位，版本指定IPv6时，其值为6（0110）。

（2）Traffic Class（流类别）：长度为8位，用来区分不同类型或优先级的IPv6数据包。

（3）Flow Label（流标签）：长度为20位。网络中的端节点与中间节点使用源地址和流标签来唯一地标识一个流，属于同一个流的所有包的处理方式都应该相同。目前，该字段还在试用阶段。

（4）Payload Length（有效载荷）：长度为16位，数据包的有效载荷，单位是字节，最大数值为65535，指IPv6基本报头后面的长度，包含扩展报头部分。该字段和IPv4报头的总长度字段的不同之处在于，IPv4报头中总长度字段指的是报头和数据两部分的长度，而IPv6的有效载荷字段只是指数据部分的长度，不包括IPv6基本报头。

（5）Next Header（下一个报头）：长度为8位，指明基本报头后面的扩展报头或上层协议中的协议类型。如果只有基本报头而无扩展报头，那么该字段的值表示的是数据部分所承载的协议类型。这一点类似IPv4，且与IPv4的协议字段使用相同的协议值，例如，TCP（Transmission Control Protocol，传输控制协议）为6，UDP（User Datagram Protocol，用户数据报协议）为17。表1-1列出了常用的Next Header值及对应的扩展报头或上层协议类型。

表1-1 常用的Next Header值及对应的扩展报头或上层协议类型

Next Header 值	对应的扩展报头或上层协议类型
0	逐跳选项扩展报头
6	TCP
17	UDP
43	路由选择扩展报头

（续表）

Next Header 值	对应的扩展报头或上层协议类型
44	分段扩展报头
50	ESP（Encapsulation Security Payload，封装安全载荷）扩展报头
51	AH（Authentication Header，认证头部）扩展报头
58	ICMPv6（Internet Control Message Protocol version 6，因特网控制消息协议版本 6）（项目 2）
60	目的选项扩展报头
89	OSPFv3（Open Shortest Path First version 3，最短路径优先协议版本 3）（项目 7）

（6）Hop Limit（跳数限制）：长度为 8 位，其功能类似 IPv4 中的 TTL（Time To Live，生存时间值）字段，最大值为 255，报文每经过一跳，该字段值会减 1，该字段值减为 0 后，数据包会被丢弃。

（7）Source Address（源地址）：长度为 128 位，数据包的源 IPv6 地址，必须是单播地址。单播地址的相关内容在项目 2 中讲解。

（8）Destination Address（目的地址）：长度为 128 位，数据包的目的 IPv6 地址，可以是单播地址或组播地址。组播地址的相关内容在项目 2 中讲解。

2. IPv6 扩展报头

IPv6 扩展报头是可选报头，位于 IPv6 基本报头后，其作用是取代 IPv4 报头中的选项字段，这样可以使 IPv6 的基本报头采用定长设计，并把 IPv4 中的部分字段（如分段字段）独立出来，将其设计为各种 IPv6 扩展报头，这样做的好处是大大提高了中间节点对 IPv6 数据包的转发效率。每个 IPv6 数据包都可以有 0 个或多个扩展报头，每个扩展报头的长度都是 8 字节的整数倍。

IPv6 的扩展报头被当作 IPv6 有效载荷的一部分一起计算长度值，填充在 IPv6 基本报头的 Payload Length 字段内。

IPv6 的报文结构示例如图 1-3 所示。

目前，RFC2460 因特网协议版本 6（Internet Protocol version 6 Specification，IPv6）规范中定义了 6 种 IPv6 扩展报头：逐跳选项扩展报头、目的选项扩展报头、路由选择扩展报头、分段扩展报头、认证扩展报头、封装安全净载扩展报头。其中，路由选择扩展报头、分段扩展报头、认证扩展报头、封装安全净载扩展报头都有固定的长度，而逐跳选项扩展报头和目的选项扩展报头的数据部分则采用了选项数据类型-选项数据长度-选项数据值（Type-Length-Value，TLV）的选项设计，如图 1-4 所示。

（1）Option Data Type（选项数据类型）：长度为 8 位，标识类型，最高两位表示设备识别此扩展报头时的处理方法（00 表示跳过这个选项；01 表示丢弃数据包，不通知发送方；10 表示丢弃数据包，无论目的 IP 地址是否为组播地址，都向发送方发送一个 ICMPv6 的

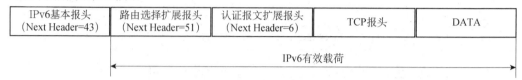

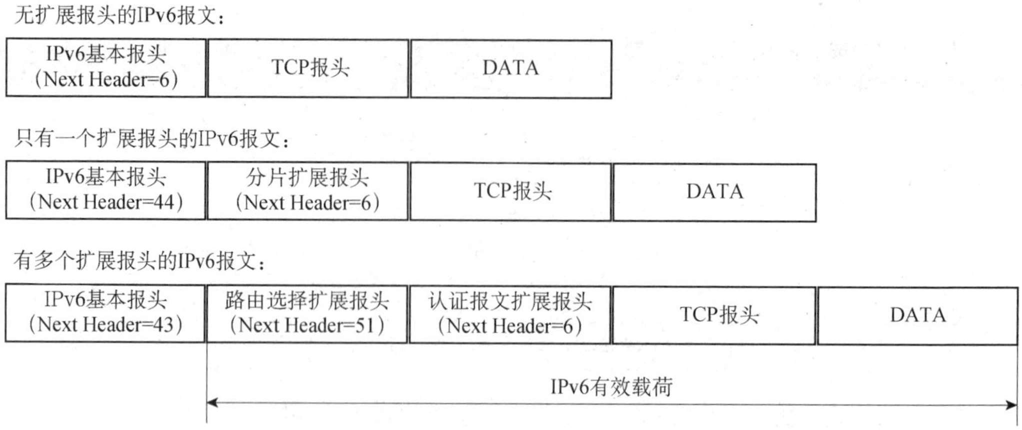

图1-3 IPv6的报文结构示例

选项数据类型 (Option Data Type)	选项数据长度 (Option Data Length)	选项数据值 (Option Data Value)

图1-4 扩展报头数据部分的选项设计

错误信息报文；11表示丢弃数据包，当目的IP地址不是组播地址时，向发送方发送一个ICMPv6的错误信息报文）；第三位表示在选路过程中，Data部分是否可以被改变（0表示Option不能被改变；1表示Option可以被改变）。

（2）Option Data Length（选项数据长度）：长度为8位，标识Option Data Value部分的长度，单位为字节，最大值为255。

（3）Option Data Value（选项数据值）：长度可变，最大值为255，该字段内容为选项的具体数据内容。

1.4 IPv6地址的表达方式

IPv4地址共32位，习惯将其分成4块，每块有8位，中间用“.”相隔，为了方便书写和记忆，一般换算成十进制数表示，例如，11000000.10101000.00000001.00000001可以表示为192.168.1.1。这种表达方式被称为点分十进制。

IPv6地址共128位，习惯将其分为8块，每块16位，中间用“:”相隔，然后将16位数换算成十六进制数表示。下面是一个IPv6地址的完整表达方式。

2001:0fe4:0001:2c00:0000:0000:0001:0ba1

显然，这样的地址是非常不便于书写和记忆的，所以在此基础上可以对IPv6地址的表达方式做一些简化。

（1）简化规则1：每个地址块的起始部分的0可以省略。

例如，上述地址可以简化表达为【2001:fe4:1:2c00:0:0:1:ba1】。

需要注意的是，只有每个地址块的第一个 0 可以被省略，但后几位的 0 是不能被省略的。在上述例子中，第 5 块和第 6 块地址都是由 4 个 0 组成的，可以简化为一个 0。

（2）简化规则 2：由一个或连续多个 0 组成的地址块可以用"::"取代。

例如，上述地址可以简化表达为【2001:fe4:1:2c00::1:ba1】。

需要注意的是，在整个地址中，只能出现一次"::"。例如，以下是一个完整的 IPv6 地址。

2001:0000:0000:0001:0000:0000:0000:0001

若错误地将其简化表达为【2001::1::1】，则上述表达方式中出现了两次"::"，会导致无法判断具体哪几块地址被省略，以致引起歧义。

以上 IPv6 地址可以正确表示为以下两种表达方式。

表达方式 1：【2001::1:0:0:0:1】。

表达方式 2：【2001:0:0:1::1】。

1.5　IPv6 地址结构

IPv6 地址的结构为网络前缀+接口 ID，网络前缀相当于 IPv4 中的网络位，接口 ID 相当于 IPv4 中的主机位。IPv6 中较常用的是 64 位前缀长度的网络。

IPv6 的地址构成如图 1-5 所示。

图 1-5　IPv6 的地址构成

为了区分这两部分，在 IPv6 地址后面加上"/数字（十进制数）"的组合，数字用来确定从头开始的几位是网络前缀。

例如，2001::1/64。

▶ 项目拓扑

本项目中，使用两台 PC 及一台新购置的交换机来构建项目网络拓扑，如图 1-6 所示。其中 PC1 与 PC2 是 Jan16 公司员工现有的 PC，SW 作为 PC1 与 PC2 之间的交换机。通过为 PC1 和 PC2 配置 IPv6 地址，实现 PC1 与 PC2 之间能通过 IPv6 地址互相访问。

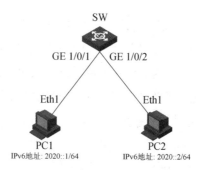

图1-6 项目网络拓扑图

▶ 项目规划

根据图 1-6 所示的项目网络拓扑进行业务规划，端口互联规划、IP 地址规划分别如表 1-2、表 1-3 所示。

表1-2 端口互联规划表

本端设备	本端接口	对端设备	对端接口
PC1	Eth1	SW	GE 1/0/1
PC2	Eth1	SW	GE 1/0/2
SW	GE 1/0/1	PC1	Eth1
SW	GE 1/0/2	PC2	Eth1

表1-3 IP 地址规划表

设备命名	接口	IPv6 地址	用途
PC1	Eth1	2020::1/64	PC1 地址
PC2	Eth1	2020::2/64	PC2 地址

项目实施

任务　在 PC 上配置 IPv6 地址

▶ 任务规划

扫一扫
看微课

根据项目规划中的 IP 地址规划表，为 PC1、PC2 配置相应的 IPv6 地址。

项目1　Jan16公司IPv6网络测试

▶ 任务实施

1. PC1配置

（1）如图1-7所示，在开始菜单中单击【设置】→【网络和Internet】，在【状态】选项卡的右侧菜单中单击【更改适配器选项】，进入【网络连接】配置界面。

图1-7　打开【网络和Internet】设置

（2）在【网络连接】配置界面中，右击需要配置的网络适配器，选择【属性】选项，如图1-8所示。

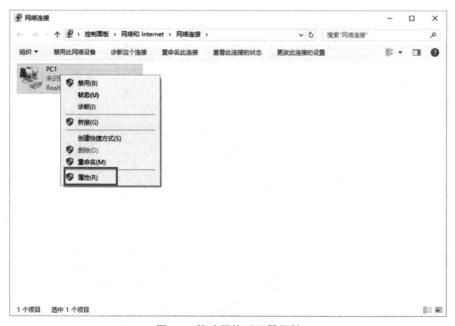

图1-8　修改网络适配器属性

(3)在网络适配器【PC1 属性】界面中,选择【Internet 协议版本 6(TCP/IPv6)】复选框,如图 1-9 所示。

图 1-9　选择【Internet 协议版本 6(TCP/IPv6)】复选框

(4)如图 1-10 所示,为 PC1 配置【IPv6 地址】为【2020::1】及【子网前缀长度】为【64】,单击【确定】按钮,IPv6 地址设置完毕。

图 1-10　配置 IPv6 地址

2. PC2 配置

PC2 的配置与 PC1 的配置操作相同，PC2 地址配置过程略。需注意 PC2 地址为【2020::2】，谨防地址配置错误导致 IP 地址冲突问题。

▶ 任务验证

（1）在 PC1 中同时按下键盘上的【Win】键和【R】键，调出运行窗口，在运行窗口中输入【CMD】命令，单击【确定】按钮。在打开的 CMD 窗口中输入【ipconfig】命令查看物理网卡上 IPv6 地址的配置情况，验证已配置的 IPv6 地址是否正确，如图 1-11 所示。可以看到，PC1 已经正确加载了 IPv6 地址。

```
C:\Users\admin>ipconfig

Windows IP 配置

以太网适配器 PC1:

   连接特定的 DNS 后缀 . . . . . . . :
   IPv6 地址 . . . . . . . . . . . . : 2020::1
   本地链接 IPv6 地址. . . . . . . . : fe80::8df1:3700:a071:2ba%21
   IPv4 地址 . . . . . . . . . . . . : 192.168.1.1
   子网掩码  . . . . . . . . . . . . : 255.255.255.0
   默认网关. . . . . . . . . . . . . :
```

图 1-11　验证 PC1 的 IPv6 地址配置

（2）在 PC2 上进行相同的操作，验证结果如图 1-12 所示。可以看到，PC2 同样正确加载了对应的 IPv6 地址。

```
C:\Users\admin>ipconfig

Windows IP 配置

以太网适配器 PC2:

   连接特定的 DNS 后缀 . . . . . . . :
   IPv6 地址 . . . . . . . . . . . . : 2020::2
   本地链接 IPv6 地址. . . . . . . . : fe80::493a:e06c:3e77:faa9%21
   IPv4 地址 . . . . . . . . . . . . : 192.168.1.2
   子网掩码  . . . . . . . . . . . . : 255.255.255.0
   默认网关. . . . . . . . . . . . . :
```

图 1-12　验证 PC2 的 IPv6 地址配置

使用【ping】命令可以进行网络连通性测试。在 PC1 的 CMD 窗口中输入命令【ping 2020::2】测试 PC1 与 PC2 之间 IPv6 的网络连通性，验证结果如图 1-13 所示。可以看到 PC1 发送了 4 个测试数据包给 PC2，PC2 全部接收到并回应了 PC1，平均响应时间为 1ms，PC1 和 PC2 基于 IPv6 的通信正常。

```
C:\Users\admin>ping 2020::2

正在 Ping 2020::2 具有 32 字节的数据:
来自 2020::2 的回复: 时间=2ms
来自 2020::2 的回复: 时间=1ms
来自 2020::2 的回复: 时间=2ms
来自 2020::2 的回复: 时间=1ms

2020::2 的 Ping 统计信息:
    数据包: 已发送 = 4，已接收 = 4，丢失 = 0 (0% 丢失)，
往返行程的估计时间(以毫秒为单位):
    最短 = 1ms，最长 = 2ms，平均 = 1ms
```

图 1-13　PC1 与 PC2 之间的网络连通性测试

一、理论题

1. 请对 IPv6 地址 2002:0DB8:0000:0100:0000:0000:0346:8D58 进行简化，以下哪一项是正确的？（　　）（单选）

A. 2002:0DB8::0346:8D58

B. 2002:DB8::100::0346:8D58

C. 2002:0DB8:0:1::346:8D58

D. 2002:DB8:0:100::346:8D58

2. 关于 IPv6 的描述，以下哪一项是正确的？（　　）（单选）

A. 庞大的地址空间

B. 兼容 IPv4 协议

C. IPv6 在目前网络中已广泛应用

D. IPv6 报头比 IPv4 更加简洁

3. IPv6 中 IP 地址的长度为（　　）。（单选）

A. 32 位　　　　B. 64 位　　　　C. 96 位　　　　D. 128 位

4. 目前来看，IPv4 的主要不足是（　　）。（单选）

A. 地址已分配完毕　　　　　　B. 路由表急剧膨胀

C. 无法提供多样的 QoS　　　　D. 网络安全不到位

5. IPv6 基本报头的长度是固定的，包括（　　）字节。（单选）

A. 20　　　　B. 40　　　　C. 60　　　　D. 80

二、项目实训题

1. 项目背景与要求

小蔡承接了 Jan16 科技公司的网络维护工作，现需要对 JAN16 科技公司的核心交换机和 PC 的 IPv6 兼容性进行测试。实训网络拓扑如图 1-14 所示。具体要求如下。

（1）PC1 的 IP 地址为 2001:x:y::1/64，PC2 的 IP 地址为 2001:x:y::2/64；（x 为班级，y 为短学号）。

（2）配置 PC 的 IP 地址实现 PC1 与 PC2 互通。

2. 实训业务规划

根据以上实训网络拓扑和要求，参考本项目的项目规划表完成表 1-4、表 1-5 的规划。

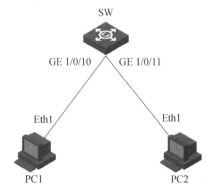

图 1-14　实训网络拓扑图

1）端口互联规划

表 1-4　端口互联规划表

本端设备	本端接口	对端设备	对端接口

2）IP 地址规划

表 1-5　IP 地址规划表

设备命名	接　　口	IP 地址	用　　途

3. 实训要求

完成实验后，请将以下实验验证结果截图保存。

（1）PC1 在 CMD 命令行下使用命令【ipconfig】，查看 IPv6 地址配置情况；

（2）PC2 在 CMD 命令行下使用命令【ipconfig】，查看 IPv6 地址配置情况；

（3）PC1 在 CMD 命令行下 ping PC2，查看 PC 之间的网络连通性。

项目 2　Jan16 公司创建基于 IPv6 的部门 VLAN

项目描述

Jan16 公司购置了两台支持 IPv6 的交换机用于搭建管理部和网络部的部门网络。网络工程师小蔡负责本项目的实施，公司网络拓扑如图 2-1 所示，项目要求如下。

（1）公司新购置了三层交换机 SW1 和二层交换机 SW2，已按照图 2-1 所示的公司网络拓扑连接了管理部和网络部的 PC。

（2）根据通信业务要求，分别创建管理部和网络部两个部门的网络，便于后期进行管理。

（3）所有网络均使用 IPv6 进行组网。

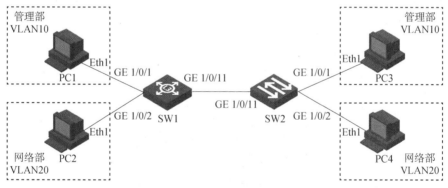

图 2-1　公司网络拓扑图

项目需求分析

Jan16 公司现有管理部、网络部两个部门。现在需要为两个部门创建 IPv6 网络，可以将各个部门划分至不同的 VLAN 中，实现各部门网络之间的隔离。

因此，本项目可以通过以下工作任务来完成。

（1）创建部门 VLAN，实现各部门网络划分。

（2）配置交换机之间的互联端口，实现 PC 可跨交换机进行通信。

（3）配置交换机及 PC 的 IPv6 地址，完成 IPv6 网络的搭建。

项目相关知识

2.1 IPv6 单播地址

IPv6 单播地址是唯一接口的标识符，类似 IPv4 的单播地址。发送到单播地址的数据包将被传输到此地址所标识的唯一接口。一个单播地址只能标识一个接口，但一个接口可以有多个单播地址。

单播地址可细分为以下几类。

1. 链路本地地址

链路本地地址只在同一链路上的节点之间有效，在 IPv6 启动后自动生成，使用了特定的前缀 FE80::/10，接口 ID 使用 EUI-64 自动生成（也可以手动配置）。链路本地地址用于实现无状态自动配置、邻居发现等应用。同时，OSPFv3、RIPng 等协议都工作在该地址上。EBGP 邻居也可以使用该地址来建立邻居关系。路由表中路由的下一跳或主机的默认网关都是链路本地地址。

EUI-64 自动生成方法如下。

48 位 MAC 地址的前 24 位为公司标识，后 24 位为扩展标识符。例如，MAC 地址为 A1-B2-C3-D4-E5-F6 的主机，IPv6 地址的生成过程如下。

（1）先将 MAC 地址拆分为两部分：【A1B2C3】和【D4E5F6】。
（2）在 MAC 地址的中间加上 FFFE 变成【A1B2C3FFFED4E5F6】。
（3）将第 7 位求反：【A3B2C3FFFED4E5F6】。
（4）EUI-64 计算得出的接口 ID 为【A3B2:C3FF:FED4:E5F6】。

2. 唯一本地地址

唯一本地地址是 IPv6 网络中可以自己随意使用的私有网络地址，使用特定的前缀 FD00/8 标识，IPv6 唯一本地地址的格式如图 2-2 所示。

Prefix	Global ID	Subnet ID	Interface ID

图 2-2 IPv6 唯一本地地址的格式

- 固定前缀（Prefix）：长度为 8 位，FD00/8。
- 全局标识（Global ID）：长度为 40 位，全球唯一前缀，通过伪随机方式产生。
- 子网标识（Subnet ID）：长度为 16 位，工程师根据网络规划自定义的子网 ID。

- 接口标识（Interface ID）：长度为 64 位，相当于 IPv4 中的主机位。

唯一本地地址的设计使私有网络地址具备唯一性，即使任意两个使用私有地址的站点互联也不用担心发生 IP 地址冲突问题。

3. 全球单播地址

全球单播地址相当于 IPv4 中的公网地址，目前已经分配出去的前三位固定是 001，所以已分配的地址范围是 2000::/3。全球单播地址的格式如图 2-3 所示。

001	TLA	RES	NLA	SLA	Interface ID

图 2-3　全球单播地址的格式

- 001：长度为 3 位，目前已分配的固定前缀为 001。
- TLA（Top Level Aggregator，顶级聚合）：长度为 13 位，IPv6 的管理机构根据 TLA 分配不同的地址给某些骨干网的 ISP（互联网服务提供商），最大可以得到 8192 个顶级路由。
- RES：长度为 8 位，保留使用，为未来扩充 TLA 或者 NLA 预留。
- NLA（Next Level Aggregator，次级聚合）：长度为 24 位，骨干网 ISP 根据 NLA 为各个中小 ISP 分配不同的地址段，中小 ISP 也可以针对 NLA 进一步分割不同地址段，分配给不同用户。
- SLA（Site Level Aggregator，站点级聚合）：长度为 16 位，公司或企业内部根据 SLA 将同一大块地址分成不同的网段，分配给各站点使用，一般作为公司内部网络规划，最大可以有 65536 个子网。

4. 嵌入 IPv4 地址的 IPv6 地址

（1）兼容 IPv4 地址的 IPv6 地址。

这种 IPv6 地址的低 32 位携带了一个 IPv4 单播地址，一般主要用于 IPv4 兼容 IPv6 自动隧道，但因为每个主机都需要一个单播 IPv4 地址，因此扩展性差，基本已经被 6to4 隧道（项目 10 中介绍）取代，如图 2-4 所示。

80 位	16 位	32 位
0000············0000	0000	IPv4 Address

图 2-4　兼容 IPv4 地址的 IPv6 地址

（2）映射 IPv4 地址的 IPv6 地址。

这种地址的最前 80 位全为 0，后面 16 位全为 1，最后 32 位是 IPv4 地址。这种地址是将 IPv4 地址用 IPv6 表示出来，如图 2-5 所示。

80 位	16 位	32 位
0000……………………………0000	FFFF	IPv4 Address

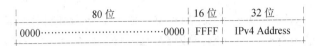

图 2-5　映射 IPv4 地址的 IPv6 地址

（3）6to4 地址。

6to4 地址用在 6to4 隧道中，它使用 IANA 指定的 2002::/16 为前缀，其后是 32 位的 IPv4 地址，6to4 地址中后 80 位由用户自己定义，可对其中前 16 位进行划分，定义多个 IPv6 子网。不同的 6to4 网络使用不同的 48 位前缀，彼此之间使用其中内嵌的 32 位 IPv4 地址的自动隧道来连接。

IPv6 单播地址分类如表 2-1 所示。

表 2-1　IPv6 单播地址分类

地址类型	高位二进制数	十六进制数
链路本地地址	1111111010	FE80::/10
唯一本地地址	11111101	FD00:8
全球单播地址（已分配）	001	2.../4 或者 3.../4
全球单播地址（未分配）	其余所有地址	

2.2　IPv6 组播地址

在 IPv6 中不存在广播报文，要通过组播来实现，广播本身就是组播的一种应用。

组播地址是一组接口的标识符，目的地址是组播地址的数据包会被属于该组的所有接口所接收。IPv6 组播地址的构成如图 2-6 所示。

FF	Flags	Scope	Group ID

图 2-6　IPv6 组播地址的构成

- FF：长度为 8 位，IPv6 组播地址前 8 位都是 FF/8，以 FF::/8 开头。
- Flags（标识）：长度为 4 位，第一位固定为 0，格式为|0|r|p|t|。

r 位：取 0 表示非内嵌 RP，取 1 表示内嵌 RP。

p 位：取 0 表示非基于单播前缀的组播地址，取 1 表示基于单播前缀的组播地址，p 位取 1，则 t 位必须为 1。

t 位：取 0 表示永久分配组播地址，取 1 表示临时分配组播地址。

- Scope（范围）：长度为 4 位，标识传播范围。

0001 表示传播范围为 node（节点）；

0010 表示传播范围为 link（链路）；

0101 表示传播范围为 site（站点）；

1000 表示传播范围为 organization（组织）；

1110 表示传播范围为 global（全球）。

- Group ID：112 位，组播组标识号。

1. IPv6 固定的组播地址

IPv6 固定的组播地址如表 2-2 所示。

表 2-2　IPv6 固定的组播地址

固定组播地址	IPv6 组播地址	相当于 IPv4 的哪些地址
所有节点的组播地址	FF02::1	广播地址
所有路由器的组播地址	FF02::2	224.0.0.2
所有 OSPFv3 路由器地址	FF02::5	224.0.0.5
所有 OSPFv3 DR（指定路由器）和 BDR（备份指定路由器）	FF02::6	224.0.0.6
所有 RP（聚合点）路由器	FF02::9	224.0.0.9
所有 PIM（协议无关组播）路由器	FF02::D	224.0.0.13

被请求节点组播地址由固定前缀 FF02::1:FF00:0/104 和单播地址的最后 24 位组成。

2. 特殊地址

0:0:0:0:0:0:0:0（简化为::）未指定地址：它不能分配给任何节点，表示当前状态下没有地址，若设备刚接入网络，本身没有地址，则发送数据包的源地址使用该地址，该地址不能用于目的地址。

0:0:0:0:0:0:0:1（简化为::1）环回地址：节点用它作为发送后返回给自己的 IPv6 报文，不能将其分配给任何物理接口。

2.3　IPv6 任播地址

任播的概念最初是在 RFC1546（Host Anycasting Service）中提出并定义的，主要为 DNS 和 HTTP 提供服务。在网络中，有许多情况下，主机、应用程序或用户希望找到支持特定服务的主机，但若有多个服务器支持该服务，则并不特别关心使用的是哪个服务器。任播就是满足这一需求的一种因特网服务。

IPv6 中没有为任播规定单独的地址空间，任播地址和单播地址使用相同的地址空间。IPv6 任播地址可以同时被分配给多个设备，也就是说多台设备可以有相同的任播地址，以任播地址为目标的数据包会通过路由器的路由表被路由到距离源设备最近的拥有该目的 IP 地址的设备。

任播地址示意图如图 2-7 所示，服务器 A、B 和 C 的接口配置的是同一个任播地址，根据路径的开销，用户访问该任播地址选择的是开销为 2 的路径。

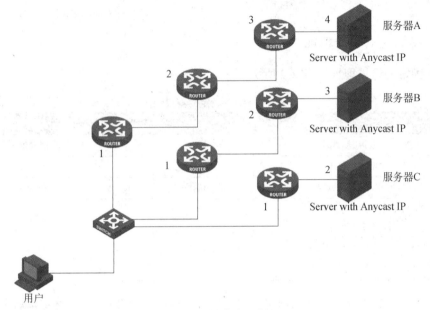

图2-7　任播地址示意图

任播技术的优势在于源节点不需要了解为其提供服务的具体节点，而可以接收特定服务，当一个节点无法工作时，带有任播地址的数据包会被发往其他主机节点，从任播成员中选择哪个目的地节点取决于路由协议重新收敛后的路由表情况。

2.4　ICMPv6 协议

在 IPv6 网络中，可以使用 ICMPv6 进行网络连通性测试。因为 IPv6 的特性，ICMPv6 的功能更加强大，涉及技术面也更加宽广。

1. ICMPv6 概述

ICMPv6 是 IPv6 的一个重要组成部分，IPv6 网络中要求所有节点都要能支持 ICMPv6。当 IPv6 网络中任何一个网络节点不能正确处理接收到的 IPv6 报文时，便会通过 ICMPv6 协议向源节点发送消息报文或者差错报文，用以通知源节点当前报文的传送情况。该功能与 ICMP（Internet Control Message Protocol，因特网控制消息协议）基本一致，都可用于传送各种差错和控制信息。需要注意的是，ICMPv6 只能用于网络的诊断、管理等，并不能用来解决网络中存在的问题。例如，某中间节点接收到的报文过大，导致不能转发给下一跳，那么此时该节点便会通过 ICMPv6 向源节点通报报文过大的问题，之后由源节点进行报文长度调整，再重新发送。

在 IPv4 网络中，ICMPv4 协议用于收集各种网络信息，协助完成诊断和排除各种网络故障。而在 IPv6 网络中，ICMPv6 协议具备以下 5 种网络功能：错误报告、网络诊断、邻居发现、多播实现和路由重定向，可以完成很多 ICMPv4 协议无法完成的工作。如 IPv4 网络中的 ARP（Address Resolution Protocol，地址解析服务）、IGMP（Internet Group Management Protocol，因特网组播管理协议）、RAPR（Reverse Address Resolution Protocol，反向地址解析协议）等功能，这些协议都是独立存在的，而在 IPv6 网络中，这些功能均由 ICMPv6 替代实现，不需要新增额外的协议来支持。另外，ICMPv6 还可用于 IPv6 网络的无状态地址自动配置、重复地址检查、前缀重新编址、PMTU（Path MTU Discovery，路径 MTU 发现）等。

2. ICMPv6 报文的封装

IPv6 报头较为简短，当需要实现某些功能时，可以通过添加可选的 IPv6 扩展报头来实现，可选的扩展报头可以有多个，需要在 IPv6 报头的下一个报头字段指定扩展报头类型。当然，并不是每个数据包都包括所有的扩展报头。在中间路由器或目标需要一些特殊处理时，发送主机才会添加相应扩展报头。如果数据包中没有扩展报头，表示数据包只包括基本报头和高层协议单元，基本报头的下一个报头字段值指明高层协议类型。ICMPv6 作为高层协议之一，下一个报头字段的值为 58。

携带 ICMPv6 报文的 IPv6 报文格式如图 2-8 所示。

图 2-8　携带 ICMPv6 报文的 IPv6 报文格式

3. ICMPv6 报文的格式

如图 2-9 所示为 ICMPv6 报文的一般格式。所有 ICMPv6 报文的常规首部结构均相同，其中包含类型、代码、校验和三个字段，这些字段与 ICMPv4 类似。

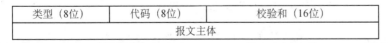

图 2-9　ICMPv6 报文的一般格式

（1）类型：长度为 8 位，定义了报文的类型，该字段决定了其他部分的报文格式。当该字段最高位取值为 0 时，此时该字段的编码值范围为 0～127，编号之内的报文均为差错报文；当该字段最高位取值为 1 时，此时该字段的编码值范围为 128～255，编号之内的报文均为查询报文。

（2）代码：长度为 8 位，该字段依赖类型字段，在类型字段的基础上，它被用来在基本类型上创建更详细的报文等级，提供更详细的内容。例如，类型字段取值为1时，代表差错报文，此时的含义为目的地不可达；当类型字段为1、代码为0时，代表含义为因为没有到达目的地的路由导致不可达；当类型字段为1、代码为1时，代表含义为与目的地的通信被禁止（可能是因为受到了策略的限制）。

（3）校验和：长度为16位，用来校验ICMPv6报头和数据的完整性。

（4）报文主体：长度可变，字段内容依据类型及代码字段的不同而代表不同的含义。

4. ICMPv6报文的类型

如表2-3所示，为常用ICMPv6差错报文类型和代码。

表2-3 常用ICMPv6差错报文类型和代码

类型	类型含义	代码	代码含义
1	目的不可达	0	没有路由到达目的地
		1	与目的地的通信由于管理被禁止
		2	超过了源地址的范围
		3	地址不可达
		4	端口不可达
		5	源地址的入口/出口策略失败
		6	拒绝路由到达目的地
2	分组过大	0	包太大，发送方将代码字段设为0，接收方忽略代码字段
3	超时	0	传输过程中"hop-limit"超时
		1	分片重组超时
4	参数问题	0	参数错误
		1	错误的首部字段
		2	不可识别的Next Header类型
		3	不可识别的IPv6选项

如表2-4所示，为常用ICMPv6查询报文类型和名称。

表2-4 常用ICMPv6查询报文类型和名称

类型	代码	报文名称	使用场景
128	0	回显请求	ping请求
129	0	回显应答	ping响应
133	x	路由请求	关于网关发现和IPv6地址自动配置
134	x	路由通告	关于网关发现和IPv6地址自动配置
135	x	邻居请求	关于邻居发现及重复地址检测（类似IPv4的ARP）

（续表）

类型	代码	报文名称	使用场景
136	x	邻居通告	关于邻居发现及重复地址检测（类似 IPv4 的 ARP）
137	x	重定向	与 IPv4 的重定向类似

项目规划设计

▶ 项目拓扑

本项目中，使用 4 台 PC 及 2 台交换机来构建项目网络拓扑，如图 2-10 所示。其中 PC1～PC4 是 Jan16 公司各部门员工计算机，SW1、SW2 分别为汇聚层交换机和接入层交换机，交换机 SW1 作为各部门网关。通过为交换机划分 VLAN，以及配置 IPv6 地址来完成 IPv6 网络的构建。

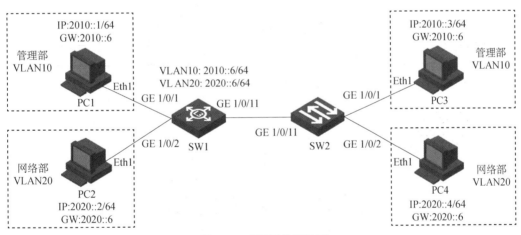

图 2-10　项目网络拓扑图

▶ 项目规划

根据图 2-10 所示的项目网络拓扑进行业务规划，VLAN 规划、端口互联规划、IP 地址规划如表 2-5、表 2-6 和表 2-7 所示。

表 2-5　VLAN 规划表

VLAN	IP 地址段	用途
VLAN10	2010::/64	管理部
VLAN20	2020::/64	网络部

表2-6 端口互联规划表

本端设备	本端接口	端口类型	对端设备	对端接口
PC1	Eth1	N/A	SW1	GE 1/0/1
PC2	Eth1	N/A	SW1	GE 1/0/2
PC3	Eth1	N/A	SW2	GE 1/0/1
PC4	Eth1	N/A	SW2	GE 1/0/2
SW1	GE 1/0/1	ACCESS	PC1	Eth1
SW1	GE 1/0/2	ACCESS	PC2	Eth1
SW1	GE 1/0/11	TRUNK	SW2	GE 1/0/11
SW2	GE 1/0/1	ACCESS	PC3	Eth1
SW2	GE 1/0/2	ACCESS	PC4	Eth1
SW2	GE 1/0/11	TRUNK	SW1	GE 1/0/11

表2-7 IP地址规划表

设备命名	接口	IP地址	用途
PC1	Eth1	2010::1/64	PC1地址
PC2	Eth1	2020::2/64	PC2地址
PC3	Eth1	2010::3/64	PC3地址
PC4	Eth1	2020::4/64	PC4地址
SW1	VLAN10	2010::6/64	管理部网关地址
SW1	VLAN20	2020::6/64	网络部网关地址

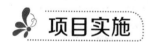

项目实施

任务2-1 创建部门VLAN

▶ **任务规划**

根据端口互联规划表的要求,为两台交换机创建部门VLAN,然后将对应端口划分到部门VLAN中。

▶ **任务实施**

1. 交换机上创建VLAN

(1)为交换机SW1创建部门VLAN。

```
<H3C>system-view                              //进入系统视图
[H3C]sysname SW1                              //修改设备名称
[SW1]vlan 10 20                               //创建VLAN10、VLAN20
```

(2) 为交换机SW2创建部门VLAN。

```
<H3C>system-view                              //进入系统视图
[H3C]sysname SW2                              //修改设备名称
[SW2]vlan 10 20                               //创建VLAN10、VLAN20
```

2. 将交换机端口添加到对应VLAN中

(1) 为交换机SW1划分VLAN,并将对应端口添加到VLAN中。

```
[SW1]interface GigabitEthernet 1/0/1          //进入端口视图
[SW1-GigabitEthernet1/0/1]port access vlan 10 //将ACCESS端口加入VLAN10中
[SW1-GigabitEthernet1/0/1]quit                //退出端口视图
[SW1]interface GigabitEthernet 1/0/2          //进入端口视图
[SW1-GigabitEthernet1/0/2]port access vlan 20 //将ACCESS端口加入VLAN20中
[SW1-GigabitEthernet1/0/2]quit                //退出端口视图
```

(2) 为交换机SW2划分VLAN,并将对应端口添加到VLAN中。

```
[SW2]interface GigabitEthernet 1/0/1          //进入端口视图
[SW2-GigabitEthernet1/0/1]port access vlan 10 //将ACCESS端口加入VLAN10中
[SW2-GigabitEthernet1/0/1]quit                //退出端口视图
[SW2]interface GigabitEthernet 1/0/2          //进入端口视图
[SW2-GigabitEthernet1/0/2]port access vlan 20 //将ACCESS端口加入VLAN20中
[SW2-GigabitEthernet1/0/2]quit                //退出端口视图
```

▶ 任务验证

(1) 在交换机SW1上使用【display vlan】命令查看VLAN的创建情况,如图2-11所示,从结果中可以看到VLAN10与VLAN20均已创建完成。

```
[SW1]display vlan
 Total 3 VLAN exist(s).
 The following VLANs exist:
  1(default), 10, 20,
```

图2-11 在交换机SW1上查看VLAN创建情况

(2) 在交换机SW2上使用【display vlan】命令查看VLAN的创建情况,如图2-12所示,从结果中可以看到VLAN10与VLAN20均已创建完成。

```
[SW2]display vlan
 Total 3 VLAN exist(s).
 The following VLANs exist:
  1(default), 10, 20,
```

图2-12　在交换机 SW2 上查看 VLAN 创建情况

（3）在交换机 SW1 上使用【display interface brief】命令查看链路配置情况，正确结果如图 2-13 所示。

```
[SW1]display interface brief
Brief information on interfaces in route mode:
Link: ADM - administratively down; Stby - standby
Protocol: (s) - spoofing
Interface            Link Protocol Primary IP        Description
InLoop0              UP   UP(s)      --
NULL0                UP   UP(s)      --
Vlan10               UP   UP         --
Vlan20               UP   UP         --

Brief information on interfaces in bridge mode:
Link: ADM - administratively down; Stby - standby
Speed: (a) - auto
Duplex: (a)/A - auto; H - half; F - full
Type: A - access; T - trunk; H - hybrid
Interface            Link Speed    Duplex Type PVID Description
GE1/0/1              UP   1G(a)    F(a)   A    10
GE1/0/2              UP   1G(a)    F(a)   A    20
……
```

图2-13　在交换机 SW1 上查看链路配置情况

（4）在交换机 SW2 上使用【display interface brief】命令查看链路配置情况，正确结果如图 2-14 所示。

```
[SW2]display interface brief
Brief information on interfaces in route mode:
Link: ADM - administratively down; Stby - standby
Protocol: (s) - spoofing
Interface            Link Protocol Primary IP        Description
InLoop0              UP   UP(s)      --
NULL0                UP   UP(s)      --
Vlan10               UP   UP         --
```

图2-14　在交换机 SW2 上查看链路配置情况

项目2　Jan16公司创建基于IPv6的部门VLAN

```
Vlan20                      UP      UP       --
Brief information on interfaces in bridge mode:
Link: ADM - administratively down; Stby - standby
Speed: (a) - auto
Duplex: (a)/A - auto; H - half; F - full
Type: A - access; T - trunk; H - hybrid
Interface              Link Speed      Duplex Type PVID Description
GE1/0/1                UP   1G(a)      F(a)   A    10
GE1/0/2                UP   1G(a)      F(a)   A    20
…   …
```

图 2-14　在交换机 SW2 上查看链路配置情况（续）

任务 2-2　配置交换机之间的互联端口

▶ 任务规划

根据项目规划设计，交换机 SW1 与交换机 SW2 之间的互联链路需要转发 VLAN10、VLAN20 的流量，因此需要将该链路配置为 TRUNK（干道）链路，并配置 TRUNK 链路的 VLAN 允许列表。

▶ 任务实施

1. 配置交换机 SW1 的互联端口

在交换机 SW1 上配置交换机互联链路为 TRUNK 链路，并配置 VLAN 允许列表，允许指定的 VLAN 通过。

```
[SW1]interface GigabitEthernet 1/0/11                      //进入端口视图
[SW1-GigabitEthernet1/0/11]port link-type trunk            //设置链路类型为 TRUNK
[SW1-GigabitEthernet1/0/11]port trunk permit vlan 10 20
                                                           //允许指定的 VLAN 通过
[SW1-GigabitEthernet1/0/11]quit                            //退出端口视图
```

2. 配置交换机 SW2 的互联端口

在交换机 SW2 上配置交换机互联链路为 TRUNK 链路，并配置 VLAN 允许列表，允许指定的 VLAN 通过。

```
[SW2]interface GigabitEthernet 1/0/11                      //进入端口视图
```

- 29 -

```
[SW2-GigabitEthernet1/0/11]port link-type trunk        //设置链路类型为TRUNK
[SW2-GigabitEthernet1/0/11]port trunk permit vlan 10 20
                                                       //允许指定的VLAN通过
[SW2-GigabitEthernet1/0/11]quit                        //退出端口视图
```

▶ 任务验证

（1）在交换机 SW1 上使用【display port trunk】命令查看交换机 SW1 上存在的 TRUNK 端口及配置情况，如图 2-15 所示。

```
[SW1]display port trunk
Interface          PVID      VLAN passing
GE1/0/11            1        1, 10, 20,
```

图 2-15 查看交换机 SW1 上存在的 TRUNK 端口及配置情况

（2）在交换机 SW2 上使用【display port trunk】命令查看交换机 SW2 上存在的 TRUNK 端口及配置情况，如图 2-16 所示。

```
[SW2]display port trunk
Interface          PVID      VLAN Passing
GE1/0/11            1        1, 10, 20
```

图 2-16 查看交换机 SW2 上存在的 TRUNK 端口及配置情况

任务 2-3 配置交换机及 PC 的 IPv6 地址

▶ 任务规划

为各部门的 PC 配置 IPv6 地址和网关。

▶ 任务实施

1. 根据表 2-8 为各部门 PC 配置 IPv6 地址及网关地址

表 2-8 各部门 PC 的 IPv6 地址及网关地址

设备命名	IPv6 地址	网关地址
PC1	2010::1/64	2010::6
PC2	2020::2/64	2020::6

项目2　Jan16公司创建基于IPv6的部门VLAN

（续表）

设备命名	IPv6 地址	网关地址
PC3	2010::3/64	2010::6
PC4	2020::4/64	2020::6

如图 2-17 为 PC1 的 IPv6 地址配置结果，同理完成 PC2～PC4 的 IPv6 地址配置。

图 2-17　PC1 的 IPv6 地址配置结果

2. 配置交换机 SW1 的 VLAN 接口 IP 地址

在交换机 SW1 上为两个部门 VLAN 创建 VLAN 接口并配置 IP 地址，作为两个部门的网关地址。

```
[SW1]ipv6                                          //开启全局IPv6功能
[SW1]interface Vlan-interface 10                   //进入VLAN接口视图
[SW1-Vlan-interface10]ipv6 address 2010::6 64      //配置IPv6地址
[SW1-Vlan-interface10]quit                         //退出接口视图
[SW1]interface Vlan-interface 20                   //进入VLAN接口视图
[SW1-Vlan-interface20]ipv6 address 2020::6 64      //配置IPv6地址
[SW1-Vlan-interface20]quit                         //退出接口视图
```

▶ 任务验证

在交换机 SW1 上使用【display ipv6 interface brief】命令查看 IPv6 地址配置情况，结果如图 2-18 所示。

```
[SW1]display ipv6 interface brief
*down: administratively down
(s): spoofing
Interface                       Physical    Protocol    IPv6 Address
Vlan-interface1                 up          down        Unassigned
Vlan-interface10                up          up          2010::6
Vlan-interface20                up          up          2020::6
```

图 2-18　在交换机 SW1 上查看 IPv6 地址配置情况

扫一扫
看微课

（1）测试管理部 PC1 与 PC3 之间的通信情况，因为是相同部门下的两台 PC，所以 PC1 与 PC3 之间能够互相 ping 通，如图 2-19 所示。

```
C:\Users\admin>ping 2010::3

正在 Ping 2010::3 具有 32 字节的数据:
来自 2010::3 的回复: 时间=1ms
来自 2010::3 的回复: 时间=1ms
来自 2010::3 的回复: 时间=1ms
来自 2010::3 的回复: 时间=2ms

2010::3 的 Ping 统计信息:
    数据包: 已发送 = 4, 已接收 = 4, 丢失 = 0 (0% 丢失),
往返行程的估计时间(以毫秒为单位):
最短 = 1ms, 最长 = 2ms, 平均 = 1ms
```

图 2-19　测试 PC1 与 PC3 之间的网络连通性

（2）测试管理部 PC1 与网络部 PC2 之间的通信情况，两部门之间的 PC 能通过网关互相通信，测试结果如图 2-20 所示。

```
C:\Users\admin>ping 2020::2

正在 Ping 2020::2 具有 32 字节的数据:
来自 2020::2 的回复: 时间=1ms
来自 2020::2 的回复: 时间=3ms
来自 2020::2 的回复: 时间=1ms
来自 2020::2 的回复: 时间=1ms

2020::2 的 Ping 统计信息:
    数据包: 已发送 = 4, 已接收 = 4, 丢失 = 0 (0% 丢失),
往返行程的估计时间(以毫秒为单位):
最短 = 1ms, 最长 = 3ms, 平均 = 1ms
```

图 2-20　测试 PC1 与 PC2 之间的网络连通性

练习与思考

一、理论题

1. ICMPv6 的邻居发现协议,定义了路由通告消息、路由器请求信息、邻居请求信息、邻居通告消息和（　　）5 种 ICMPv6 消息。（单选）

　　A. 重定向消息　　　　　　　　　B. 组播查询信息

　　C. 组播报告信息　　　　　　　　D. 路由通告信息

2. 当 ICMPv6 报文中的类型为 128、代码为 0 时,该报文的作用是（　　）。（单选）

　　A. 差错报文,表示没有路由到达目的地

　　B. 差错报文,表示端口不可达

　　C. 查询报文,是 ping 响应报文

　　D. 查询报文,是 ping 请求报文

3. 下列 IPv6 地址中,错误的是（　　）。（单选）

　　A. ::FFFF　　　　B. ::1　　　　C. ::1:FFFF　　　　D. ::1:FFFF

4. 下列 IP 地址中,IPv6 链路本地地址是（　　）。（单选）

　　A. FC80::FFFF　　　　　　　　　B. FE80::FFFF

　　C. FE88::FFFF　　　　　　　　　D. FE80::1234

5. ICMPv6 除了提供 ICMPv4 原有的功能,还提供了下面的哪些功能？（　　）（多选）

　　A. 邻居发现　　　　　　　　　　B. 路由选路

　　C. 报文分片　　　　　　　　　　D. 重复地址检查

6. ICMPv6 支持的功能比 ICMPv4 强大。（　　）（判断）

　　A. 是　　　　　　　　　　　　　B. 不是

二、项目实训题

1. 项目背景与要求

Jan16 科技公司有多个部门,需要配置 VLAN 技术,实现隔离各部门的网络,仅允许各部门内部互相通信。实训网络拓扑如图 2-21 所示,具体要求如下：

（1）为各部门配置 IPv6 地址,网络部 PC 的 IPv6 地址前缀为 2010:x:y::/64,管理部 PC 的 IPv6 地址前缀为 2020:x:y::/64（x 为班级,y 为短学号）；

（2）为各部门创建部门 VLAN,以及在交换机上划分 VLAN；

（3）配置交换机互联链路为 TRUNK 链路并配置允许列表允许 VLAN10、VLAN20 通过。

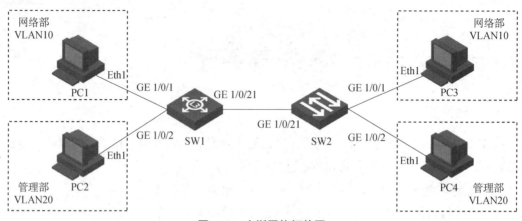

图 2-21 实训网络拓扑图

2. 实训业务规划

根据以上实训网络拓扑和要求，参考本项目的项目规划表完成表 2-9～表 2-11 的规划。

（1）VLAN 规划。

表 2-9 VLAN 规划表

VLAN	IP 地址段	用　　途

（2）端口互联规划。

表 2-10 端口互联规划表

本端设备	本端接口	端口类型	对端设备	对端接口

（3）IP 地址规划。

表 2-11 IP 地址规划表

设备命名	接　　口	IP 地址	用　　途

3. 实训要求

完成实验后，请截取以下实验验证结果。

（1）在交换机 SW1 上使用【display vlan】命令，查看 VLAN 创建情况；

（2）在交换机 SW2 上使用【display vlan】命令，查看 VLAN 创建情况；

（3）在交换机 SW1 上使用【display interface brief】命令，查看交换机链路配置情况；

（4）在交换机 SW2 上使用【display interface brief】命令，查看交换机链路配置情况；

（5）在网络部 PC1 上 ping 网络部 PC3，查看部门内的网络连通性；

（6）在管理部 PC2 上 ping 管理部 PC4，查看部门内的网络连通性；

（7）在网络部 PC1 上 ping 管理部 PC4，查看不同部门之间的网络连通性。

项目 3 基于 IPv6 无状态的 PC 自动获取地址

项目描述

Jan16 公司已对公司信息部的计算机进行测试，均能兼容 IPv6 网络，接下来拟将公司销售部、财务部升级为 IPv6 网络。网络工程师小蔡发现这两个部门的计算机较多，计划采用自动获取地址方式来减少 IPv6 地址配置的工作量。公司网络拓扑如图 3-1 所示，具体要求如下。

（1）公司使用三层交换机 SW1、二层交换机 SW2 和二层交换机 SW3 进行组网，二层交换机各自连接两个部门的计算机。

（2）公司有销售部和财务部两个部门，各部门需动态获取 IPv6 地址，减少网络管理员的工作量。

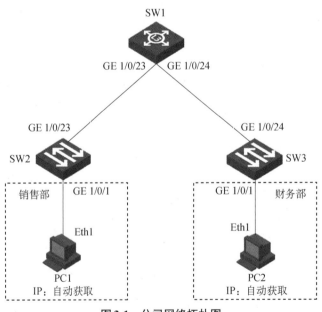

图 3-1 公司网络拓扑图

项目需求分析

Jan16 公司现有销售部、财务部两个部门。现在需要将各个部门划分至不同的 VLAN

中，并实现各部门 PC 通过基于 IPv6 的无状态地址自动配置获取 IPv6 地址。

因此，本项目可以通过以下工作任务来完成。

（1）创建部门 VLAN，实现各部门网络划分。

（2）配置交换机互联端口，实现 PC 与网关交换机之间的通信。

（3）配置交换机及 PC 的 IPv6 地址，并开启无状态地址自动配置功能，实现为 PC 自动分配 IPv6 地址。

项目相关知识

3.1 邻居发现协议

邻居发现协议（Neighbor Discover Protocol，NDP）是 IPv6 体系中最重要的基础协议，它通过 Internet 控制报文协议（ICMPv6）报文进行通信。IPv6 的很多功能都依赖 NDP 协议，如邻居表管理（相当于 IPv4 中的 ARP 缓存表）、默认网关自动获取、无状态地址自动配置、路由重定向等。

NDP 协议定义了 5 种报文来实现形成邻居表管理、默认网关自动获取、无状态地址自动配置、路由重定向等功能。这 5 种报文分别是：路由器请求（Router Solicitor，RS）报文、路由器通告（Router Advertisement，RA）报文、邻居请求（Neighbor Solicitor，NS）报文、邻居通告（Neighbor Advertisement，NA）报文和路由重定向（Redirect）报文。各类报文均以组播的形式发送，若报文是由主机发送给路由器的，则报文目的地址使用的 IPv6 组播地址为 FF02::2（代表链路本地内所有路由器）。若报文是由路由器发送给主机的，则报文目的地址使用的 IPv6 组播地址为 FF02::1（代表链路本地内所有节点）。

1. 路由器请求报文

路由器请求（以后简称 RS）报文类型为 133、代码为 0，用于 IPv6 主机寻找本地链路上存在的路由器，当主机接入 IPv6 网络后会开始周期性地发送 RS 报文，收到 RS 报文的路由器会立即回复 RA 报文。在无状态地址配置过程中，通过发送 RS 报文触发路由器发送 RA 报文以获得 IPv6 地址前缀信息，并使用前缀信息结合 EUI-64 规范生成 IPv6 单播地址，以此来快速获得 IPv6 地址，无须等待 RA 报文的周期性发送。RS 报文格式如图 3-2 所示。

类型（133）	代码（0）	校验和
保留		
选项		

图 3-2　RS 报文格式

（1）保留，保留字段。

（2）选项，IPv6主机发送RS报文时，目的地址设置为本地链路内所有路由的组播组地址FF02::2，源地址为本地接口以FE80（所有启用IPv6功能的网络接口均会以链路本地地址固定前缀FE80::/10结合EUI-64规范自动生成一个链路本地地址）开头的链路本地地址。当源地址为链路本地地址时，源接口便会将自己的链路层地址放在RS报文的选项字段中，那么路由器收到该报文时，便可创建关于该主机IPv6地址与链路层地址映射关系的邻居表。

2. 路由器通告报文

路由器通告（以后简称RA）报文类型为134、代码为0，用于向邻居节点通告自己的存在。RA报文中携带了路由前缀、链路层地址等参数消息，RA报文格式如图3-3所示。

类型（134）			代码（0）	校验和	
跳数限制	M位	O位	保留	路由器生存期	
可达时间					
重传时间					
选项					

图3-3　RA报文格式

路由器会周期性地发送RA报文，也可以在收到RS报文时触发报文发送。若路由器周期性地发送RA报文，则将目的地址设置为本地链路内所有节点的组播组地址FF02::1；若RA报文是因为收到RS报文而发送，则将目的地址设置为收到的RS报文中的单播源地址。

RA报文格式中的关键字段解释如下：

（1）跳数限制，用于通知主机后续通信过程中单播报文的默认跳数值。

（2）M位，若该位置为1，则告知IPv6主机将使用DHCPv6的形式来获取IPv6地址参数信息（本小节讨论无状态地址自动配置，DHCPv6形式为有状态地址自动配置，将在项目4中进行介绍）。

（3）O位，若该位置为1，则告知IPv6主机将通过DHCPv6来获取其他配置信息，如DNS地址信息等。

（4）保留，保留字段。

（5）路由器生存期，用于告知IPv6主机本路由器作为默认网关的有效期，单位是秒，默认有效期为30分钟，最大时长为18.2小时，若该字段为0，则代表该路由器不能作为默认网关（NDP协议可以实现网关自动发现，对于未配置默认网关的主机，收到RA报文时，可以使用该路由器作为默认网关）。

（6）可达时间，用于设置接收RA报文的主机判断邻居可达的时间。

（7）重传时间，用于规定主机延迟发送连续NDP报文的时间。

（8）选项，包括路由器接口的链路层地址（主机可根据该链路层地址构建关于路由器 IPv6 地址与链路层地址的邻居表）、MTU、路由前缀信息。

H3C 路由器默认关闭接口 RA 报文发送功能，需在接口下开启 RA 报文发送功能。

3. NS 报文

邻居请求（以后简称 NS）报文类型为 135、代码为 0，用于解析除了路由器的其他邻居节点之间的链路层地址，NS 报文格式如图 3-4 所示。

类型（135）	代码（0）	校验和
保留		
目标地址		
选项		

图 3-4 NS 报文格式

NS 报文格式中的关键字段解释如下：

（1）保留，保留字段。

（2）目标地址，是需要解析的 IPv6 地址，因此该处不允许出现组播地址。

（3）选项，会放入 NS 报文发送者的链路层地址。

4. NA 报文

邻居通告（以后简称 NA）报文类型为 136、代码为 0，计算机节点和路由器均可以发送 NA 报文。IPv6 可以通过 NA 报文来通告自己的存在，也可通过 NA 报文通知邻居更新自己的链路层地址。NA 报文格式如图 3-5 所示。

类型（136）			代码（0）	校验和
R位	S位	O位	保留	
目标地址				
选项				

图 3-5 NA 报文格式

NA 报文格式中的关键字段解释如下：

（1）当 R 位置为 1 时，表示发送者为路由器。

（2）当 S 位置为 1 时，表示该 NA 报文是 NS 报文的响应。节点使用 NA 报文来回复 NS 报文时，目标地址填充为单播地址。如果是告诉邻居需要更新自己的链路层地址时，这时用组播地址 FF02::1 作为目标地址来通告给本地链路中的所有节点。

（3）当 O 位置为 1 时，表示需要更改原先的邻居表条目。

（4）目标地址，标识所携带的链路层地址所对应的 IPv6 地址。

（5）选项，用于携带被请求的链路层地址。

NS 与 NA 报文除了实现地址解析，还用于重复地址检查（Duplicated Address Detection，DAD）。

当 IPv6 节点 Host-A 获取到一个新的 IPv6 单播地址时，需要通过 NS 报文解析该 IPv6 单播地址在当前网络中是否存在冲突，那么此时目标地址字段就会填充为被请求节点的组播地址（例如，Host-A IPv6 地址为 2001::1234:5678/64，对应被请求节点组播地址为 FF02::1:FF34:5678/104，则被请求组播组地址为：固定前缀 FF02::1:FF00:0/104 加该单播地址的最后 24 位）。如果该 IPv6 单播地址已被网络中某个节点 Host-B 使用，那么节点 Host-B 就是该组播组成员，收到 NS 报文时，就会响应 NA 报文，收到 NA 报文的节点 Host-A 判定地址重复，需重新获取 IP 地址，若该 IPv6 单播地址没有被节点使用，就不会收到 NA 报文，IPv6 地址配置生效。

5. 重定向报文

重定向报文类型为 137、代码为 0，当网关路由器发现更优的转发路径时，会使用重定向报文告知主机。

与 ICMPv4 的重定向功能类似，对于某个目标 IPv6 地址，当 IPv6 主机的默认网关并非到达目的地址的最优下一跳时（默认网关路由器），默认网关路由器便会发送重定向报文，通知 IPv6 主机修改去往该目的地址的下一跳为其他路由器。主机收到重定向报文后，会在路由表中添加一个主机路由。

重定向报文格式如图 3-6 所示。

类型（137）	代码（0）	校验和
保留		
目标地址（更优的路由器网关地址）		
目的地址（需要到达的目的地址）		
选项		

图 3-6 重定向报文格式

重定向报文格式中的关键字段解释如下：
（1）保留，保留字段。
（2）目标地址，路由器发现的更优的路由器网关地址。
（3）目的地址，需要到达的目的地址。
（4）选项，用于携带更优路由器网关地址的链路本地地址。

3.2 EUI-64 规范

在 IPv6 网络中，需要根据 EUI-64（64-bit Extended Unique Identifier，64 位扩展唯一标

识符)规范为每个启用了 IPv6 功能的接口生成链路本地地址,或者为无状态地址自动配置的主机生成 IPv6 单播地址。

1. EUI-64 规范计算方式

链路本地地址及 IPv6 单播地址均属于全球单播地址,全球单播地址规定 IPv6 地址的后 64 位作为接口标识,相当于 IPv4 地址中的主机位。

EUI-64 是 IPv6 生成接口标识最常用的方式,它采用接口的 MAC 地址生成 IPv6 接口标识。MAC 地址的前 24 位代表厂商 ID,后 24 位代表制造商分配的唯一扩展标识。MAC 地址的第七位是一个 U/L 位,值为 1 时表示 MAC 地址全局唯一,值为 0 时表示 MAC 地址本地唯一。

EUI-64 计算时,先在 MAC 地址的前 24 位和后 24 位之间插入 16 位的一串固定值(1111 1111 1111 1110(FFFE)),然后将 U/L 位的值取反,这样就生成了一个 64 位的接口标识,且该接口标识的值全局唯一。EUI-64 规范生成接口标识的过程如图 3-7 所示。

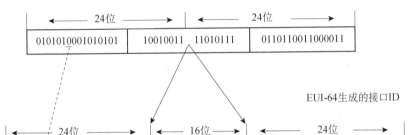

图 3-7　EUI-64 规范生成接口标识的过程

2. 根据 EUI-64 规范生成 IPv6 单播地址

如图 3-8 所示为启用了无状态地址自动配置的网络拓扑。

图 3-8　PC1 无状态自动获取 IPv6 地址

PC1 网卡的 MAC 地址为【54-89-98-2F-6E-C9】,根据 EUI-64 规范生产的 64 位接口标识为【5689:98ff:fe2f:6ec9】,结果如图 3-9 所示。

查看路由器 R1 的 GE 0/0 接口 IPv6 地址信息,如图 3-10 所示。其中,接口的 IPv6 地址前缀信息为【2020::】,此时 R1 通告给 PC1 的 RA 报文中就会包含【2020::】前缀信息。

```
PC1>ipconfig

Link local IPv6 address..........: fe80::5689:98ff:fe2f:6ec9
IPv6 address....................: 2020::5689:98ff:fe2f:6ec9 / 64
IPv6 gateway....................: 2020::1
IPv4 address....................: 0.0.0.0
Subnet mask....................: 0.0.0.0
Gateway........................: 0.0.0.0
Physical address................: 54-89-98-2F-6E-C9
DNS server.....................:
```

图 3-9 PC1 的接口信息

```
[R1]display ipv6 interface brief
*down: administratively down
(s): spoofing
Interface                        Physical Protocol IPv6 Address
GigabitEthernet0/0                  up       up      2020::1
```

图 3-10 验证 IPv6 地址配置情况

3. 根据 EUI-64 规范生成链路本地地址

当接口开启 IPv6 功能时，接口会自动根据 EUI-64 生成链路本地地址。如图 3-9 所示，此时主机网卡的 MAC 地址为【00-0C-29-61-88-FD】，根据 EUI-64 规范为该 MAC 地址修改 U/L 位以及插入 FFFE，得到一个 64 位接口标识为【5689:98ff:fe2f:6ec9】。结合链路本地地址固定前缀【FE80::/10】，最终获得链路本地地址为【fe80::5689:98ff:fe2f:6ec9】。

3.3 无状态地址自动配置

IPv4 使用 DHCP 实现地址自动配置，包括 IP 地址、默认网关等信息，简化了网络管理工作。IPv6 地址增长为 128 位，对于自动配置的要求更为迫切，除了保留 DHCP 作为有状态自动配置，还增加了无状态地址自动配置。无状态地址自动配置即主机根据 RA 报文的前缀信息，自动配置全球单播地址等，并获得其他相关信息。

结合 NDP 协议报文的交互过程，路由器为节点分配 IPv6 单播地址，如图 3-11 所示。

（1）主机节点 Node A 在接入网络后，发送 RS 报文，请求路由器的前缀信息。

（2）路由器收到 RS 报文后，发送单播 RA 报文，携带用于无状态地址自动配置的前缀信息，同时路由器也会周期性地发送组播 RA 报文。

（3）Node A 收到 RA 报文后，根据前缀信息和配置信息生成一个临时的全球单播地址。同时启动 DAD，发送 NS 报文验证临时地址的唯一性，此时该地址处于临时状态。

（4）等待 DAD 检测响应。

（5）Node A 如果没有收到 DAD 的 NA 报文，说明地址是全局唯一的，则用该临时地址初始化接口，此时地址进入有效状态。

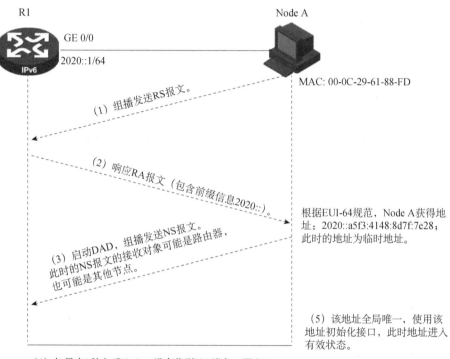

图 3-11　无状态地址自动配置工作过程

项目规划设计

▶ 项目拓扑

本项目中，使用两台 PC 及三台交换机来构建项目网络拓扑，如图 3-12 所示。其中 PC1 是销售部员工计算机，PC2 是财务部员工计算机，SW1 是汇聚层交换机、SW2 与 SW3 是接入层交换机。交换机 SW1 作为各部门网关，为各部门员工主机下发地址前缀信息。通过配置实现各部门 PC 之间互通。

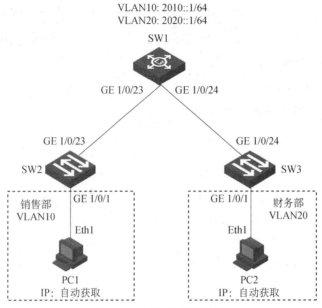

图 3-12 项目网络拓扑图

▶ **项目规划**

根据图 3-12 所示的项目网络拓扑进行业务规划，VLAN 规划、端口互联规划、IP 地址规划如表 3-1～表 3-3 所示。

表 3-1 VLAN 规划表

VLAN	IP 地址段	用途
VLAN10	2010::/64	销售部
VLAN20	2020::/64	财务部

表 3-2 端口互联规划表

本端设备	本端接口	端口类型	对端设备	对端接口
PC1	Eth1	N/A	SW2	GE 1/0/1
PC2	Eth1	N/A	SW3	GE 1/0/1
SW1	GE 1/0/23	TRUNK	SW2	GE 1/0/23
	GE 1/0/24	TRUNK	SW3	GE 1/0/24
SW2	GE 1/0/1	ACCESS	PC1	Eth1
	GE 1/0/23	TRUNK	SW1	GE 1/0/23
SW3	GE 1/0/1	ACCESS	PC2	Eth1
	GE 1/0/24	TRUNK	SW1	GE 1/0/24

表 3-3　IP 地址规划表

设备命名	接　口	IP 地址	用　途
PC1	Eth1	DHCP	PC1 主机地址
PC2	Eth1	DHCP	PC2 主机地址
SW1	VLAN10	2010::1/64	VLAN10 网关地址
	VLAN20	2020::1/64	VLAN20 网关地址

项目实施

任务 3-1　创建部门 VLAN

▶ 任务规划

根据端口互联规划表的要求，为两台交换机创建部门 VLAN，然后将对应端口划分到部门 VLAN 中。

▶ 任务实施

1. 在交换机上创建 VLAN

（1）为交换机 SW1 创建部门 VLAN。

```
<H3C>system-view              //进入系统视图
[H3C]sysname SW1              //修改设备名称
[SW1]vlan 10 20               //创建 VLAN10、VLAN20
```

（2）为交换机 SW2 创建部门 VLAN。

```
<H3C>system-view              //进入系统视图
[H3C]sysname SW2              //修改设备名称
[SW2]vlan 10                  //创建 VLAN10
```

（3）为交换机 SW3 创建部门 VLAN。

```
<H3C>system-view              //进入系统视图
[H3C]sysname SW3              //修改设备名称
[SW3]vlan 20                  //创建 VLAN20
```

2. 将交换机端口添加到对应 VLAN 中

（1）为交换机 SW2 划分 VLAN，并将对应端口添加到 VLAN 中。

```
[SW2]interface GigabitEthernet 1/0/1              //进入端口视图
[SW2-GigabitEthernet1/0/1]port access vlan 10     //将ACCESS端口加入VLAN10中
[SW2-GigabitEthernet1/0/1]quit                    //退出端口视图
```

（2）为交换机 SW3 划分 VLAN，并将对应端口添加到 VLAN 中。

```
[SW3]interface GigabitEthernet 1/0/1              //进入端口视图
[SW3-GigabitEthernet1/0/1]port access vlan 20     //将ACCESS端口加入VLAN20中
[SW3-GigabitEthernet1/0/1]quit                    //退出端口视图
```

▶ 任务验证

（1）在交换机 SW1 上使用【display vlan】命令查看 VLAN 创建情况，如图 3-13 所示，可以看到 VLAN10 与 VLAN20 已成功创建。

```
[SW1]display vlan
 Total VLANs: 3
 The VLANs include:
 1(default), 10, 20
```

图 3-13　在交换机 SW1 上查看 VLAN 创建情况

（2）在交换机 SW2 上使用【display vlan】命令查看 VLAN 创建情况，如图 3-14 所示，可以看到 VLAN10 已经成功创建。

```
[SW2]display vlan
 Total VLANs: 2
 The VLANs include:
 1(default), 10
```

图 3-14　在交换机 SW2 上查看 VLAN 创建情况

（3）在交换机 SW3 上使用【display vlan】命令查看 VLAN 创建情况，如图 3-15 所示，可以看到 VLAN20 已经成功创建。

```
[SW3]display vlan
 Total 2 VLAN exist(s).
 The following VLANs exist:
  1(default), 20
```

图 3-15　在交换机 SW3 上查看 VLAN 创建情况

（4）在交换机 SW2 上使用【display interface brief】命令查看链路配置情况，如图 3-16 所示。

```
[SW2]display interface brief
Brief information on interfaces in route mode:
Link: ADM - administratively down; Stby - standby
Protocol: (s) - spoofing
Interface           Link Protocol Primary IP      Description
InLoop0              UP    UP(s)       --
NULL0                UP    UP(s)       --

Brief information on interfaces in bridge mode:
Link: ADM - administratively down; Stby - standby
Speed: (a) - auto
Duplex: (a)/A - auto; H - half; F - full
Type: A - access; T - trunk; H - hybrid
Interface           Link Speed   Duplex Type PVID Description
GE1/0/1              UP   1G(a)    F(a)   A   10
… …
```

图 3-16　在交换机 SW2 上查看链路配置情况

（5）在交换机 SW3 上使用【display interface brief】命令查看链路配置情况，如图 3-17 所示。

```
[SW3]display interface brief
The brief information of interface(s) under route mode:
Link: ADM - administratively down; Stby - standby
Protocol: (s) - spoofing
Interface           Link Protocol Main IP       Description
NULL0                UP    UP(s)       --
Vlan1                UP    UP          --

The brief information of interface(s) under bridge mode:
Link: ADM - administratively down; Stby - standby
Speed or Duplex: (a)/A - auto; H - half; F - full
Type: A - access; T - trunk; H - hybrid
Interface           Link Speed   Duplex Type PVID Description
GE1/0/1              UP   1G(a)    F(a)   A   20
… …
```

图 3-17　在交换机 SW3 上查看链路配置情况

任务 3-2　配置交换机互联端口

扫一扫
看微课

▶ **任务规划**

根据项目规划，交换机 SW1 与交换机 SW2 互联的链路需要转发 VLAN10 的流量，交换机 SW2 与交换机 SW3 之间的链路需要转发 VLAN20 的流量，因此需要将这些链路设置为 TRUNK 链路，并配置 TRUNK 链路的 VLAN 允许列表。

▶ 任务实施

1. 为交换机 SW1 配置互联端口

在交换机 SW1 上配置交换机互联链路为 TRUNK 链路，并配置 VLAN 允许列表，允许指定的 VLAN 通过。

```
[SW1]interface GigabitEthernet 1/0/23              //进入端口视图
[SW1-GigabitEthernet1/0/23]port link-type trunk
                                                   //设置链路类型为 TRUNK
[SW1-GigabitEthernet1/0/23]port trunk permit vlan 10
                                                   //允许指定的 VLAN 通过
[SW1-GigabitEthernet1/0/23]quit                    //退出端口视图
[SW1]interface GigabitEthernet 1/0/24              //进入端口视图
[SW1-GigabitEthernet1/0/24]port link-type trunk
                                                   //设置链路类型为 TRUNK
[SW1-GigabitEthernet1/0/24]port trunk permit vlan 20
                                                   //允许指定的 VLAN 通过
[SW1-GigabitEthernet1/0/24]quit                    //退出端口视图
```

2. 为交换机 SW2 配置互联端口

在交换机 SW2 上配置交换机互联链路为 TRUNK 链路，并配置 VLAN 允许列表，允许指定的 VLAN 通过。

```
[SW2]interface GigabitEthernet 1/0/23              //进入端口视图
[SW2-GigabitEthernet1/0/23]port link-type trunk    //设置链路类型为 TRUNK
[SW2-GigabitEthernet1/0/23]port trunk permit vlan 10
                                                   //允许指定的 VLAN 通过
[SW2-GigabitEthernet1/0/23]quit                    //退出端口视图
```

3. 为交换机 SW3 配置互联端口

在交换机 SW3 上配置交换机互联链路为 TRUNK 链路，并配置 VLAN 允许列表，允许指定的 VLAN 通过。

```
[SW3]interface GigabitEthernet 1/0/24              //进入端口视图
[SW3-GigabitEthernet1/0/24]port link-type trunk    //设置链路类型为 TRUNK
```

```
[SW3-GigabitEthernet1/0/24]port trunk permit vlan 20
                                                    //允许指定的VLAN通过
[SW3-GigabitEthernet1/0/24]quit                     //退出端口视图
```

▶ 任务验证

（1）在交换机 SW1 上使用【display port trunk】命令查看交换机存在的 Trunk 端口及配置情况，如图 3-18 所示。

```
[SW1]display port trunk
Interface            PVID   VLAN passing
GE1/0/23             1      1, 10
GE1/0/24             1      1, 20
```

图 3-18　在交换机 SW1 上查看链路配置情况

（2）在交换机 SW2 上使用【display port trunk】命令查看交换机存在的 Trunk 端口及配置情况，如图 3-19 所示。

```
[SW2]display port trunk
Interface            PVID   VLAN passing
GE1/0/23             1      1, 10
```

图 3-19　在交换机 SW2 上查看链路配置情况

（3）在交换机 SW3 上使用【display port trunk】命令查看交换机存在的 Trunk 端口及配置情况，如图 3-20 所示。

```
[SW3]display port trunk
Interface            PVID   VLAN passing
GE1/0/24             1      1, 20
```

图 3-20　在交换机 SW3 上查看链路配置情况

任务 3-3　配置交换机及 PC 的 IPv6 地址

▶ 任务规划

为各部门 PC 配置 IPv6 地址，配置汇聚层交换机 IPv6 地址及开启无状态地址自动配置功能。

▶ 任务实施

1. 为各部门 PC 配置自动获取 IPv6 地址

如图 3-21 所示为 PC1 的 IPv6 地址配置结果，同理完成 PC2 的 IPv6 地址配置。

图 3-21　PC1 的 IPv6 地址配置结果

2. 配置交换机 SW1 的 VLAN 口地址

在交换机 SW1 上为两个部门 VLAN 创建 VLAN 接口并配置 IP 地址，作为两个部门的网关。

```
[SW1]interface Vlan-interface 10                    //进入VLAN接口视图
[SW1-Vlan-interface10]ipv6 address 2010::1 64       //配置IPv6地址
[SW1-Vlan-interface10]quit                          //退出接口视图
[SW1]interface Vlan-interface 20                    //进入VLAN接口视图
[SW1-Vlan-interface20]ipv6 address 2020::1 64       //配置IPv6地址
[SW1-Vlan-interface20]quit                          //退出接口视图
```

3. 配置交换机 SW1 的无状态地址自动配置功能

在各部门 VLAN 接口下面开启 RA 报文的通告功能。

```
[SW1]interface Vlan-interface 10                    //进入VLAN 接口视图
[SW1-Vlan-interface10]undo ipv6 nd ra halt          //开启RA 报文通告功能
[SW1-Vlan-interface10]quit                          //退出接口视图
[SW1]interface Vlan-interface 20                    //进入VLAN 接口视图
[SW1-Vlan-interface20]undo ipv6 nd ra halt          //开启RA 报文通告功能
[SW1-Vlan-interface20]quit                          //退出接口视图
```

▶ 任务验证

在交换机 SW1 上使用【display ipv6 interface brief】命令查看交换机 SW1 的 IPv6 地址配置情况，如图 3-22 所示。

```
[SW1]display ipv6 interface brief
*down: administratively down
(s): spoofing
Interface                    Physical Protocol IPv6 Address
Vlan-interface10             up       up       2010::1
Vlan-interface20             up       up       2020::1
```

图 3-22　在交换机 SW1 上查看 IPv6 地址配置情况

项目验证

（1）查看 PC1 的地址获取情况。可以看到 PC1 已经获得 VLAN10 的地址前缀信息，并且通过 EUI-64 规范生成了 IPv6 单播地址以及链路本地地址，如图 3-23 所示。

```
C:\Users\admin>ipconfig

Windows IP 配置


以太网适配器 以太网:

   连接特定的 DNS 后缀 . . . . . . . :
   IPv6 地址 . . . . . . . . . . . . : 2010::8df1:3700:a071:2ba
   临时 IPv6 地址. . . . . . . . . . : 2010::255b:496:6445:477a
   本地链接 IPv6 地址. . . . . . . . : fe80::8df1:3700:a071:2ba%21
   默认网关. . . . . . . . . . . . . : fe80::ca1f:beff:fe46:2dcb%21
```

图 3-23　在 PC1 上查看 IPv6 地址获取情况

（2）查看 PC2 的地址获取情况。可以看到 PC2 已经获得 VLAN20 的地址前缀信息，并且通过 EUI-64 规范生成了 IPv6 单播地址及链路本地地址，如图 3-24 所示。

```
C:\Users\admin>ipconfig

Windows IP 配置


以太网适配器 以太网:

   连接特定的 DNS 后缀 . . . . . . . :
   IPv6 地址 . . . . . . . . . . . . : 2020::493a:e06c:3e77:faa9
   临时 IPv6 地址. . . . . . . . . : 2020::f9c7:9812:88b1:ad6a
   本地链接 IPv6 地址. . . . . . . : fe80::493a:e06c:3e77:faa9%21
   默认网关. . . . . . . . . . . . : fe80::ca1f:beff:fe46:2dc6%21
```

图 3-24 在 PC2 上查看 IPv6 地址获取情况

一、理论题

1. 以下哪一项是 ICMPv6 的 RA 报文的作用？（　　）（单选）

A. 通告地址前缀 　　　　B. 请求地址前缀

C. 重复地址检查 　　　　D. 路由重定向

2. 当 PC 获得 IPv6 地址：2001::1234:5678/64，此时 PC 需要进行重复地址检查，需要向被请求节点组播地址（　　）发送 NS 报文。（单选）

A. FF02:: 34:5678

B. FE80::1:FF34:5678

C. FF02::1:FF34:5678

D. FF02::2:FF34:5678

3. 以下哪些报文是 NDP 协议报文？（　　）（多选）

A. RA 报文　　　　　　　B. NS 报文

C. Hello 报文　　　　　　D. Open 报文

4. NDP 协议进行重复地址检查时，需要交互哪些报文？（　　）（多选）

A. RA 报文　　B. NS 报文　　C. RS 报文　　D. NA 报文

5. 使用 EUI-64 规范可以生成哪些地址（　　）？（多选）

A. 单播地址　　　　　　　　B. 链路本地地址

C. 被请求节点组播组地址　　D. ISATAP 地址

6. 无状态地址自动配置可为主机分配 DNS 参数。（　　）（判断）

7. RA 报文的发送形式可以是组播也可以是单播。（　　）（判断）

二、项目实训题

1. 项目背景与要求

Jan16 科技公司网络中的部门和 PC 数量较多,为 PC 手动配置 IPv6 地址工作量大且容易出错。因此希望通过配置使 PC 通过无状态地址自动配置获取 IPv6 地址。实训网络拓扑如图 3-25 所示。具体要求如下:

(1) 配置各部门 PC 通过 DHCP 获取 IPv6 地址;

(2) 为各部门创建部门 VLAN 以及在交换机上划分 VLAN;

(3) 配置交换机互联链路为 TRUNK 链路并允许指定的 VLAN 通过;

(4) 交换机 SW1 作为各部门网关,为各部门配置网关 IPv6 地址,销售部网关为 2010:x:y::1/64,管理部网关为 2020:x:y::1/64(x 为班级,y 为短学号);

(5) 配置交换机 SW1 开启 RA 报文通告功能。

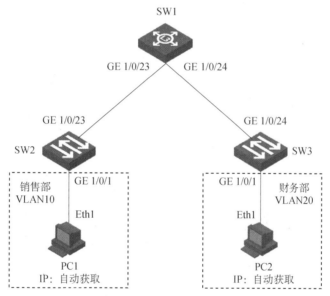

图 3-25 实训网络拓扑图

2. 实训业务规划

根据以上实训网络拓扑和要求,参考本项目的项目规划表完成表 3-4~表 3-6 的规划。

表 3-4 VLAN 规划表

VLAN	IP 地址段	用 途

表3-5 端口互联规划表

本端设备	本端接口	端口类型	对端设备	对端接口

表3-6 IP地址规划表

设备命名	接口	IP地址	用途

3. 实训要求

完成实验后，请截取以下实验验证结果。

（1）使用 PC1 在 CMD 命令行下使用【ipconfig】命令，查看 IPv6 地址获取情况。

（2）使用 PC2 在 CMD 命令行下使用【ipconfig】命令，查看 IPv6 地址获取情况。

（3）在交换机 SW1 上使用【display vlan】命令，查看 VLAN 创建情况。

（4）在交换机 SW2 上使用【display vlan】命令，查看 VLAN 创建情况。

（5）在交换机 SW3 上使用【display vlan】命令，查看 VLAN 创建情况。

（6）在交换机 SW1 上使用【display interface brief】命令，查看交换机链路配置情况。

（7）在交换机 SW2 上使用【display interface brief】命令，查看交换机链路配置情况。

（8）在交换机 SW3 上使用【display interface brief】命令，查看交换机链路配置情况。

（9）在销售部 PC1 上 ping 财务部 PC2，查看部门之间的网络连通性。

项目 4　基于 DHCPv6 的 PC 自动获取地址

项目描述

Jan16 公司已对网络进行了升级，完成了所有部门 PC 关于 IPv6 地址的自动配置任务，各部门之间实现了相互通信。但网络开通后，由于 PC 的网络配置中缺少 DNS 地址，导致各部门的 PC 无法基于域名访问公司业务系统。

因此，公司需要在三层交换机上部署 DHCPv6 服务，为所有 PC 分配 IPv6 地址和 DNS 地址。公司网络拓扑如图 4-1 所示，具体要求如下。

（1）公司使用三层交换机 SW1、二层交换机 SW2 进行组网，二层交换机连接销售部和人事部的 PC。

（2）各部门 PC 通过 DHCPv6 动态获取 IPv6 地址及 DNS 地址，以方便各部门 PC 基于域名访问公司业务系统。

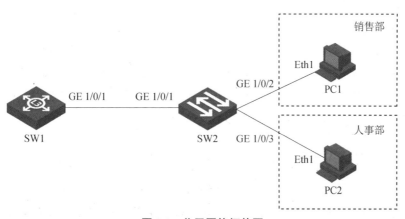

图 4-1　公司网络拓扑图

项目需求分析

根据项目描述，需要在公司核心交换机 SW1 上部署 DHCPv6 服务，实现公司各部门 PC 自动配置 IPv6 地址和 DNS 地址。

因此，本项目可以通过以下工作任务来完成。

（1）创建部门 VLAN，实现各部门网络划分。
（2）配置交换机互联端口，实现 PC 与交换机之间的通信。
（3）配置交换机的 IPv6 地址并开启 DHCPv6 功能，实现为 PC 分配 IPv6 地址及 DNS 地址。

4.1　DHCPv6 自动分配概述

通过项目 3 我们了解到，无状态地址自动配置就是节点根据路由器向节点通告前缀信息，按照 EUI-64 规范生成并应用于接口的 IPv6 单播地址。无状态地址自动配置也仅能向节点通告前缀信息，无法向节点通告 DNS 地址、域名等信息，无法为特定设备指定 IPv6 地址。

在业务情景中，基于 DNS 访问业务系统是非常重要的，因此 IPv6 网络同样需要部署 DHCPv6 基础信息服务，为 PC 分配 IPv6 地址及 DNS 地址。

1. DHCPv6 设备唯一标识符

DHCPv6 设备唯一标识符（DHCPv6 Unique Identifier，DUID）起到标识和验证 DHCPv6 服务器、DHCPv6 客户端身份的作用。

DUID 主要使用 DUID-LL（Link-Layer Address，基于链路层地址）和 DUID-LLT（Link-Layer Address Plus Time，基于链路层地址与时间）两种方式生成。DUID-LL 结合设备的 MAC 地址来生成 DUID 标识，DUID-LLT 结合设备的 MAC 地址和设备的时间来生成 DUID 标识。H3C 设备默认使用 DUID-LL 方式来生成 DUID。

2. DHCPv6 有状态与无状态

DHCPv6 分为 DHCPv6 有状态自动分配和 DHCPv6 无状态自动分配。

（1）由 DHCPv6 服务器统一分配并且管理客户端使用的 IP 地址、DNS 地址等信息。由于 DHCPv6 服务器无法为节点分配网关地址，用户的网关地址只能通过路由器发送的 RA 报文来获取。

（2）DHCPv6 无状态是结合无状态地址自动配置技术实现的，客户端通过 RA 报文获取 IPv6 单播地址及网关地址，然后通过 DHCPv6 获取其他网络配置参数。

DHCPv6 客户端在向 DHCPv6 服务器发送请求报文之前，会发送 RS 报文，在同一链路范围内的路由器接收到此报文后会回复 RA 报文。在 RA 报文中包含管理地址配置标识（M）和有状态配置标识（O）。当 M 取值为 1 时，启用 DHCPv6 有状态地址配置，即 DHCPv6

客户端需要从 DHCPv6 服务器获取 IPv6 地址；当 M 取值为 0 时，则启用 IPv6 无状态地址自动分配方案。当 O 取值为 1 时，用来定义客户端需要通过有状态的 DHCPv6 来获取其他网络配置参数，如 DNS、NIS、SNTP 服务器地址等；当 O 取值为 0 时，则启用 IPv6 无状态地址自动分配方案。

在 H3C 设备上，在接口视图中使用【ipv6 nd autoconfig managed-address-flag】命令将管理地址配置标识（M）取值为 1，使用【ipv6 nd autoconfig other-flag】命令将有状态配置标识（O）取值为 1。

4.2 DHCPv6 协议报文类型

DHCPv6 服务器与客户端之间使用 UDP 协议来交互 DHCPv6 报文，客户端使用的 UDP 端口号是 546，服务器使用的 UDP 端口号是 547。DHCPv6 报文类型如表 4-1 所示。

表 4-1 DHCPv6 报文类型

报文类型	DHCPv6 报文	说　　明
1	请求（Solicit）	DHCPv6 客户端使用 Solicit 报文来确定 DHCPv6 服务器的位置
2	通告（Advertise）	DHCPv6 服务器发送 Advertise 报文对 Solicit 报文进行回应，宣告自己能够提供 DHCPv6 服务
3	请求（Request）	DHCPv6 客户端发送 Request 报文向 DHCPv6 服务器请求 IPv6 地址和其他配置信息
4	确认（Confirm）	DHCPv6 客户端向任意可到达的 DHCPv6 服务器发送 Confirm 报文检查自己目前获得的 IPv6 地址是否适用于它所连接的链路
5	更新（Renew）	DHCPv6 客户端向给其提供地址和配置信息的 DHCPv6 服务器发送 Renew 报文来延长地址的生存期并更新配置信息
6	重新绑定（Rebind）	如果 Renew 报文没有得到应答，DHCPv6 客户端向任意可达的 DHCPv6 服务器发送 Rebind 报文来延长地址的生存期并更新配置信息
7	回复（Reply）	DHCPv6 服务器用来响应 Request、Confirm、Renew、Rebind、Release 和 Decline 报文
8	释放（Release）	DHCPv6 客户端向为其分配地址的 DHCPv6 服务器发送 Release 报文，表明自己不再使用一个或多个租用的地址
9	拒绝（Decline）	DHCPv6 客户端向 DHCPv6 服务器发送 Decline 报文，声明 DHCPv6 服务器分配的一个或多个地址在 DHCPv6 客户端所在链路上已经被使用了
10	重新配置（Reconfigure）	DHCPv6 服务器向 DHCPv6 客户端发送 Reconfigure 报文，用于提示 DHCPv6 客户端在 DHCPv6 服务器上存在新的网络配置信息
11	请求配置（Information-Request）	DHCPv6 客户端向 DHCPv6 服务器发送 Information-Request 报文来请求除了 IPv6 地址的网络配置信息
12	中继转发（Relay-Forward）	中继代理服务器通过 Relay-Forward 报文来向 DHCPv6 服务器转发 DHCPv6 客户端请求报文
13	中继回复（Relay-Reply）	DHCPv6 服务器向中继代理服务器发送 Relay-Reply 报文，其中携带了转发给 DHCPv6 客户端的报文

4.3 DHCPv6 有状态自动分配工作过程

DHCPv6 有状态自动分配的工作过程主要分为 4 步，如图 4-2 所示。

图 4-2　DHCPv6 有状态工作过程

（1）DHCPv6 客户端向组播地址 FF02::1:2 发送 Solicit 报文，用于发现 DHCPv6 服务器。

（2）DHCPv6 服务器收到 Solicit 报文之后，单播回复 Advertise 报文，该报文中携带了为 DHCPv6 客户端分配的 IPv6 地址以及其他网络配置参数。

（3）DHCPv6 客户端收到 DHCPv6 服务器回复的 Advertise 报文后，将向 DHCPv6 服务器发送目的地址为 FF02::1:2 的 Request 组播报文，该报文中携带 DHCPv6 服务器的 DUID。如果 DHCPv6 客户端接收到多个 DHCPv6 服务器回复的 Advertise 报文，就根据 Advertise 报文中的服务器优先级等参数，选择优先级最高的一台服务器，并向所有的服务器发送目的地址为 FF02::1:2 的 Request 组播报文，该报文中携带已选择的 DHCPv6 服务器的 DUID。

（4）DHCPv6 服务器单播回复 Reply 报文，确认将地址和网络配置参数分配给DHCPv6 客户端使用。

4.4 DHCPv6 无状态地址自动分配工作过程

DHCPv6 无状态地址自动分配的工作过程主要分为两步，如图 4-3 所示。

（1）DHCPv6 客户端以组播方式向 DHCPv6 服务器发送 Information-Request 报文，该报文中携带 Option Request 选项，用来指定 DHCPv6 客户端需要从 DHCPv6 服务器获取的配置参数。

（2）DHCPv6 服务器收到 Information-Request 报文后，为 DHCPv6 客户端分配网络

配置参数，并单播发送 Advertise 报文，将网络配置参数返回给 DHCPv6 客户端。

图 4-3 DHCPv6 无状态地址自动分配的工作过程

项目规划设计

▶ 项目拓扑

本项目中，使用两台 PC 和两台交换机来构建项目网络拓扑，如图 4-4 所示。其中 PC1 是销售部员工 PC，PC2 是人事部员工 PC，SW1 是三层交换机、SW2 是二层交换机。交换机 SW1 作为各部门网关及 DHCPv6 服务器。

项目要求通过配置 DHCPv6 协议，实现公司所有 PC 均能通过 DHCPv6 有状态自动获取 IPv6 地址及 DNS 地址。

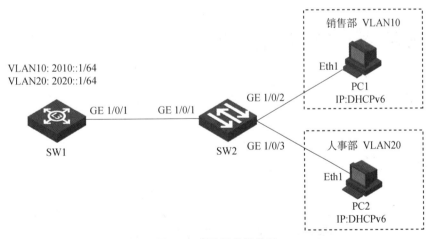

图 4-4 项目网络拓扑图

▶ 项目规划

根据图 4-4 所示的项目网络拓扑进行业务规划，VLAN 规划、端口互联规划、IP 地址规划、DHCPv6 地址池规划如表 4-2～表 4-5 所示。

表 4-2 VLAN 规划表

VLAN	IP 地址段	用 途
VLAN10	2010::/64	销售部
VLAN20	2020::/64	人事部

表 4-3 端口互联规划表

本端设备	本端接口	端口类型	对端设备	对端接口
PC1	Eth1	N/A	SW2	GE 1/0/2
PC2	Eth1	N/A	SW2	GE 1/0/3
SW1	GE 1/0/1	TRUNK	SW2	GE 1/0/1
SW2	GE 1/0/1	TRUNK	SW1	GE 1/0/1
	GE 1/0/2	ACCESS	PC1	Eth1
	GE 1/0/3	ACCESS	PC2	Eth1

表 4-4 IP 地址规划表

设备名称	接 口	IP 地址	用 途
PC1	Eth1	DHCPv6	PC1 地址
PC2	Eth1	DHCPv6	PC2 地址
SW1	VLAN10	2010::1/64	VLAN10 网关地址
	VLAN20	2020::1/64	VLAN20 网关地址

表 4-5 DHCPv6 地址池规划

名 称	VLAN	分配网段	DNS 地址
sale	10	2010::/64	2400:3200::1（阿里巴巴 IPv6 DNS）
hr	20	2020::/64	2400:da00::6666（百度 IPv6 DNS）

任务 4-1 创建部门 VLAN

▶ 任务规划

根据端口互联规划表的要求，为两台交换机创建部门 VLAN，然后将对应端口划分到

部门 VLAN 中。

▶ 任务实施

1. 在交换机上创建 VLAN

（1）为交换机 SW1 创建部门 VLAN。

```
<H3C>system-view              //进入系统视图
[H3C]sysname SW1              //修改设备名称
[SW1]vlan 10 20               //创建VLAN10、VLAN20
```

（2）为交换机 SW2 创建部门 VLAN。

```
<H3C>system-view              //进入系统视图
[H3C]sysname SW2              //修改设备名称
[SW2]vlan 10 20               //创建VLAN10、VLAN20
```

2. 为交换机划分端口到 VLAN 中

为交换机 SW2 划分 VLAN，并将对应端口添加到 VLAN 中。

```
[SW2]interface GigabitEthernet 1/0/2              //进入端口视图
[SW2-GigabitEthernet1/0/2]port access vlan 10     //将ACCESS端口加入VLAN10中
[SW2-GigabitEthernet1/0/2]quit                    //退出端口视图
[SW2]interface GigabitEthernet 1/0/3              //进入端口视图
[SW2-GigabitEthernet1/0/3]port access vlan 20     //将ACCESS端口加入VLAN20中
[SW2-GigabitEthernet1/0/3]quit                    //退出端口视图
```

▶ 任务验证

（1）在交换机 SW1 上使用【display vlan】命令查看 VLAN 创建情况，结果如图 4-5 所示，VLAN10 与 VLAN20 已经成功创建。

```
[SW1]display vlan
 Total 3 VLAN exist(s).
 The following VLANs exist:
  1(default), 10, 20
```

图 4-5 在交换机 SW1 上查看 VLAN 创建情况

（2）在交换机 SW2 上使用【display vlan】命令查看 VLAN 创建情况，结果如图 4-6 所示，VLAN10 及 VLAN20 已经成功创建。

```
[SW2]display vlan
Total VLANs: 3
The VLANs include:
1(default), 10, 20
```

图 4-6　在交换机 SW2 上查看 VLAN 创建情况

（3）在交换机 SW2 上使用【display interface brief】命令查看链路配置情况，结果如图 4-7 所示。

```
[SW2]display interface brief
Interface             Link Speed    Duplex Type PVID Description
… …
GE1/0/2               UP    1G(a)   F(a)        A    10
GE1/0/3               UP    1G(a)   F(a)        A    20
… …
```

图 4-7　在交换机 SW2 上查看链路配置情况

任务 4-2　配置交换机互联端口

▶ **任务规划**

根据项目规划，交换机 SW1 与交换机 SW2 之间的链路需要转发 VLAN10、VLAN20 的流量，因此需要将该链路设置为 TRUNK 链路，并配置 TRUNK 链路的 VLAN 允许列表。

▶ **任务实施**

1. 为交换机 SW1 配置互联端口

在交换机 SW1 上配置交换机互联链路为 TRUNK 链路，并配置 VLAN 允许列表，允许指定的 VLAN 通过。

```
[SW1]interface GigabitEthernet 1/0/1                      //进入端口视图
[SW1-GigabitEthernet1/0/1]port link-type trunk            //设置链路类型为 TRUNK
[SW1-GigabitEthernet1/0/1]port trunk permit vlan 10 20
                                                          //允许指定的 VLAN 通过
[SW1-GigabitEthernet1/0/1]quit                            //退出端口视图
```

2. 为交换机 SW2 配置互联端口

在交换机 SW2 上配置交换机互联链路为 TRUNK 链路，并配置 VLAN 允许列表，允许指定的 VLAN 通过。

```
[SW2]interface GigabitEthernet 1/0/1              //进入端口视图
[SW2-GigabitEthernet1/0/1]port link-type trunk    //设置链路类型为 TRUNK
[SW2-GigabitEthernet1/0/1]port trunk permit vlan 10 20
                                                  //允许指定的 VLAN 通过
[SW2-GigabitEthernet1/0/1]quit                    //退出端口视图
```

► 任务验证

（1）在交换机 SW1 上使用【display port trunk】命令查看交换机存在的 TRUNK 端口及配置情况，结果如图 4-8 所示。

[SW1]display port trunk		
Interface	PVID	VLAN passing
GE1/0/1	1	1, 10, 20,

图 4-8　在交换机 SW1 上查看链路配置情况

（2）在交换机 SW2 上使用【display port trunk】命令查看交换机存在的 TRUNK 端口及配置情况，结果如图 4-9 所示。

[SW2]display port trunk		
Interface	PVID	VLAN passing
GE1/0/1	1	1, 10, 20,

图 4-9　在交换机 SW2 上查看链路配置情况

任务 4-3　配置交换机的 IPv6 地址并开启 DHCPv6 功能

► 任务规划

扫一扫
看微课

配置三层交换机 SW1 的 IPv6 地址和 DHCPv6 功能，并配置各部门 PC 的 IPv6 地址为 DHCPv6 自动获取。

► 任务实施

1. 配置交换机 SW1 的 VLAN 接口地址

在交换机 SW1 上为两个 VLAN 接口配置 IP 地址，作为销售部、人事部两个部门的网关。

```
[SW1]ipv6                                              //开启全局IPv6功能
[SW1]interface Vlan-interface 10                       //进入VLAN接口视图
[SW1-Vlan-interface10]ipv6 address 2010::1 64          //配置IPv6地址
[SW1-Vlan-interface10]quit                             //退出接口视图
[SW1]interface Vlan-interface 20                       //进入VLAN接口视图
[SW1-Vlan-interface20]ipv6 address 2020::1 64          //配置IPv6地址
[SW1-Vlan-interface20]quit                             //退出接口视图
```

2. 配置交换机SW1的DHCPv6功能

在交换机SW1上创建DHCPv6地址池并配置DNS等相关参数。

```
[SW1]ipv6 dhcp pool sale                               //创建地址池sale
[SW1-dhcp6-pool-sale]network 2010::/64                 //配置为客户端分配的网段
[SW1-dhcp6-pool-sale]dns-server 2400:3200::1
                                                       //配置为客户端分配的DNS服务器地址
[SW1-dhcp6-pool-sale]quit                              //退出地址池视图
[SW1]ipv6 dhcp pool hr                                 //创建地址池hr
[SW1-dhcp6-pool-hr]network 2020::/64                   //配置为客户端分配的网段
[SW1-dhcp6-pool-hr]dns-server 2400:da00::6666
                                                       //配置为客户端分配的DNS服务器地址
[SW1-dhcp6-pool-hr]quit                                //退出地址池视图
```

3. 应用DHCPv6地址池

在交换机SW1的VLAN接口上应用DHCPv6地址池。

```
[SW1]interface vlan-interface 10                       //进入VLAN接口视图
[SW1-Vlan-interface10]ipv6 dhcp select server
                                                       //接口下启用DHCPv6服务器模式
[SW1-Vlan-interface10]ipv6 dhcp server apply pool sale
                                                       //应用地址池sale
[SW1-Vlan-interface10]quit                             //退出接口视图
[SW1]interface vlan-interface 20                       //进入VLAN接口视图
[SW1-Vlan-interface20]ipv6 dhcp select server
                                                       //接口下启用DHCPv6服务器模式
[SW1-Vlan-interface20]ipv6 dhcp server apply pool hr
                                                       //应用地址池hr
[SW1-Vlan-interface20]quit                             //退出接口视图
```

4. 开启RA报文通告及启用有状态自动配置地址标识位

在交换机SW1的VLAN10和VLAN20接口上开启RA报文通告功能，启用有状态自动配置地址标识位。

```
[SW1]interface vlan-interface 10                //进入VLAN接口视图
[SW1-Vlan-interface10]undo ipv6 nd ra halt
                                                //开启RA报文通告功能
[SW1-Vlan-interface10]ipv6 nd autoconfig managed-address-flag
                                                //配置被管理地址的配置标识位为1
[SW1-Vlan-interface10]ipv6 nd autoconfig other-flag
                                                //配置其他信息配置标识位为1
[SW1-Vlan-interface10]quit                      //退出接口视图
[SW1]interface vlan-interface 20                //进入VLAN接口视图
[SW1-Vlan-interface20]undo ipv6 nd ra halt      //开启RA报文通告功能
[SW1-Vlan-interface20]ipv6 nd autoconfig managed-address-flag
                                                //配置被管理地址的配置标识位为1
[SW1-Vlan-interface20]ipv6 nd autoconfig other-flag
                                                //配置其他信息配置标识位为1
[SW1-Vlan-interface20]quit                      //退出接口视图
```

5. 为各部门 PC 配置自动获取 IPv6 地址和 DNS 地址

如图 4-10 所示为 PC1 的 IPv6 地址和 DNS 地址配置结果，同理完成 PC2 的 IPv6 地址和 DNS 地址的配置。

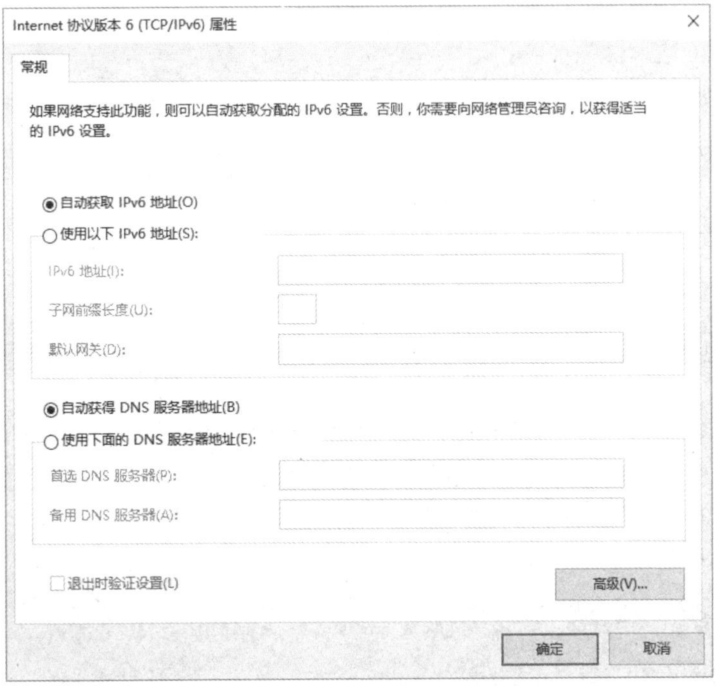

图 4-10 PC1 的 IPv6 地址和 DNS 地址配置结果

任务验证

(1) 在交换机 SW1 上使用【display ipv6 interface brief】命令查看 IP 地址配置情况，结果如图 4-11 所示。

```
[SW1]display ipv6 interface brief
*down: administratively down
(s): spoofing
Interface                Physical    Protocol    IPv6 Address
Vlan-interface10         up          up          2010::1
Vlan-interface20         up          up          2020::1
```

图 4-11　在交换机 SW1 上查看 IPv6 地址配置情况

(2) 在交换机 SW1 上使用【display ipv6 dhcp pool】命令查看地址池配置情况，结果如图 4-12 所示。

```
[SW1]display ipv6 dhcp pool
DHCPv6 pool: sale
  Network: 2010::/64
    Preferred lifetime 604800, valid lifetime 2592000
  DNS server addresses:
    2400:3200::1
DHCPv6 pool: hr
  Network: 2020::/64
    Preferred lifetime 604800, valid lifetime 2592000
  DNS server addresses:
    2400:DA00::6666
```

图 4-12　在交换机 SW1 上查看 DHCPv6 地址池配置情况

 项目验证

 扫一扫 看微课

(1) 查看 PC1 的 IP 地址获取情况。可以看到 PC1 已经通过有状态 DHCPv6 获取到 IPv6 单播地址及 DNS 地址，通过默认网关自动发现机制自动配置了网关地址，如图 4-13 所示。

```
C:\Users\admin>ipconfig /all

以太网适配器  以太网:

   连接特定的 DNS 后缀 . . . . . . . :
   描述. . . . . . . . . . . . . . . : Realtek USB GbE Family Controller
```

图 4-13　查看 PC1 的 IP 地址获取情况

```
物理地址. . . . . . . . . . . . . : 00-E0-4C-37-6A-0A
DHCP 已启用 . . . . . . . . . . : 是
自动配置已启用. . . . . . . . . : 是
IPv6 地址 . . . . . . . . . . . . : 2010::2(首选)
获得租约的时间   . . . . . . . . : 2022 年 5 月 11 日 9:53:40
租约过期的时间   . . . . . . . . : 2022 年 6 月 10 日 9:53:39
IPv6 地址 . . . . . . . . . . . . : 2010::d108:b2f8:7fc3:61a4(首选)
临时 IPv6 地址. . . . . . . . . : 2010::9982:1702:737b:a77b(首选)
本地链接 IPv6 地址. . . . . . . : fe80::d108:b2f8:7fc3:61a4%62(首选)
自动配置 IPv4 地址 . . . . . . . : 169.254.97.164(首选)
子网掩码   . . . . . . . . . . . : 255.255.0.0
默认网关. . . . . . . . . . . . . : fe80::76ea:cbff:fe58:cc6e%62
DHCPv6 IAID . . . . . . . . . . : 1040244812
DHCPv6 客户端 DUID   . . . . . . : 00-01-00-01-29-6C-36-D2-60-45-CB-2D-4F-76
DNS 服务器   . . . . . . . . . . : 2400:3200::1
TCPIP 上的 NetBIOS   . . . . . . : 已启用
```

图 4-13 查看 PC1 的 IP 地址获取情况（续）

（2）查看 PC2 的 IP 地址获取情况。可以看到 PC2 已经通过有状态 DHCPv6 获取到 IPv6 单播地址及 DNS 地址，通过默认网关自动发现机制自动配置了网关地址，结果如图 4-14 所示。

```
C:\Users\admin>ipconfig /all

以太网适配器 以太网:

   连接特定的 DNS 后缀 . . . . . . . :
   描述. . . . . . . . . . . . . : Realtek USB GbE Family Controller
   物理地址. . . . . . . . . . . . . : 00-E0-4C-36-69-BE
   DHCP 已启用 . . . . . . . . . . : 是
   自动配置已启用. . . . . . . . . : 是
   IPv6 地址 . . . . . . . . . . . . : 2020::2(首选)
   获得租约的时间   . . . . . . . . : 2022 年 5 月 11 日 10:00:27
   租约过期的时间   . . . . . . . . : 2022 年 6 月 10 日 10:00:27
   IPv6 地址 . . . . . . . . . . . . : 2020::493a:e06c:3e77:faa9(首选)
   临时 IPv6 地址. . . . . . . . . : 2020::e9c4:7b8a:95bb:7fee(首选)
   本地链接 IPv6 地址. . . . . . . : fe80::493a:e06c:3e77:faa9%21(首选)
   自动配置 IPv4 地址 . . . . . . . : 169.254.97.164(首选)
   子网掩码   . . . . . . . . . . . : 255.255.0.0
   默认网关. . . . . . . . . . . . . : fe80::76ea:cbff:fe58:cc78%62
   DHCPv6 IAID . . . . . . . . . . : 1040244812
   DHCPv6 客户端 DUID   . . . . . . : 00-01-00-01-2A-0B-CA-AB-00-0C-29-13-B6-07
   DNS 服务器   . . . . . . . . . . : 2400:da00::6666
   TCPIP 上的 NetBIOS   . . . . . . : 已启用
```

图 4-14 查看 PC2 的 IP 地址获取情况

练习与思考

一、理论题

1. 有状态 DHCPv6 不可以为 PC 分配哪些地址参数？（　　）（单选）
   A. 单播地址　　　　B. DNS　　　　C. 默认网关　　　　D. 域名

2. 以下哪一种报文不属于 DHCPv6 报文？（　　）（单选）
   A. Solicit　　　　　　　　　　B. Advertise
   C. Discover　　　　　　　　　D. Renew

3. 配置无状态 DHCPv6 需要配置 RA 报文中的 M、O 位分别为（　　）。（单选）
   A. M=0，O=0　　　　　　　　B. M=0，O=1
   C. M=1，O=1　　　　　　　　D. M=1，O=0

4. DHCPv6 的唯一标识符 DUID 的生成方式有哪些?（　　）（多选）
   A. DUID-LL　　　　　　　　　B. DUID-LLT
   C. DUID-LT　　　　　　　　　D. DUID-TL

5. 有关有状态 DHCPv6 和无状态 DHCPv6 的描述正确的是（　　）。（多选）
   A. 均能为 PC 分配 DNS 参数
   B. 均不能为 PC 分配默认网关
   C. 有状态 DHCPv6 仅能提供地址前缀信息
   D. 无状态 DHCPv6 仅能提供地址前缀信息

6. IPv6 路由器接口默认关闭 RA 报文通告功能。（　　）（判断）

7. PC 通过 DHCPv6 获取 IPv6 地址需要进行重复地址检查，而手动配置的 IPv6 地址不需要进行重复地址检查。（　　）（判断）

二、项目实训题

1. 项目背景与要求

Jan16 科技公司网络中的部门和 PC 数量较多，为 PC 手动配置 IPv6 地址工作量大且容易出错。因此希望配置 PC 通过 DHCPv6 自动获取 IPv6 地址。实训网络拓扑如图 4-15 所示。具体要求如下：

（1）配置各部门 PC 通过 DHCPv6 获取 IPv6 地址；

（2）为各部门创建部门 VLAN 以及在交换机上划分 VLAN；

（3）配置交换机互联链路为 TRUNK 链路并配置允许列表；

（4）交换机 SW1 作为各部门网关，为各部门配置网关 IPv6 地址，人事部网关为

2030:*x*:*y*::1/64，财务部网关为 2040:*x*:*y*::1/64（*x* 为班级，*y* 为短学号）；

（5）给交换机 SW1 配置 DHCPv6 服务，为 PC1 和 PC2 分配 IPv6 地址。

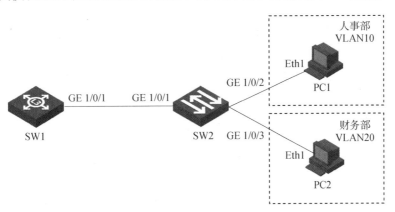

图 4-15 实训网络拓扑图

2. 实训业务规划

根据以上实训网络拓扑和要求，参考本项目的项目规划完成表 4-6～表 4-9 的规划。

表 4-6 VLAN 规划表

VLAN	IP 地址段	用途

表 4-7 端口互联规划表

本端设备	本端接口	端口类型	对端设备	对端接口

表 4-8 IP 地址规划表

设备名称	接口	IP 地址	用途

表4-9 DHCPv6地址池规划

名称	VLAN	分配网段	DNS地址

3. 实训要求

完成实验后，请截取以下实验验证结果。

（1）在PC1的CMD命令行下使用【ipconfig/all】命令，查看IPv6地址获取情况。

（2）在PC2的CMD命令行下使用【ipconfig/all】命令，查看IPv6地址获取情况。

（3）在交换机SW1上使用【display vlan】命令，查看VLAN创建情况。

（4）在交换机SW2上使用【display vlan】命令，查看VLAN创建情况。

（5）在交换机SW1上使用【display ipv6 interface brief】命令，查看交换机链路配置情况。

（6）在交换机SW1上使用【display ipv6 dhcp pool】命令，查看地址池配置情况。

（7）在人事部PC1上ping财务部PC2，查看部门之间的网络连通性。

单元 2　IPv6 园区网应用篇

项目5 基于静态路由的总部与分部互联

项目描述

Jan16 公司总部办公室在创意园 A 座，因业务拓展，在创意园 B 座租赁了另外一个场地作为 Jan16 公司的分部 A，供设计部使用。园区网络拓扑如图 5-1 所示，项目具体要求如下。

（1）公司总部与分部 A 局域网内各有一台三层交换机，分别连接总部及分部 A 各部门的 PC。

（2）两台交换机均接入创意园园区网路由器 R1，现需要配置路由实现总部与分部 A 之间互联互通。

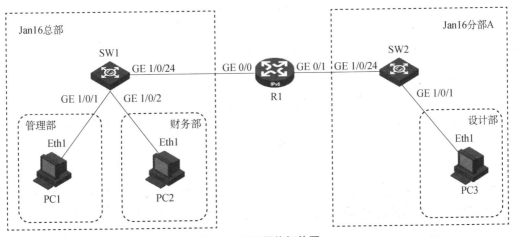

图 5-1 园区网络拓扑图

项目需求分析

Jan16 公司现有管理部、财务部和设计部 3 个部门。管理部与财务部位于公司总部，设计部位于公司分部 A，现需要将各部门 PC 划分至相应的 VLAN 中，并在总部与分部 A 之间配置 IPv6 静态路由，实现各部门之间的通信。

因此，本项目可以通过以下工作任务来完成。

（1）创建部门VLAN，实现各部门之间的网络划分。
（2）配置PC、交换机、路由器的IPv6地址，实现基础IP地址的配置。
（3）配置交换机和路由器的静态路由，实现公司各部门之间互联互通。

5.1 静态路由概述

静态路由（Static Route）是指通过手动方式为路由器配置路由信息，让路由器获取到达目标网络的路由。

静态路由的优点是配置简单、路由器资源负载少、可控性强。缺点是不能动态地反映网络拓扑情况，当网络拓扑发生变化时，网络管理员就必须手动配置路由表，因此静态路由不适合在大型网络中使用。

5.2 默认路由概述

静态路由中存在一种目的地/掩码为【::/0】的路由称为默认路由（Default Route）。计算机或路由器的IP路由表中可能存在默认路由，也可能不存在。如果网络设备的路由表中存在默认路由，那么当一个待发送或待转发的IP报文不能匹配IP路由表中的任何非默认路由时，就会根据默认路由来进行发送或转发；如果网络设备的IP路由表中不存在默认路由，那么当一个待发送或待转发的IP报文不能匹配IP路由表中的任何路由时，该IP报文就会被直接丢弃。

默认路由经常配置在末梢网络或出口路由器上，因为末梢网络没有必要知道整个网络的具体拓扑，只要将所有流向外部的流量转发到下一跳路由器上即可，此时可以通过配置默认路由来简化路由条目。

5.3 静态路由的配置案例

（1）在路由器上配置静态路由，需要指定目的地址的前缀及下一跳地址，配置完成后，静态路由即可成为路由表中的条目。

在图5-2所示的拓扑中，为路由器R1配置访问前缀为6666::的静态路由。

```
[R1]ipv6 route-static 6666:: 64 2012::2
```

其中,【6.6.6.6::】为目标网络,【64】为目标网络掩码,【2012::2】为下一跳地址。

图 5-2　静态路由网络拓扑图

(2)使用【display ipv6 routing-table】命令查看配置静态路由之后的路由表,可以看到路由表中生成了关于前缀 6666::的静态路由条目,结果如图 5-3 所示。

```
[R1]display ipv6 routing-table
… …
Destination: 6666::/64              Protocol  : Static
NextHop    : 2012::2                Preference: 60
Interface  : GE0/0                  Cost      : 0
```

图 5-3　验证静态路由配置情况

5.4　静态路由的负载分担配置案例

(1)当网络中存在多条通往同一前缀的静态路由时,便会形成路由负载分担的情况。在图 5-4 所示的拓扑中,为路由器 R1 配置两条前往 6666::的路由。

```
[R1]ipv6 route-static 6666:: 64 2012::2
[R1]ipv6 route-static 6666:: 64 2013::2
```

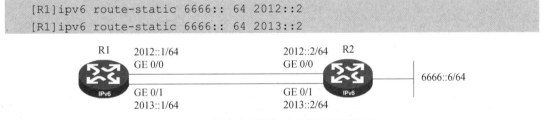

图 5-4　静态路由的负载分担网络拓扑图

(2)使用【display ipv6 routing-table】命令查看路由表,可以看到路由表中生成了两条关于前缀 6666::的静态路由条目,结果如图 5-5 所示。

```
[R1]display ipv6 routing-table
… …
Destination: 6666::/64              Protocol  : Static
NextHop    : 2012::2                Preference: 60
Interface  : GE0/0                  Cost      : 0

Destination: 6666::/64              Protocol  : Static
NextHop    : 2013::2                Preference: 60
Interface  : GE0/1                  Cost      : 0
… …
```

图 5-5　验证静态路由负载分担配置情况

5.5 静态路由的备份配置案例

（1）当网络中存在多条通往同一前缀的静态路由时，可以通过调整路由的优先级，实现优先级高的路由作为主路由，承担用户数据转发，优先级低的路由作为备份路由（静态路由默认为 60，数值越小越优），在主路由故障时，承担起业务流量转发的任务。

在图 5-6 所示的拓扑中，为 R1 配置两条前往 6666::的路由，并调整优先级。

```
[R1]ipv6 route-static 6666:: 64 2012::2
[R1]ipv6 route-static 6666:: 64 2013::2 preference 100
```

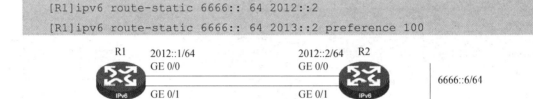

图5-6 静态路由的备份网络拓扑图

（2）使用【display ipv6 routing-table】命令查看路由表，可以看到路由表中仅有一条去往前缀 6666::的静态路由条目，且下一跳为 2012::2，如图 5-7 所示。

```
[R1]display ipv6 routing-table
Routing Table : Public
… …
Destination: 6666::/64                    Protocol  : Static
NextHop    : 2012::2                      Preference: 60
Interface  : GE0/0                        Cost      : 0
… …
```

图5-7 验证静态路由备份配置情况

（3）通过断开 GE 0/0 端口线缆，模拟链路 GE 0/0 故障，使用【display ipv6 routing-table】命令查看路由表，可以看到路由表中去往前缀 6666::的静态路由条目的下一跳为 2013::2，该路由作为备份路由，如图 5-8 所示。

```
[R1]display ipv6 routing-table
Routing Table : Public
… …
Destination: 6666::/64                    Protocol  : Static
NextHop    : 2013::2                      Preference: 100
Interface  : GE0/1                        Cost      : 0
… …
```

图5-8 验证静态路由备份路径切换情况

5.6 默认路由的配置案例

（1）当路由器找不到相关前缀的明确路由时，便会根据默认路由进行数据转发。默认路由也可以由动态路由协议自动生成。IPv6 使用【::0】表示默认路由。

在图 5-9 所示的拓扑中，为 R1 配置默认路由。

```
[R1]ipv6 route-static :: 0 2012::2
```

图 5-9　默认路由网络拓扑图

（2）使用【display ipv6 routing-table】命令查看路由表，可以看到路由表中已生成默认路由，且下一跳为 2012::2，如图 5-10 所示。

```
[R1]display ipv6 routing-table
… …
Destination: ::/0              Protocol   : Static
NextHop    : 2012::2           Preference: 60
Interface  : GE0/0             Cost       : 0
```

图 5-10　验证默认路由配置情况

▶ 项目拓扑

本项目中，使用三台 PC、两台交换机和一台路由器 R1 构建项目网络拓扑，如图 5-11 所示。其中 PC1 是管理部员工的 PC，PC2 是财务部员工的 PC，PC3 是设计部员工的 PC，交换机 SW1 连接管理部、财务部，作为两个部门的网关，交换机 SW2 连接设计部，作为设计部的网关。

在总部交换机 SW1、分部 A 交换机 SW2 和园区网路由器 R1 上配置路由，实现各部门之间互联互通。

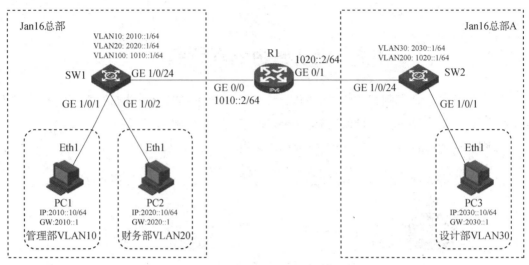

图 5-11 项目网络拓扑图

▶ 项目规划

根据图 5-11 所示的项目网络拓扑进行业务规划，VLAN 规划、端口互联规划、IP 地址规划如表 5-1～表 5-3 所示。

表 5-1 VLAN 规划表

VLAN	IP 地址段	用　　途
VLAN10	2010::/64	管理部
VLAN20	2020::/64	财务部
VLAN30	2030::/64	设计部
VLAN100	1010::/64	交换机 SW1 与路由器 R1 互联网段
VLAN200	1020::/64	交换机 SW2 与路由器 R1 互联网段

表 5-2 端口互联规划表

本端设备	本端接口	端口类型	对端设备	对端接口
PC1	Eth1	N/A	SW1	GE 1/0/1
PC2	Eth1	N/A	SW1	GE 1/0/2
SW1	GE 1/0/1	ACCESS	PC1	Eth1
SW1	GE 1/0/2	ACCESS	PC2	Eth1
SW1	GE 1/0/24	ACCESS	R1	GE 0/0
SW2	GE 1/0/1	ACCESS	PC3	Eth1
SW2	GE 1/0/24	ACCESS	R1	GE 0/1
R1	GE 0/0	N/A	SW1	GE 1/0/24
R1	GE 0/1	N/A	SW2	GE 1/0/24

表 5-3 IP 地址规划表

设备名称	接口	IP 地址	用途
PC1	Eth1	2010::10/64	PC1 地址
PC2	Eth1	2020::10/64	PC2 地址
PC3	Eth1	2030::10/64	PC3 地址
SW1	VLAN10	2010::1/64	VLAN10 网关地址
	VLAN20	2020::1/64	VLAN20 网关地址
	VLAN100	1010::1/64	与路由器 R1 互联地址
SW2	VLAN30	2030::1/64	VLAN30 网关地址
	VLAN200	1020::1/64	与路由器 R1 互联地址
R1	GE 0/0	1010::2/64	与交换机 SW1 互联地址
	GE 0/1	1020::2/64	与交换机 SW2 互联地址

项目实施

任务 5-1　创建部门 VLAN

▶ **任务规划**

根据端口互联规划表的要求，为两台交换机创建部门 VLAN，然后将对应端口划分到对应 VLAN 中。

▶ **任务实施**

1. 在交换机上创建 VLAN

（1）为交换机 SW1 创建部门 VLAN10、VLAN20 及互联 VLAN100。

```
<H3C>system-view                //进入系统视图
[H3C]sysname SW1                //修改设备名称
[SW1]vlan 10 20 100             //创建 VLAN10、VLAN20、VLAN100
```

（2）为交换机 SW2 创建部门 VLAN30 及互联 VLAN200。

```
<H3C>system-view                //进入系统视图
```

```
[H3C]sysname SW2                        //修改设备名称
[SW2]vlan 30 200                        //创建VLAN30、VLAN200
```

2. 将交换机端口添加到对应 VLAN 中

（1）为交换机 SW1 划分 VLAN，并将对应端口添加到 VLAN 中。

```
[SW1]interface GigabitEthernet 1/0/1             //进入端口视图
[SW1-GigabitEthernet1/0/1]port access vlan 10
                                                 //将ACCESS端口加入VLAN10中
[SW1-GigabitEthernet1/0/1]quit                   //退出端口视图
[SW1]interface GigabitEthernet 1/0/2             //进入端口视图
[SW1-GigabitEthernet1/0/2]port access vlan 20
                                                 //将ACCESS端口加入VLAN20中
[SW1-GigabitEthernet1/0/2]quit                   //退出端口视图
[SW1]interface GigabitEthernet 1/0/24            //进入端口视图
[SW1-GigabitEthernet1/0/24]port access vlan 100
                                                 //将ACCESS端口加入VLAN100中
[SW1-GigabitEthernet1/0/24]quit                  //退出端口视图
```

（2）为交换机 SW2 划分 VLAN，并将对应端口添加到 VLAN 中。

```
[SW2]interface GigabitEthernet 1/0/1             //进入端口视图
[SW2-GigabitEthernet1/0/1]port access vlan 30
                                                 //将ACCESS端口加入VLAN30中
[SW2-GigabitEthernet1/0/1]quit                   //退出端口视图
[SW2]interface GigabitEthernet1/0/24             //进入端口视图
[SW2-GigabitEthernet1/0/24]port access vlan 200
                                                 //将ACCESS端口加入VLAN200中
[SW2-GigabitEthernet1/0/24]quit                  //退出端口视图
```

▶ 任务验证

（1）在交换机 SW1 上使用【display vlan】命令查看 VLAN 的创建情况，如图 5-12 所示，可以看到 VLAN10、VLAN20、VLAN100 已经成功创建。

```
[SW1]display vlan
 Total 4 VLAN exist(s).
 The following VLANs exist:
  1(default), 10, 20, 100,
```

图 5-12 在交换机 SW1 上查看 VLAN 创建情况

（2）在交换机 SW2 上使用【display vlan】命令查看 VLAN 的创建情况，如图 5-13 所示，可以看到 VLAN30 及 VLAN200 已经成功创建。

```
[SW2]display vlan
Total 3 VLAN exist(s).
 The following VLANs exist:
  1(default), 30, 200,
```

图 5-13　在交换机 SW2 上查看 VLAN 创建情况

（3）在交换机 SW1 上使用【display interface brief】命令查看链路配置情况，如图 5-14 所示。

```
[SW1]display interface brief
Interface          Link Speed    Duplex Type PVID Description
… …
GE1/0/1            UP   1G(a)    F(a)   A    10
GE1/0/2            UP   1G(a)    F(a)   A    20
… …
GE1/0/24           UP   1G(a)    F(a)   A    100
… …
```

图 5-14　在交换机 SW1 上查看链路配置情况

（4）在交换机 SW2 上使用【display interface brief】命令查看链路配置情况，如图 5-15 所示。

```
[SW2]display interface brief
Interface          Link Speed    Duplex Type PVID Description
… …
GE1/0/1            UP   1G(a)    F(a)   A    30
… …
GE1/0/24           UP   1G(a)    F(a)   A    200
… …
```

图 5-15　在交换机 SW2 上查看链路配置情况

任务 5-2　配置 PC、交换机、路由器的 IPv6 地址

▶ **任务规划**

根据 IP 地址规划表，为 PC、交换机、路由器配置 IPv6 地址。

▶ 任务实施

1. 根据表5-4为各部门 PC 配置 IPv6 地址及网关地址

表5-4　各部门 PC 的 IPv6 地址及网关地址

设备命名	IPv6 地址	网关地址
PC1	2010::10/64	2010::1
PC2	2020::10/64	2020::1
PC3	2030::10/64	2030::1

如图 5-16 所示为 PC1 的 IPv6 地址配置结果，同理完成 PC2～PC4 的 IPv6 地址配置。

图 5-16　PC1 的 IPv6 地址配置结果

2. 配置交换机 SW1 的 VLAN 接口 IP 地址

在交换机 SW1 上为两个部门 VLAN 创建 VLAN 接口并配置 IP 地址，作为两个部门的网关地址；为互联 VLAN 创建 VLAN 接口并配置 IP 地址，作为与路由器 R1 互联的地址。

```
[SW1]ipv6                                              //开启全局IPv6功能
[SW1]interface Vlan-interface 10                       //创建VLAN接口
[SW1-Vlan-interface10]ipv6 address 2010::1 64          //配置IPv6地址
```

```
[SW1-Vlan-interface10]quit                              //退出接口视图
[SW1]interface Vlan-interface 20                        //创建VLAN接口
[SW1-Vlan-interface20]ipv6 address 2020::1 64           //配置IPv6地址
[SW1-Vlan-interface20]quit                              //退出接口视图
[SW1]interface Vlan-interface 100                       //创建VLAN接口
[SW1-Vlan-interface100]ipv6 address 1010::1 64          //配置IPv6地址
[SW1-Vlan-interface100]quit                             //退出接口视图
```

3. 配置交换机 SW2 的 VLAN 接口 IP 地址

在交换机 SW2 上为部门 VLAN 创建 VLAN 接口并配置 IP 地址，作为部门的网关地址；为互联 VLAN 创建 VLAN 接口并配置 IP 地址，作为与路由器 R1 互联的地址。

```
[SW2]ipv6                                               //开启全局IPv6功能
[SW2]interface Vlan-interface 30                        //创建VLAN接口
[SW2-Vlan-interface30]ipv6 address 2030::1 64           //配置IPv6地址
[SW2-Vlan-interface30]quit                              //退出接口视图
[SW2]interface Vlan-interface 200                       //创建VLAN接口
[SW2-Vlan-interface200]ipv6 address 1020::1 64          //配置IPv6地址
[SW2-Vlan-interface200]quit                             //退出接口视图
```

4. 配置路由器 R1 的端口 IP 地址

在路由器 R1 上为两个端口配置 IP 地址，作为与交换机 SW1、SW2 互联的地址。

```
<H3C>system-view                                        //进入系统视图
[H3C]sysname R1                                         //修改设备名称
[R1]ipv6                                                //开启全局IPv6功能
[R1]interface GigabitEthernet 0/0                       //进入端口视图
[R1-GigabitEthernet0/0]ipv6 address 1010::2 64          //配置IPv6地址
[R1-GigabitEthernet0/0]quit                             //退出端口视图
[R1]interface GigabitEthernet 0/1                       //进入端口视图
[R1-GigabitEthernet0/1]ipv6 address 1020::2 64          //配置IPv6地址
[R1-GigabitEthernet0/1]quit                             //退出端口视图
```

▶ 任务验证

（1）在交换机 SW1 上使用【display ipv6 interface brief】命令查看 IPv6 地址配置情况，如图 5-17 所示。

```
[SW1]display ipv6 interface brief
```

```
*down: administratively down
(s): spoofing
Interface                          Physical Protocol IPv6 Address
Vlan-interface10                   up       up        2010::1
Vlan-interface20                   up       up        2020::1
Vlan-interface100                  up       up        1010::1
… …
```

图 5-17 在交换机 SW1 上查看 IPv6 地址配置情况

（2）在交换机 SW2 上使用【display ipv6 interface brief】命令查看 IPv6 地址配置情况，如图 5-18 所示。

```
[SW2]display ipv6 interface brief
*down: administratively down
(s): spoofing
Interface                          Physical Protocol IPv6 Address
Vlan-interface30                   up       up        2030::1
Vlan-interface200                  up       up        1020::1
… …
```

图 5-18 在交换机 SW2 上查看 IPv6 地址配置情况

（3）在路由器 R1 上使用【display ipv6 interface brief】命令查看 IPv6 地址配置情况，如图 5-19 所示。

```
[R1]display ipv6 interface brief
*down: administratively down
(s): spoofing
Interface                          Physical Protocol IPv6 Address
… …
GigabitEthernet0/0                 up       up        1010::2
GigabitEthernet0/1                 up       up        1020::2
… …
```

图 5-19 在路由器 R1 上查看 IPv6 地址配置情况

任务 5-3 配置交换机和路由器的静态路由

▶ **任务规划**

扫一扫
看微课

在总部交换机 SW1 上配置通往园区及分部 A 的默认路由；在分部 A 交换机 SW2 上配置通往园区及总部的默认路由；在园区网路由器上配置通往 Jan16 公司的明确静态路由。

▶ 任务实施

1. 配置交换机 SW1 的默认路由

为总部交换机 SW1 配置默认路由，目标前缀为【:: 0】，下一跳为园区网路由器 R1【1010::2】。

```
[SW1]ipv6 route-static :: 0 1010::2              //配置默认路由
```

2. 配置交换机 SW2 的默认路由

为分部 A 交换机 SW2 配置默认路由，目标前缀为【:: 0】，下一跳为园区网路由器 R1【1020::2】。

```
[SW2]ipv6 route-static :: 0 1020::2              //配置默认路由
```

3. 配置路由器 R1 的静态路由

（1）为园区网路由器 R1 配置静态路由，目标前缀为 Jan16 公司管理部网段【2010::64】，下一跳为总部交换机 SW1【1010::1】。

```
[R1]ipv6 route-static 2010:: 64 1010::1          //配置静态路由
```

（2）为园区网路由器 R1 配置静态路由，目标前缀为 Jan16 公司财务部网段【2020::64】，下一跳为总部交换机 SW1【1010::1】。

```
[R1]ipv6 route-static 2020:: 64 1010::1          //配置静态路由
```

（3）为园区网路由器 R1 配置静态路由，目标前缀为 Jan16 公司设计部网段【2030::64】，下一跳为分部 A 交换机 SW2【1020::1】。

```
[R1]ipv6 route-static 2030:: 64 1020::1          //配置静态路由
```

▶ 任务验证

（1）在交换机 SW1 上使用【display ipv6 routing-table】命令查看默认路由配置情况，如图 5-20 所示。

（2）在交换机 SW2 上使用【display ipv6 routing-table】命令查看默认路由配置情况，如图 5-21 所示。

```
[SW1]display ipv6 routing-table
… …
Destination: ::/0                         Protocol   : Static
NextHop     : 1010::2                     Preference: 60
Interface   : Vlan100                     Cost       : 0
… …
```

图 5-20　在交换机 SW1 上查看默认路由配置情况

```
[SW2]display ipv6 routing-table
… …
Destination: ::/0                         Protocol   : Static
NextHop     : 1020::2                     Preference: 60
Interface   : Vlan200                     Cost       : 0
… …
```

图 5-21　在交换机 SW2 上查看默认路由配置情况

（3）在路由器 R1 上使用【display ipv6 routing-table】命令查看静态路由配置情况，如图 5-22 所示。

```
[R1]display ipv6 routing-table
… …
Destination: 2010::/64                    Protocol   : Static
NextHop     : 1010::1                     Preference: 60
Interface   : GE0/0                       Cost       : 0

Destination: 2020::/64                    Protocol   : Static
NextHop     : 1010::1                     Preference: 60
Interface   : GE0/0                       Cost       : 0

Destination: 2030::/64                    Protocol   : Static
NextHop     : 1020::1                     Preference: 60
Interface   : GE0/1                       Cost       : 0
… …
```

图 5-22　在路由器 R1 上查看静态路由配置情况

扫一扫
看微课

（1）使用【ping】命令可以进行网络连通性测试。在 PC1 的 CMD 窗口中输入【ping 2020::10】命令测试 PC1 与 PC2 之间的网络连通性，如图 5-23 所示。结果证明 PC1 和 PC2 之间可以正常通信。

（2）使用【ping】命令可以进行网络连通性测试。在 PC1 的 CMD 窗口中输入【ping 2030::10】命令测试 PC1 与 PC3 之间的网络连通性，如图 5-24 所示。结果证明 PC1 和 PC3 之间可以正常通信。

```
C:\Users\admin>ping 2020::10

正在 Ping 2020::10 具有 32 字节的数据:
来自 2020::10 的回复: 时间<1ms
来自 2020::10 的回复: 时间=1ms
来自 2020::10 的回复: 时间=1ms
来自 2020::10 的回复: 时间<1ms

2020::10 的 Ping 统计信息:
    数据包: 已发送 = 4，已接收 = 4，丢失 = 0 (0% 丢失)，
    往返行程的估计时间(以毫秒为单位):
        最短 = 0ms，最长 = 1ms，平均 = 0ms
```

图 5-23　测试 PC1 与 PC2 之间的网络连通性

```
C:\Users\admin>ping 2030::10

正在 Ping 2030::10 具有 32 字节的数据:
来自 2030::10 的回复: 时间=1ms
来自 2030::10 的回复: 时间=1ms
来自 2030::10 的回复: 时间=1ms
来自 2030::10 的回复: 时间=1ms

2030::10 的 Ping 统计信息:
    数据包: 已发送 = 4，已接收 = 4，丢失 = 0 (0% 丢失)，
    往返行程的估计时间(以毫秒为单位):
        最短 = 1ms，最长 = 1ms，平均 = 1ms
```

图 5-24　测试 PC1 与 PC3 之间的网络连通性

一、理论题

1. 以下那一项是配置静态路由时的非必须配置参数？（　　）（单选）

A. 目标地址　　　　B. 前缀　　　　C. 下一跳　　　　D. 优先级

2. 关于静态路由命令【ipv6 route-static 2010::　64　2020::1】的描述错误的是（　　）。（单选）

A. 2010::是目标网段的前缀

B. 2020::1 是目标 IPv6 地址

C. 目标网段的前缀长度为 64

D. 配置该静态路由，可对目标地址 2010::1 进行访问

3. 以下哪些选项是静态路由支持的功能？（　　　）（多选）

A. 负载分担　　　　　　　　　　B. 路由策略

C. 路由备份　　　　　　　　　　D. 策略路由

4. 以下对静态路由的描述，正确的是（　　　）？（多选）

A. 一旦网络发生变化，静态路由表不会更新

B. 静态路由需由网络管理员手动配置

C. 静态路由出厂时已经配置好

D. 静态路由可根据链路带宽计算开销值

5. 静态路由的路由备份功能是通过调整路由优先级来实现的。（　　　）（判断）

二、项目实训题

1. 项目背景与要求

Jan16 科技公司由总部和分部 A 组成，现需要配置静态路由使总部与分部 A 之间能够互相通信。实训网络拓扑如图 5-25 所示。具体要求如下：

（1）为总部与分部 A 的交换机创建部门 VLAN 和通信 VLAN，并在交换机上划分 VLAN；

（2）根据实训网络拓扑，配置 PC、交换机、路由器的 IPv6 地址，实现基础 IP 地址的配置（*x* 为班级，*y* 为短学号）；

（3）在交换机 SW1 上配置指向设计部的明确静态路由，下一跳为路由器 R1；

（4）在交换机 SW2 上配置默认静态路由，下一跳为路由器 R1；

（5）在路由器 R1 上配置通往总部与分部 A 的明确路由。

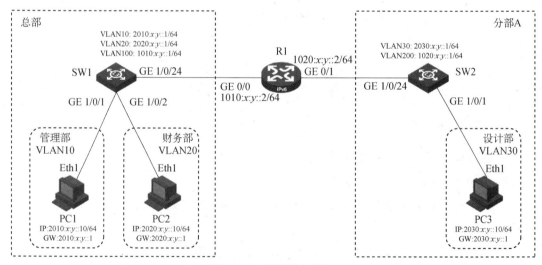

图 5-25　实训网络拓扑图

2. 实训业务规划

根据以上实训网络拓扑和要求，参考本项目的项目规划完成表 5-5～表 5-7 的规划。

表 5-5　VLAN 规划表

VLAN	IP 地址段	用　途

表 5-6　端口互联规划表

本端设备	本端接口	端口类型	对端设备	对端接口

表 5-7　IP 地址规划表

设备名称	接　口	IP 地址	用　途

3. 实训要求

完成实验后，请截取以下实验验证结果。

（1）在交换机 SW1 上使用【display ipv6 routing-table】命令，查看路由表。

（2）在交换机 SW2 上使用【display ipv6 routing-table】命令，查看路由表。

（3）在路由器 R1 上使用【display ipv6 routing-table】命令，查看路由表。

（4）在管理部 PC1 上 ping 财务部 PC2，查看部门之间的网络连通性。

（5）在管理部 PC1 上 ping 设计部 PC3，查看部门之间的网络连通性。

项目 6　基于 RIPng 的 Jan16 园区网络互联

项目描述

Jan16 公司计划对公司网络进行升级，使用 RIPng 动态路由实现公司网络的互通互联，公司网络拓扑如图 6-1 所示，具体要求如下。

（1）公司网络中有两台三层交换机、两台二层交换机和一台核心路由器，三层交换机作为汇聚层交换机，二层交换机作为接入层交换机，用于连接各部门 PC，核心路由器作为公司网络的核心，FTP 服务器直接连接到核心路由器上。

（2）部署 RIPng 动态路由协议实现全网互联互通。

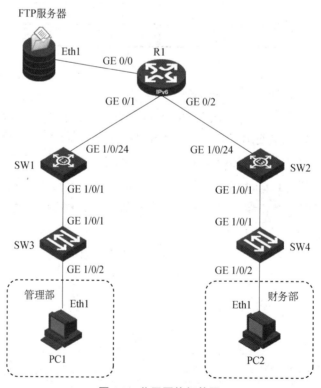

图 6-1　公司网络拓扑图

项目6 基于 RIPng 的 Jan16 园区网络互联

项目需求分析

Jan16 公司现有管理部、财务部两个部门。需要将各部门划分至对应的 VLAN 中，并在公司的汇聚层交换机与核心路由器上配置 RIPng 动态路由协议，实现各部门之间的互联互通，并能正常访问公司 FTP 服务器。

因此，本项目可以通过以下工作任务来完成。
（1）创建部门 VLAN，实现各部门网络划分。
（2）配置交换机互联端口，实现 PC 与网关交换机的通信。
（3）配置路由器、交换机、PC、FTP 服务器的 IPv6 地址，实现基础 IP 地址的配置。
（4）配置 RIPng 动态路由协议，实现全网互联互通。

6.1 RIPng 概述

静态路由虽然配置简单，可以解决网络通信过程中的路由问题，但是不运行任何算法，不交互协议报文，当网络拓扑发生变化的时候，静态路由无法自动感知路由的变化来更新路由表，需要网络管理员手动进行修改。尤其当网络中存在较多路由条目的时候，使用静态路由会使网络的配置与管理更加困难。

RIPng（RIP next generation）是为 IPv6 网络设计的下一代距离矢量路由协议，是一种动态路由协议，其工作机制与 IPv4 的 RIPv2 工作机制基本一致。

6.2 RIPng 工作机制

RIPng 是一种距离矢量路由协议，使用跳数作为路由的开销计算方式，RIPng 工作机制如图 6-2 所示，路由在传递过程中，每经过一台路由器，路由的跳数增加 1，跳数越多，路径就越长，路由算法会优先选择跳数少的路径。若最大跳数为 15，则跳数为 16 的网络被认为不可达。

（1）RIPng 路由器加入网络之后首先向网络中发送路由更新请求，收到路由更新请求的路由器会发送自己的路由表来响应。

（2）RIPng 稳定之后，路由器会周期性地发送路由更新报文，默认间隔时间为 30 秒。

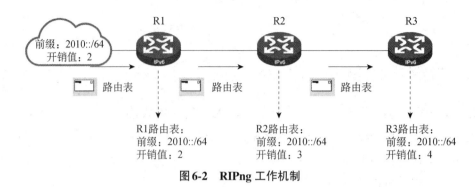

图 6-2　RIPng 工作机制

6.3　RIPng 与 RIPv2 的主要区别

（1）如图 6-3 所示，RIPng 使用了 IPv6 组播地址 FF02::9 作为目的地址来传送路由更新报文，而 RIPv2 使用的是组播地址 224.0.0.9。

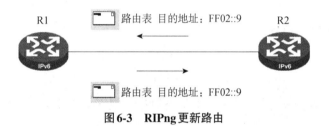

图 6-3　RIPng 更新路由

（2）IPv4 路由协议一般采用公网或私网单播地址作为路由条目的下一跳地址，而 IPv6 路由协议通常采用链路本地地址作为路由条目的下一跳地址（IPv6 允许在同一接口下配置多个 IPv6 地址，如果使用单播地址作为下一跳地址，可能会出现在同一条链路上，一个 IPv6 地址前缀对应多个下一跳地址的问题，使用链路本地地址作为下一跳可以避免这个问题）。如图 6-4 所示，路由器 R2 从路由器 R1 学习到关于前缀 2020::/64 的路由，当 R2 ping 目的地址 2020::100 时，查找路由表，下一跳为路由器 R1 接口的链路本地地址：fe80::fe03:e24f。

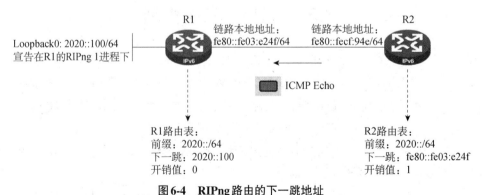

图 6-4　RIPng 路由的下一跳地址

（3）RIPng 与 RIPv2 均基于传输层协议 UDP 运行，RIPng 使用 UDP 的端口号为 521，RIPv2 使用 UDP 的端口号为 520。

项目规划设计

▶ 项目拓扑

本项目中，使用两台 PC、一台 FTP 服务器、两台二层交换机、两台三层交换机及一台路由器来构建项目网络拓扑，如图 6-5 所示。其中 PC1 是管理部员工 PC，PC2 是财务部员工 PC，FTP 服务器为公司员工提供共享资料，SW3、SW4 作为部门接入交换机分别连接各部门 PC，SW1、SW2 为汇聚层交换机，作为各部门的网关，R1 为核心路由器，连接 FTP 服务器。

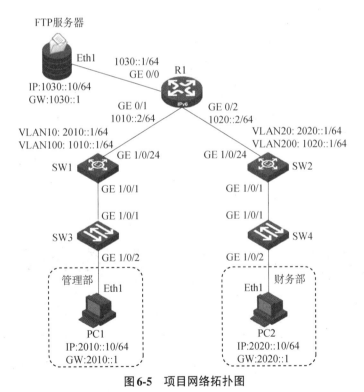

图 6-5 项目网络拓扑图

▶ 项目规划

根据图 6-5 所示的项目网络拓扑进行业务规划、VLAN 规划、端口互联规划、IP 地址规划如表 6-1～表 6-3 所示。

表 6-1 VLAN 规划表

VLAN	IP 地址段	用　　途
VLAN10	2010::/64	管理部
VLAN20	2020::/64	财务部
VLAN100	1010::/64	交换机 SW1 与路由器 R1 互联网段
VLAN200	1020::/64	交换机 SW2 与路由器 R1 互联网段

表 6-2 端口互联规划表

本端设备	本端接口	端口类型	对端设备	对端接口
PC1	Eth1	N/A	SW3	GE 1/0/2
PC2	Eth1	N/A	SW4	GE 1/0/2
FTP 服务器	Eth1	N/A	R1	GE 0/0
SW1	GE 1/0/1	TRUNK	SW3	GE 1/0/1
SW1	GE 1/0/24	ACCESS	R1	GE 0/1
SW2	GE 1/0/1	TRUNK	SW4	GE 1/0/1
SW2	GE 1/0/24	ACCESS	R1	GE 0/2
SW3	GE 1/0/1	TRUNK	SW1	GE 1/0/1
SW3	GE 1/0/2	ACCESS	PC1	Eth1
SW4	GE 1/0/1	TRUNK	SW2	GE 1/0/1
SW4	GE 1/0/2	ACCESS	PC2	Eth1
R1	GE 0/0	N/A	FTP 服务器	Eth1
R1	GE 0/1	N/A	SW1	GE 1/0/24
R1	GE 0/2	N/A	SW2	GE 1/0/24

表 6-3 IP 地址规划表

设备名称	接　　口	IP 地址	用　　途
PC1	Eth1	2010::10/64	PC1 地址
PC2	Eth1	2020::10/64	PC2 地址
FTP 服务器	Eth1	1030::10/64	FTP 地址
SW1	VLAN10	2010::1/64	PC1 网关地址
SW1	VLAN100	1010::1/64	与路由器 R1 互联地址
SW2	VLAN20	2020::1/64	PC2 网关地址
SW2	VLAN200	1020::1/64	与路由器 R1 互联地址
R1	GE 0/0	1030::1/64	FTP 服务器网关地址
R1	GE 0/1	1010::2/64	与交换机 SW1 互联地址
R1	GE 0/2	1020::2/64	与交换机 SW2 互联地址

项目实施

任务 6-1　创建部门 VLAN

扫一扫
看微课

▶ **任务规划**

根据端口互联规划表要求，为 3 台交换机创建部门 VLAN，然后将对应端口划分到 VLAN 中。

▶ **任务实施**

1. 在交换机上创建 VLAN

（1）为交换机 SW1 创建部门 VLAN10 及互联 VLAN100。

```
<H3C>system-view              //进入系统视图
[H3C]sysname SW1              //修改设备名称
[SW1]vlan 10 100              //创建 VLAN10、VLAN100
```

（2）为交换机 SW2 创建部门 VLAN20 及互联 VLAN200。

```
<H3C>system-view              //进入系统视图
[H3C]sysname SW2              //修改设备名称
[SW2]vlan 20 200              //创建 VLAN20、VLAN200
```

（3）为交换机 SW3 创建部门 VLAN10。

```
<H3C>system-view              //进入系统视图
[H3C]sysname SW3              //修改设备名称
[SW3]vlan 10                  //创建 VLAN10
```

（4）为交换机 SW4 创建部门 VLAN20。

```
<H3C>system-view              //进入系统视图
[H3C]sysname SW4              //修改设备名称
[SW4]vlan 20                  //创建 VLAN20
```

2. 将交换机端口添加到对应 VLAN 中

（1）为交换机 SW1 划分 VLAN，并将对应端口添加到 VLAN 中。

```
[SW1]interface GigabitEthernet 1/0/24        //进入端口视图
[SW1-GigabitEthernet1/0/24]port access vlan 100
                                             //将ACCESS端口加入VLAN100中
[SW1-GigabitEthernet1/0/24]quit              //退出端口视图
```

（2）为交换机 SW2 划分 VLAN，并将对应端口添加到 VLAN 中。

```
[SW2]interface GigabitEthernet 1/0/24        //进入端口视图
[SW2-GigabitEthernet1/0/24]port access vlan 200
                                             //将ACCESS端口加入VLAN200中
[SW2-GigabitEthernet1/0/24]quit              //退出端口视图
```

（3）为交换机 SW3 划分 VLAN，并将对应端口添加到 VLAN 中。

```
[SW3]interface GigabitEthernet 1/0/2         //进入端口视图
[SW3-GigabitEthernet1/0/2]port access vlan 10
                                             //将ACCESS端口加入VLAN10中
[SW3-GigabitEthernet1/0/2]quit               //退出端口视图
```

（4）为交换机 SW4 划分 VLAN，并将对应端口添加到 VLAN 中。

```
[SW4]interface GigabitEthernet 1/0/2         //进入端口视图
[SW4-GigabitEthernet1/0/2]port access vlan 20
                                             //将ACCESS端口加入VLAN20中
[SW4-GigabitEthernet1/0/2]quit               //退出端口视图
```

▶ 任务验证

（1）在交换机 SW1 上使用【display vlan】命令查看 VLAN 创建情况，如图 6-6 所示，可以看到 VLAN10、VLAN100 已经成功创建。

```
[SW1]display vlan
 Total VLANs: 3
 The VLANs include:
 1(default), 10, 100
```

图6-6　在交换机 SW1 上验证 VLAN 创建情况

（2）在交换机 SW2 上使用【display vlan】命令查看 VLAN 创建情况，如图 6-7 所示，可以看到 VLAN20、VLAN200 已经成功创建。

```
[SW2]display vlan
 Total VLANs: 3
 The VLANs include:
 1(default), 20, 200
```

图6-7　在交换机 SW2 上验证 VLAN 创建情况

（3）在交换机 SW3 上使用【display vlan】命令查看 VLAN 创建情况，如图 6-8 所示，可以看到 VLAN10 已经成功创建。

```
[SW3]display vlan
 Total 2 VLAN exist(s).
 The following VLANs exist:
  1(default), 10,
```

图6-8　在交换机 SW3 上验证 VLAN 创建情况

（4）在交换机 SW4 上使用【display vlan】命令查看 VLAN 创建情况，如图 6-9 所示，可以看到 VLAN20 已经成功创建。

```
[SW4]display vlan
Total 2 VLAN exist(s).
 The following VLANs exist:
  1(default), 20,
```

图6-9　在交换机 SW4 上验证 VLAN 创建情况

（5）在交换机 SW1 上使用【display interface brief】命令查看交换机 SW1 的链路配置情况，如图 6-10 所示。

```
[SW1]display interface brief
Interface            Link Speed    Duplex Type PVID Description
… …
GE1/0/24             UP    1G(a)    F(a)    A    100
… …
```

图6-10　查看交换机 SW1 的链路配置情况

（6）在交换机 SW2 上使用【display interface brief】命令查看交换机 SW2 的链路配置情况，如图 6-11 所示。

```
[SW2]display interface brief
Interface            Link Speed    Duplex Type PVID Description
… …
GE1/0/24             UP    1G(a)    F(a)    A    200
… …
```

图6-11　查看交换机 SW2 的链路配置情况

（7）在交换机 SW3 上使用【display interface brief】命令查看交换机 SW3 的链路配置情况，如图 6-12 所示。

```
[SW3]display interface brief
Interface            Link Speed     Duplex Type PVID Description
… …
GE1/0/2              UP   1G(a)     F(a)   A    10
… …
```

图 6-12　查看交换机 SW3 的链路配置情况

（8）在交换机 SW4 上使用【display interface brief】命令查看交换机 SW4 的链路配置情况，如图 6-13 所示。

```
[SW4]display interface brief
Interface            Link Speed     Duplex Type PVID Description
… …
GE1/0/2              UP   1G(a)     F(a)   A    20
… …
```

图 6-13　查看交换机 SW4 的链路配置情况

任务 6-2　配置交换机互联端口

▶ **任务规划**

根据项目规划，交换机 SW1 与交换机 SW3 之间的互联链路需要转发 VLAN10 的流量，交换机 SW2 与交换机 SW4 之间的互联链路需要转发 VLAN20 的流量，因此需要将这些链路配置为 TRUNK 链路，并配置 TRUNK 链路的 VLAN 允许列表。

▶ **任务实施**

1. 为交换机 SW1 配置 TRUNK 链路

在交换机 SW1 上配置交换机互联链路为 TRUNK 链路，并配置 VLAN 允许列表，允许指定的 VLAN 通过。

```
[SW1]interface GigabitEthernet 1/0/1                         //进入端口视图
[SW1-GigabitEthernet1/0/1]port link-type trunk               //修改链路类型为 TRUNK
[SW1-GigabitEthernet1/0/1]port trunk permit vlan 10
                                                             //配置允许列表，允许 VLAN10 通过
[SW1-GigabitEthernet1/0/1]quit                               //退出端口视图
```

2. 为交换机 SW2 配置 TRUNK 链路

在交换机 SW2 上配置交换机互联链路为 TRUNK 链路，并配置 VLAN 允许列表，允许指定的 VLAN 通过。

```
[SW2]interface GigabitEthernet 1/0/1              //进入端口视图
[SW2-GigabitEthernet1/0/1]port link-type trunk    //修改链路类型为 TRUNK
[SW2-GigabitEthernet1/0/1]port trunk permit vlan 20
                                                  //配置允许列表，允许 VLAN20 通过
[SW2-GigabitEthernet1/0/1]quit                    //退出端口视图
```

3. 为交换机 SW3 配置 TRUNK 链路

在交换机 SW3 上配置交换机互联链路为 TRUNK 链路，并配置 VLAN 允许列表，允许指定的 VLAN 通过。

```
[SW3]interface GigabitEthernet 1/0/1              //进入端口视图
[SW3-GigabitEthernet1/0/1]port link-type trunk    //修改链路类型为 TRUNK
[SW3-GigabitEthernet1/0/1]port trunk permit vlan 10
                                                  //配置允许列表，允许 VLAN10 通过
[SW3-GigabitEthernet1/0/1]quit                    //退出端口视图
```

4. 为交换机 SW4 配置 TRUNK 链路

在交换机 SW4 上配置交换机互联链路为 TRUNK 链路，并配置 VLAN 允许列表，允许指定的 VLAN 通过。

```
[SW4]interface GigabitEthernet 1/0/1              //进入端口视图
[SW4-GigabitEthernet1/0/1]port link-type trunk    //修改链路类型为 TRUNK
[SW4-GigabitEthernet1/0/1]port trunk permit vlan 20
                                                  //配置允许列表，允许 VLAN20 通过
[SW4-GigabitEthernet1/0/1]quit                    //退出端口视图
```

▶ 任务验证

（1）在交换机 SW1 上使用【display port trunk】命令查看交换机存在的 TRUNK 端口及配置情况，如图 6-14 所示。

```
[SW1]display port trunk
Interface         PVID      VLAN Passing
GE1/0/1           1         1, 10
```

图 6-14　在交换机 SW1 上查看 TRUNK 端口及配置情况

（2）在交换机 SW2 上使用【display port trunk】命令查看交换机存在的 TRUNK 端口及配置情况，如图 6-15 所示。

```
[SW2]display port trunk
Interface           PVID      VLAN Passing
GE1/0/1             1         1, 20
```

图 6-15　在交换机 SW2 上查看 TRUNK 端口及配置情况

（3）在交换机 SW3 上使用【display port trunk】命令查看交换机存在的 TRUNK 端口及配置情况，如图 6-16 所示。

```
[SW3]display port trunk
Interface           PVID      VLAN Passing
GE1/0/1             1         1, 10
```

图 6-16　在交换机 SW3 上查看 TRUNK 端口及配置情况

（4）在交换机 SW4 上使用【display port trunk】命令查看交换机存在的 TRUNK 端口及配置情况，如图 6-17 所示。

```
[SW4]display port trunk
Interface           PVID      VLAN Passing
GE1/0/1             1         1, 20
```

图 6-17　在交换机 SW4 上查看 TRUNK 端口及配置情况

任务 6-3　配置路由器、交换机、PC、FTP 服务器的 IPv6 地址

▶ **任务规划**

根据 IP 地址规划表，为路由器、交换机、PC、FTP 服务器配置 IPv6 地址。

▶ **任务实施**

1. 根据表 6-4 为各部门 PC 配置 IPv6 地址及网关地址

表 6-4　各部门 PC 的 IPv6 地址及网关地址

设备命名	IP 地址	网关地址
PC1	2010::10/64	2010::1
PC2	2020::10/64	2020::1
FTP 服务器	1030::10/64	1030::1

如图 6-18 所示为 PC1 的 IPv6 地址配置结果，同理完成 PC2 与 FTP 服务器的 IPv6 地址配置。

图 6-18 PC1 的 IPv6 地址配置结果

2. 配置交换机 SW1 的 VLAN 接口 IP 地址

在交换机 SW1 上为部门 VLAN 创建 VLAN 接口并配置 IP 地址，作为部门的网关地址；为互联 VLAN 创建 VLAN 接口并配置 IP 地址，作为与路由器 R1 互联的地址。

```
[SW1]ipv6                                              //全局下开启 IPv6 功能
[SW1]interface Vlan-interface 10                       //创建 VLAN 接口
[SW1-Vlan-interface10]ipv6 address 2010::1 64          //配置 IPv6 地址
[SW1-Vlan-interface10]quit                             //退出接口视图
[SW1]interface Vlan-interface 100                      //创建 VLAN 接口
[SW1-Vlan-interface100]ipv6 address 1010::1 64         //配置 IPv6 地址
[SW1-Vlan-interface100]quit                            //退出接口视图
```

3. 配置交换机 SW2 的 VLAN 接口 IP 地址

在交换机 SW2 上为部门 VLAN 创建 VLAN 接口并配置 IP 地址，作为部门的网关地址；为互联 VLAN 创建 VLAN 接口并配置 IP 地址，作为与路由器 R1 互联的地址。

```
[SW2]ipv6                                              //全局下开启 IPv6 功能
[SW2]interface Vlan-interface 20                       //创建 VLAN 接口
[SW2-Vlan-interface20]ipv6 address 2020::1 64          //配置 IPv6 地址
[SW2-Vlan-interface20]quit                             //退出接口视图
```

```
[SW2]interface Vlan-interface 200                    //创建VLAN接口
[SW2-Vlan-interface200]ipv6 address 1020::1 64       //配置IPv6地址
[SW2-Vlan-interface200]quit                          //退出接口视图
```

4. 配置路由器R1的接口IP地址

在路由器R1上为3个接口配置IP地址，作为与FTP服务器互联的网关地址，以及与交换机SW1、SW2互联的地址。

```
<H3C>system-view                                     //进入系统视图
[H3C]sysname R1                                      //修改设备名称
[R1]ipv6                                             //全局下开启IPv6功能
[R1]interface GigabitEthernet 0/0                    //进入端口视图
[R1-GigabitEthernet0/0]ipv6 address 1030::1 64       //配置IPv6地址
[R1-GigabitEthernet0/0]quit                          //退出端口视图
[R1]interface GigabitEthernet 0/1                    //进入端口视图
[R1-GigabitEthernet0/1]ipv6 address 1010::2 64       //配置IPv6地址
[R1-GigabitEthernet0/1]quit                          //退出端口视图
[R1]interface GigabitEthernet 0/2                    //进入端口视图
[R1-GigabitEthernet0/2]ipv6 address 1020::2 64       //配置IPv6地址
[R1-GigabitEthernet0/2]quit                          //退出端口视图
```

▶ 任务验证

（1）在交换机SW1上使用【display ipv6 interface brief】命令查看交换机SW1的IPv6地址配置情况，如图6-19所示。

```
[SW1]display ipv6 interface brief
… …
Interface                    Physical  Protocol  IPv6 Address
Vlan-interface10             up        up        2010::1
Vlan-interface100            up        up        1010::1
```

图6-19　在交换机SW1上查看IPv6地址配置情况

（2）在交换机SW2上使用【display ipv6 interface brief】命令查看交换机SW2的IPv6地址配置情况，如图6-20所示。

```
[SW2]display ipv6 interface brief
… …
Interface                    Physical  Protocol  IPv6 Address
Vlan-interface20             up        up        2020::1
Vlan-interface200            up        up        1020::1
```

图6-20　在交换机SW2上查看IPv6地址配置情况

（3）在路由器 R1 上使用【display ipv6 interface brief】命令查看路由器 R1 的 IPv6 地址配置情况，如图 6-21 所示。

```
[R1]display ipv6 interface brief
……
Interface                          Physical  Protocol  IPv6 Address
GigabitEthernet0/0                 up        up        1030::1
GigabitEthernet0/1                 up        up        1010::2
GigabitEthernet0/2                 up        up        1020::2
```

图 6-21　在路由器 R1 上查看 IPv6 地址配置情况

任务 6-4　配置 RIPng 动态路由协议

▶ **任务规划**

在路由器 R1、交换机 SW1、交换机 SW2 上配置 RIPng 动态路由协议，使全网路由互联互通，全网终端设备互联互通。

▶ **任务实施**

1. 在交换机 SW1 上配置 RIPng 动态路由协议

为交换机 SW1 配置 RIPng 动态路由协议，并宣告对应接口到 RIPng 进程中。

```
[SW1]ripng 1                                    //创建 RIPng 进程 1
[SW1-ripng-1]quit                               //退出 RIPng 视图
[SW1]interface Vlan-interface 10                //进入 VLAN 接口视图
[SW1-Vlan-interface10]ripng 1 enable            //宣告接口到 RIPng 进程 1 中
[SW1-Vlan-interface10]quit                      //退出接口视图
[SW1]interface Vlan-interface 100               //进入 VLAN 接口视图
[SW1-Vlan-interface100]ripng 1 enable           //宣告接口到 RIPng 进程 1 中
[SW1-Vlan-interface100]quit                     //退出接口视图
```

2. 在交换机 SW2 上配置 RIPng

为交换机 SW2 配置 RIPng 动态路由协议，并宣告对应接口到 RIPng 中。

```
[SW2]ripng 1                                    //创建 RIPng 进程 1
[SW2-ripng-1]quit                               //退出 RIPng 视图
[SW2]interface Vlan-interface 20                //进入 VLAN 接口视图
```

```
[SW2-Vlan-interface20]ripng 1 enable        //宣告接口到RIPng进程1中
[SW2-Vlan-interface20]quit                   //退出接口视图
[SW2]interface Vlan-interface 200            //进入VLAN接口视图
[SW2-Vlan-interface200]ripng 1 enable       //宣告接口到RIPng进程1中
[SW2-Vlan-interface200]quit                  //退出接口视图
```

3. 在路由器R1上配置RIPng

为路由器 R1 配置 RIPng 动态路由协议，并宣告对应端口到 RIPng 中。

```
[R1]ripng 1                                  //创建RIPng进程1
[R1-ripng-1]quit                             //退出RIPng进程
[R1]interface GigabitEthernet 0/0            //进入端口视图
[R1-GigabitEthernet0/0]ripng 1 enable        //宣告端口到RIPng进程1中
[R1-GigabitEthernet0/0]quit                  //退出端口视图
[R1]interface GigabitEthernet 0/1            //进入端口视图
[R1-GigabitEthernet0/1]ripng 1 enable        //宣告端口到RIPng进程1中
[R1-GigabitEthernet0/1]quit                  //退出端口视图
[R1]interface GigabitEthernet 0/2            //进入端口视图
[R1-GigabitEthernet0/2]ripng 1 enable        //宣告端口到RIPng进程1中
[R1-GigabitEthernet0/2]quit                  //退出端口视图
```

▶ 任务验证

（1）在路由器 R1 上使用【display ipv6 routing-table】命令查看 RIPng 路由学习情况，如图 6-22 所示，可以观察到路由器 R1 已经通过 RIPng 学习到管理部及财务部的路由信息。

```
[R1]display ipv6 routing-table
… …
Destination: 2010::/64                      Protocol   : RIPng
NextHop    : FE80::763A:20FF:FECF:ECDB      Preference : 100
Interface  : GE0/1                          Cost       : 1

Destination: 2020::/64                      Protocol   : RIPng
NextHop    : FE80::763A:20FF:FECF:F1A3      Preference : 100
Interface  : GE0/2                          Cost       : 1
… …
```

图 6-22　在路由器 R1 上查看 RIPng 路由学习情况

（2）在交换机 SW1 上使用【display ipv6 routing-table】命令查看 RIPng 路由学习情况，如图 6-23 所示，交换机 SW1 已经通过 RIPng 学习到 FTP 服务器及财务部的路由信息。

```
[SW1]display ipv6 routing-table
… …
Destination: 1030::/64                          Protocol   : RIPng
NextHop    : FE80::4A7A:DAFF:FEFD:FADA          Preference: 100
Interface  : Vlan100                            Cost       : 1
… …
Destination: 2020::/64                          Protocol   : RIPng
NextHop    : FE80::4A7A:DAFF:FEFD:FADA          Preference: 100
Interface  : Vlan100                            Cost       : 1
… …
```

图 6-23　在交换机 SW1 上查看 RIPng 路由学习情况

（3）在交换机 SW2 上使用【display ipv6 routing-table】命令查看 RIPng 路由学习情况，如图 6-24 所示，交换机 SW2 已经通过 RIPng 学习到 FTP 服务器及管理部的路由信息。

```
[SW2]display ipv6 routing-table
… …
Destination: 1030::/64                          Protocol   : RIPng
NextHop    : FE80::4A7A:DAFF:FEFD:FADB          Preference: 100
Interface  : Vlan200                            Cost       : 1
… …
Destination: 2010::/64                          Protocol   : RIPng
NextHop    : FE80::4A7A:DAFF:FEFD:FADB          Preference: 100
Interface  : Vlan200                            Cost       : 1
… …
```

图 6-24　在交换机 SW2 上查看 RIPng 路由学习情况

项目验证　　　　　　　　　　　　　　　　　　　　　　　　扫一扫 看微课

（1）使用管理部 PC1 ping 财务部 PC2，发现可以 ping 通，如图 6-25 所示。

```
C:\Users\admin>ping 2020::10

正在 Ping 2020::10 具有 32 字节的数据:
来自 2020::10 的回复: 时间=1ms
来自 2020::10 的回复: 时间=1ms
来自 2020::10 的回复: 时间=1ms
来自 2020::10 的回复: 时间=1ms

2020::10 的 Ping 统计信息:
    数据包: 已发送 =4，已接收 =4，丢失 =0 (0% 丢失)，
往返行程的估计时间(以毫秒为单位):
    最短 =1ms，最长 =1ms，平均 =1ms
```

图 6-25　测试 PC1 与 PC2 之间的网络连通性

（2）使用管理部 PC1 ping FTP 服务器，如图 6-26 所示。

```
C:\Users\admin>ping 1030::10

正在 Ping 1030::10 具有 32 字节的数据:
来自 1030::10 的回复: 时间=1ms
来自 1030::10 的回复: 时间=2ms
来自 1030::10 的回复: 时间=1ms
来自 1030::10 的回复: 时间=1ms

1030::10 的 Ping 统计信息:
    数据包: 已发送 = 4，已接收 = 4，丢失 = 0 (0% 丢失)，
往返行程的估计时间(以毫秒为单位):
    最短 = 1ms，最长 = 2ms，平均 = 1ms
```

图6-26　测试 PC1 与 FTP 服务器之间的网络连通性

（3）使用财务部 PC2 ping FTP 服务器，如图 6-27 所示。

```
C:\Users\admin>ping 1030::10

正在 Ping 1030::10 具有 32 字节的数据:
来自 1030::10 的回复: 时间=1ms
来自 1030::10 的回复: 时间=1ms
来自 1030::10 的回复: 时间=1ms
来自 1030::10 的回复: 时间=1ms

1030::10 的 Ping 统计信息:
    数据包: 已发送 = 4，已接收 = 4，丢失 = 0 (0% 丢失)，
往返行程的估计时间(以毫秒为单位):
    最短 = 1ms，最长 = 1ms，平均 = 1ms
```

图6-27　测试 PC2 与 FTP 服务器之间的网络连通性

一、理论题

1. RIPng 使用组播形式发送协议报文，目的组播地址为（　　）。（单选）

A. FE80::9　　　　　　　　　　B. FF02::9

C. 224.0.0.9　　　　　　　　　D. 2002::9

2. RIPng 支持的路由有效最大跳数为（　　）。（单选）

A. 1　　　　　B. 16　　　　　C. 15　　　　　D. 14

3. 运行 RIPng 路由器，会周期性地更新路由表，默认更新时间为（　　）。（单选）

A. 10 秒　　　　B. 15 秒　　　　C. 30 秒　　　　D. 32 秒

4. RIPng 协议报文是 UDP 报文，交互报文时，RIPng 路由器监听的 UDP 端口号为（　　）。（单选）

A. 89　　　　　B. 79　　　　　C. 520　　　　　D. 521

5. 以下关于 RIPng 的描述正确的是（　　）。（多选）

A. RIPng 学习到的路由下一跳地址是邻居的链路本地地址

B. RIPng 是基于链路带宽计算开销值的

C. RIPng 是基于路由跳数计算开销值的

D. RIPng 可应用于大型网络中

6. 配置 RIPng 动态路由协议的路由器可根据网络变化更新路由表内容。（　　）（判断）

二、项目实训题

1. 项目背景与要求

为方便 Jan16 科技公司网络的管理以及实现各部门之间、部门与 FTP 服务器之间的通信，需配置 RIPng 动态路由协议。实训网络拓扑如图 6-28 所示。具体要求如下：

（1）为交换机创建部门 VLAN 和通信 VLAN，并在交换机上划分 VLAN；

（2）根据实训网络拓扑，为网络设备配置 IPv6 地址（x 为班级，y 为短学号）；

（3）在路由器 R1、交换机 SW1、交换机 SW2 上配置 RIPng 动态路由协议。

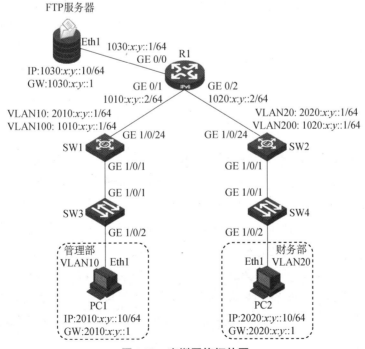

图 6-28　实训网络拓扑图

2. 实训业务规划

根据以上实训网络拓扑和要求，参考本项目的项目规划完成以下内容的规划。

表6-5 VLAN 规划表

VLAN	IP 地址段	用　途

表6-6 端口互联规划表

本端设备	本端接口	端口类型	对端设备	对端接口

表6-7 IP 地址规划表

设备名称	接　口	IP 地址	用　途

3. 实训要求

完成实验后，请截取以下实验验证结果。

（1）在交换机 SW1 上使用【display interface brief】命令，查看交换机的链路配置情况。

（2）在交换机 SW2 上使用【display interface brief】命令，查看交换机的链路配置情况。

（3）在交换机 SW3 上使用【display interface brief】命令，查看交换机的链路配置情况。

（4）在交换机 SW4 上使用【display interface brief】命令，查看交换机的链路配置情况。

（5）在路由器 R1 上使用【display ipv6 routing-table】命令，查看路由表信息。

（6）在交换机 SW1 上使用【display ipv6 routing-table】命令，查看路由表信息。

（7）在交换机 SW2 上使用【display ipv6 routing-table】命令，查看路由表信息。

（8）在管理部 PC1 上 ping 财务部 PC2，查看部门之间的网络连通性。

（9）在管理部 PC1 上 ping FTP 服务器，查看管理部与 FTP 服务器之间的网络连通性。

（10）在财务部 PC2 上 ping FTP 服务器，查看财务部与 FTP 服务器之间的网络连通性。

项目 7 基于 OSPFv3 的 Jan16 公司总部与多个分部互联

项目描述

Jan16 公司因业务升级，已在多个地区建立分部，计划使用动态路由协议 OSPFv3 来管理公司网络的路由，并且要求各部门之间的通信线路有备份链路。公司网络拓扑如图 7-1 所示，具体要求如下。

（1）Jan16 公司现有总部主机 PC1、分部 A 主机 PC2、分部 B 主机 PC3，均使用 DHCPv6 动态配置 IPv6 地址。

（2）各部门出口路由器 R1、R2、R3 采用环形拓扑结构互联，并运行 OSPFv3 动态路由协议，管理各部门路由，以保证各部门之间有备份通信链路。

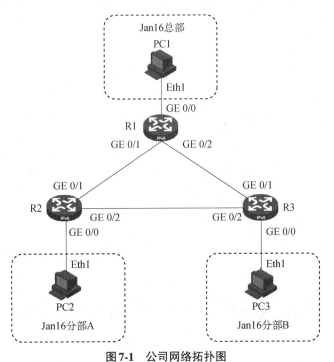

图 7-1 公司网络拓扑图

项目需求分析

Jan16 公司由总部、分部 A 和分部 B 组成。现需要为公司所有的 PC 实现自动获取 IPv6 地址，并在公司出口路由器之间运行动态路由协议 OSPFv3，用于管理公司网络路由，实现全网互联互通。

因此，本项目可以通过以下工作任务来完成。

（1）配置路由器及 PC 的 IPv6 地址。
（2）配置 DHCPv6 自动分配，实现各部门 PC 自动获取 IP 地址。
（3）配置 OSPFv3 动态路由协议，实现各部门网络互联互通。

项目相关知识

7.1 OSPFv3 概述

OSPFv3 是 IPv6 组网中的一个主流链路状态路由协议。OSPFv3 与 OSPFv2 的工作机制基本相同，但 OSPFv3 与 OSPFv2 之间不能互相兼容，因为 OSPFv3 与 OSPFv2 是分别为 IPv6 网络和 IPv4 网络开发的。

OSPFv3 的报文类型与 OSPFv2 一致，均有 5 种报文，如表 7-1 所示。

表 7-1 OSPFv3 的报文类型

序 号	报文名称	报文功能
1	Hello	发现和维护邻居关系
2	Database Description，DD	交互链路状态数据库摘要
3	Link State Request，LSR	请求特定的链路状态信息
4	Link State Update，LSU	发送详细的链路状态信息
5	Link State Ack，LSAck	发送确认报文

7.2 OSPFv3 与 OSPFv2 的比较

1. 相同点

（1）路由器类型相同。包括内部路由器（Internal Router，IR）、骨干路由器（Backbone

Router，BR）、区域边界路由器（Area Border Router，ABR）和自治系统边界路由器（Autonomous System Boundary Router，ASBR）。

（2）邻居发现和建立机制相同。

（3）链路状态通告信息（Link State Advertisement，LSA）的泛洪和老化机制相同。

（4）采用最短路径优先算法——SPF。

（5）支持的区域类型相同，包括骨干区域、标准区域、末节（Stub）区域、NSSA 区域（Not-So-Stubby Area）、完全末节（Totally Stub）区域和完全 NSSA 区域。

（6）指定路由器（Designated Router，DR）和备份指定路由器（Backup Designated Router，BDR）的选举过程相同。

（7）支持的接口类型相同。包括点到点（Point-To-Point，P2P）链路、点到多点（Point-To-Multiple-Point，P2MP）链路、广播（Broadcast Multiple Access，BMA）链路、非广播多路访问（Non-Broadcast Multiple Access，NBMA）链路。

（8）基本报文类型相同，都是用 Hello 报文、DD 报文、LSR 报文、LSU 报文、LSAck 报文来传递信息。

（9）度量值计算方法相同，都是用链路开销。

（10）均使用组播的方式交互协议报文。

2. 不同点

（1）在广播链路上，OSPFv2 建立邻居关系的路由器接口地址必须属于同一个网段，基于子网运行。OSPFv3 建立邻居关系的路由器接口地址可以不属于同一个网段，因为 OSPFv3 是基于链路运行的，使用本地链路地址建立邻居关系，OSPFv3 路由器学习到的路由下一跳地址为邻居的链路本地地址。即使它们的 IPv6 地址前缀不同，也能够通过该链路建立邻居关系。

（2）OSPFv3 支持运行多个 OSPF 实例，可以实现在同一条链路中配置两个实例，让一条链路运行在两个区域之内。

（3）Router ID 与 OSPFv2 的格式相同，格式均为 32 位 IPv4 地址。但 OSPFv3 不具备 Router ID 选举能力，需手动配置。

（4）认证方式不同，OSPFv2 协议报文本身携带认证信息，OSPFv3 协议报文不携带认证信息，而是通过 IPv6 扩展报头来实现认证的。

（5）协议报文的组播地址不同，OSPFv2 使用组播地址 224.0.0.5 和 224.0.0.6，其中 224.0.0.5 用于 DR 向其他路由器发送协议报文，224.0.0.6 用于非指定路由器（DRother）向 DR 发送协议报文（Hello 报文继续使用 224.0.0.5）。OSPFv3 使用组播地址 FF02::5 和 FF02::6，其中 FF02::5 用于 DR 向其他路由器发送协议报文，FF02::6 用于非指定路由器向 DR 发送协议报文（Hello 报文继续使用 FF02::5）。

7.3 OSPFv3 工作机制

OSPFv3 是运行在 IPv6 网络中的动态路由协议。OSPFv3 路由器使用物理接口的链路本地地址作为源地址来发送 OSPFv3 报文。在同一条链路中，路由器会互相学习其他路由器的链路本地地址，并在报文转发的过程中将这些地址作为下一跳地址使用。

1. 邻居建立

OSPFv3 工作机制如图 7-2 所示，在 OSPFv3 网络初始化情况下，所有路由器都是组播组 ff02::5 的成员，路由器向 ff02::5 发送协议报文，用于建立 OSPFv3 邻居。

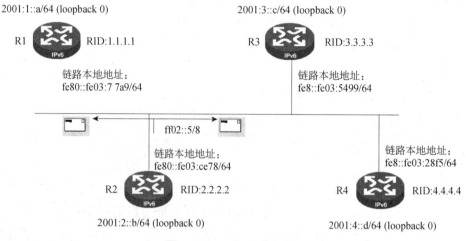

图 7-2 OSPFv3 工作机制

2. 选举指定路由器和备份指定路由器

DR/BDR 选择如图 7-3 所示，OSPFv3 邻居建立完成之后便开始进行指定路由器（DR）和备份指定路由器（BDR）的选举。首先根据路由器接口优先级数值进行选举，默认数值为 1，可取值范围为【0～255】，数值越大越优先，当取值为 0 时，设备不参与选举。若优先级数值相同，则根据路由器的 Router ID 数值大小进行选举，数值大的优先，需要注意的是，OSPFv3 的 Router ID 格式与 OSPFv2 的相同，但是 OSPFv3 的 Router ID 必须手动设置。落选设备被称为 DRother，DRother 会继续使用 ff02::5 发送 Hello 报文，其他需要通过组播形式发送的协议报文则使用组播地址 ff02::6 来发送。

3. 同步链路状态数据库并计算最优路由

当设备完成 DR 与 BDR 的选举之后，OSPFv3 路由器之间首先会进行链路状态数据库同步，之后运行最短路径优先算法（Shortest Path First，SPF）计算最短路径及路由。

项目 7　基于 OSPFv3 的 Jan16 公司总部与多个分部互联

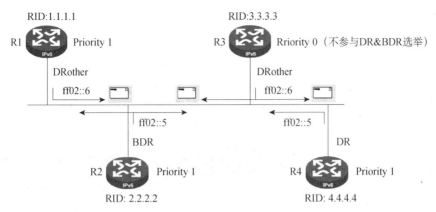

图 7-3　DR/BDR 选举

 项目规划设计

▶ 项目拓扑

本项目中，使用 3 台 PC、3 台路由器来构建项目网络拓扑，如图 7-4 所示。其中 PC1 是 Jan16 总部员工 PC，PC2 是 Jan16 分部 A 员工 PC，PC3 是 Jan16 分部 B 员工 PC，R1、R2、R3 作为出口路由器，连接总部与分部网络。通过在路由器 R1、R2、R3 上运行 OSPFv3 协议，路由器之间互联链路在 OSPFv3 Area0 中，Jan16 总部在 OSPFv3 Area1 中，Jan16 分部 A 在 OSPFv3 Area2 中，Jan16 分部 B 在 OSPFv3 Area3 中，实现公司网络互联互通。

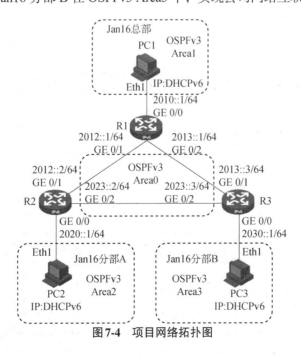

图 7-4　项目网络拓扑图

- 113 -

▶ 项目规划

根据图 7-4 所示的项目网络拓扑进行业务规划,Router ID 规划、端口互联规划、IP 地址规划、地址池规划如表 7-2～表 7-5 所示。

表 7-2 Router ID 规划表

设备名称	Router ID	用　途
R1	1.1.1.1	路由器 R1 的 Router ID
R2	2.2.2.2	路由器 R2 的 Router ID
R3	3.3.3.3	路由器 R3 的 Router ID

表 7-3 端口互联规划表

本端设备	本端接口	对端设备	对端接口
PC1	Eth1	R1	GE 0/0
PC2	Eth1	R2	GE 0/0
PC3	Eth1	R3	GE 0/0
R1	GE 0/1	R2	GE 0/1
R1	GE 0/2	R3	GE 0/1
R1	GE 0/0	PC1	Eth1
R2	GE 0/1	R1	GE 0/1
R2	GE 0/2	R3	GE 0/2
R2	GE 0/0	PC2	Eth1
R3	GE 0/1	R1	GE 0/2
R3	GE 0/2	R2	GE 0/2
R3	GE 0/0	PC3	Eth1

表 7-4 IP 地址规划表

设备名称	接　口	IP 地址	用　途
PC1	Eth1	自动获取	PC1 地址
PC2	Eth1	自动获取	PC2 地址
PC3	Eth1	自动获取	PC3 地址
R1	GE 0/1	2012::1/64	路由器接口地址
R1	GE 0/2	2013::1/64	路由器接口地址
R1	GE 0/0	2010::1/64	PC1 网关地址
R2	GE 0/1	2012::2/64	路由器接口地址
R2	GE 0/2	2023::2/64	路由器接口地址
R2	GE 0/0	2020::1/64	PC2 网关地址
R3	GE 0/1	2013::3/64	路由器接口地址
R3	GE 0/2	2023::3/64	路由器接口地址
R3	GE 0/0	2030::1/64	PC3 网关地址

项目 7　基于 OSPFv3 的 Jan16 公司总部与多个分部互联

表 7-5　地址池规划表

名　　称	网　　段	DNS 地址	用　　途
main	2010::/64	2400:3200::1	总部地址池
part1	2020::/64	2400:3200::1	分部 A 地址池
part2	2030::/64	2400:3200::1	分部 B 地址池

任务 7-1　配置路由器及 PC 的 IPv6 地址

▶ **任务规划**

配置 PC 的 IPv6 地址为自动获取，根据 IP 地址规划表为路由器配置 IPv6 地址。

▶ **任务实施**

1. 配置 IPv6 地址

如图 7-5 所示为 PC1 的 IPv6 地址配置结果，同理完成 PC2～PC3 的 IPv6 地址配置。

图 7-5　PC1 的 IPv6 地址配置结果

2. 配置路由器R1的端口IP地址

在路由器 R1 上为端口配置 IP 地址，作为部门网关地址，以及与其他路由器互联的地址。

```
<H3C>system-view                                    //进入系统视图
[H3C]sysname R1                                     //修改设备名称
[R1]ipv6                                            //全局启用IPv6功能
[R1]interface GigabitEthernet 0/1                   //进入端口视图
[R1-GigabitEthernet0/1]ipv6 address 2012::1 64      //配置IPv6地址
[R1-GigabitEthernet0/1]quit                         //退出端口视图
[R1]interface GigabitEthernet 0/2                   //进入端口视图
[R1-GigabitEthernet0/2]ipv6 address 2013::1 64      //配置IPv6地址
[R1-GigabitEthernet0/2]quit                         //退出端口视图
[R1]interface GigabitEthernet 0/0                   //进入端口视图
[R1-GigabitEthernet0/0]ipv6 address 2010::1 64      //配置IPv6地址
[R1-GigabitEthernet0/0]quit                         //退出端口视图
```

3. 配置路由器R2的端口IP地址

在路由器 R2 上为端口配置 IP 地址，作为部门网关地址，以及与其他路由器互联的地址。

```
<H3C>system-view                                    //进入系统视图
[H3C]sysname R2                                     //修改设备名称
[R2]ipv6                                            //全局启用IPv6功能
[R2]interface GigabitEthernet 0/1                   //进入端口视图
[R2-GigabitEthernet0/1]ipv6 address 2012::2 64      //配置IPv6地址
[R2-GigabitEthernet0/1]quit                         //退出端口视图
[R2]interface GigabitEthernet 0/2                   //进入端口视图
[R2-GigabitEthernet0/2]ipv6 address 2023::2 64      //配置IPv6地址
[R2-GigabitEthernet0/2]quit                         //退出端口视图
[R2]interface GigabitEthernet 0/0                   //进入端口视图
[R2-GigabitEthernet0/0]ipv6 address 2020::1 64      //配置IPv6地址
[R2-GigabitEthernet0/0]quit                         //退出端口视图
```

4. 配置路由器R3的端口IP地址

在路由器 R3 上为端口配置 IP 地址，作为部门网关地址，以及与其他路由器互联的地址。

```
<H3C>system-view                                    //进入系统视图
[H3C]sysname R3                                     //修改设备名称
[R3]ipv6                                            //全局启用IPv6功能
[R3]interface GigabitEthernet 0/1                   //进入端口视图
[R3-GigabitEthernet0/1]ipv6 address 2013::3 64      //配置IPv6地址
```

```
[R3-GigabitEthernet0/1]quit                          //退出端口视图
[R3]interface GigabitEthernet 0/2                    //进入端口视图
[R3-GigabitEthernet0/2]ipv6 address 2023::3 64       //配置IPv6地址
[R3-GigabitEthernet0/2]quit                          //退出端口视图
[R3]interface GigabitEthernet 0/0                    //进入端口视图
[R3-GigabitEthernet0/0]ipv6 address 2030::1 64       //配置IPv6地址
[R3-GigabitEthernet0/0]quit                          //退出端口视图
```

▶ 任务验证

（1）在路由器 R1 上使用【display ipv6 interface brief】命令查看 IPv6 地址配置情况，如图 7-6 所示。

```
[R1]display ipv6 interface brief
*down: administratively down
(s): spoofing
Interface                    Physical Protocol IPv6 Address
GigabitEthernet0/0           up       up        2010::1
GigabitEthernet0/1           up       up        2012::1
GigabitEthernet0/2           up       up        2013::1
…  …
```

图 7-6 在路由器 R1 上查看 IPv6 地址配置情况

（2）在路由器 R2 上使用【display ipv6 interface brief】命令查看 IPv6 地址配置情况，如图 7-7 所示。

```
[R2]display ipv6 interface brief
*down: administratively down
(s): spoofing
Interface                    Physical Protocol IPv6 Address
GigabitEthernet0/0           up       up        2020::1
GigabitEthernet0/1           up       up        2012::2
GigabitEthernet0/2           up       up        2023::2
…  …
```

图 7-7 在路由器 R2 上查看 IPv6 地址配置情况

（3）在路由器 R3 上使用【display ipv6 interface brief】命令查看 IPv6 地址配置情况，如图 7-8 所示。

```
[R3]display ipv6 interface brief
*down: administratively down
(s): spoofing
```

图 7-8 在路由器 R3 上查看 IPv6 地址配置情况

Interface	Physical	Protocol	IPv6 Address
GigabitEthernet0/0	up	up	2030::1
GigabitEthernet0/1	up	up	2013::3
GigabitEthernet0/2	up	up	2023::3
……			

图 7-8　在路由器 R3 上查看 IPv6 地址配置情况（续）

任务 7-2　配置 DHCPv6 自动分配

▶ 任务规划

配置各路由器的 DHCPv6 功能，创建地址池并为各部门自动分配 IPv6 地址。

▶ 任务实施

1. 为路由器 R1 配置 DHCPv6 功能

在路由器 R1 上创建 DHCPv6 地址池并配置地址池参数。

```
[R1]ipv6 dhcp pool main                          //创建地址池 main
[R1-dhcp6-pool-main]network 2010::/64            //配置为客户端分配的网段
[R1-dhcp6-pool-main]dns-server 2400:3200::1      //配置 DNS 服务器地址
[R1-dhcp6-pool-main]quit                         //退出地址池视图
[R1]interface GigabitEthernet 0/0                //进入端口视图
[R1-GigabitEthernet0/0]ipv6 dhcp select server
                                                 //在端口下启用 DHCPv6 服务器模式
[R1-GigabitEthernet0/0]ipv6 dhcp server apply pool main
                                                 //应用地址池 main
[R1-GigabitEthernet0/0]undo ipv6 nd ra halt      //开启 RA 报文通告功能
[R1-GigabitEthernet0/0]ipv6 nd autoconfig managed-address-flag
                                                 //配置被管理地址的配置标识位为 1
[R1-GigabitEthernet0/0]ipv6 nd autoconfig other-flag
                                                 //配置其他信息配置标识位为 1
[R1-GigabitEthernet0/0]quit                      //退出端口视图
```

2. 为路由器 R2 配置 DHCPv6 功能

在路由器 R2 上创建 DHCPv6 地址池并配置地址池参数。

```
[R2]ipv6 dhcp pool part1                          //为分部A创建地址池名称为part1
[R2-dhcp6-pool-part1]network 2020::/64            //配置为客户端分配的网段
[R2-dhcp6-pool-part1]dns-server 2400:3200::1      //配置DNS服务器地址
[R2-dhcp6-pool-part1]quit                         //退出地址池视图
[R2]interface GigabitEthernet 0/0                 //进入端口视图
[R2-GigabitEthernet0/0]ipv6 dhcp select server
                                                  //在端口下启用DHCPv6服务器模式
[R2-GigabitEthernet0/0]ipv6 dhcp server apply pool part1
                                                  //应用地址池part1
[R2-GigabitEthernet0/0]undo ipv6 nd ra halt       //开启RA报文通告功能
[R2-GigabitEthernet0/0]ipv6 nd autoconfig managed-address-flag
                                                  //配置被管理地址的配置标识位为1
[R2-GigabitEthernet0/0]ipv6 nd autoconfig other-flag
                                                  //配置其他信息配置标识位为1
[R2-GigabitEthernet0/0]quit                       //退出端口视图
```

3. 为路由器R3配置DHCPv6功能

在路由器R3上创建DHCPv6地址池并配置地址池参数。

```
[R3]ipv6 dhcp pool part2                          //为分部B创建地址池名称为part2
[R3-dhcp6-pool-part2]network 2030::/64            //配置为客户端分配的网段
[R3-dhcp6-pool-part2]dns-server 2400:3200::1      //配置DNS服务器地址
[R3-dhcp6-pool-part2]quit                         //退出地址池视图
[R3]interface GigabitEthernet 0/0                 //进入端口视图
[R3-GigabitEthernet0/0]ipv6 dhcp select server
                                                  //在端口下启用DHCPv6服务器模式
[R3-GigabitEthernet0/0]ipv6 dhcp server apply pool part2
                                                  //应用地址池part2
[R3-GigabitEthernet0/0]undo ipv6 nd ra halt       //开启RA报文通告功能
[R3-GigabitEthernet0/0]ipv6 nd autoconfig managed-address-flag
                                                  //配置被管理地址的配置标识位为1
[R3-GigabitEthernet0/0]ipv6 nd autoconfig other-flag
                                                  //配置其他信息配置标识位为1
[R3-GigabitEthernet0/0]quit                       //退出端口视图
```

▶ 任务验证

（1）在路由器R1上使用【display ipv6 dhcp pool】命令查看地址池配置情况，如图7-9所示。

```
[R1]display ipv6 dhcp pool
DHCPv6 pool: main
  Network: 2010::/64
    Preferred lifetime 604800, valid lifetime 2592000
  DNS server addresses:
    2400:3200::1
```

图 7-9　在路由器 R1 上查看 DHCPv6 地址池配置情况

（2）在路由器 R2 上使用【display ipv6 dhcp pool】命令查看地址池配置情况，如图 7-10 所示。

```
[R2]display ipv6 dhcp pool
DHCPv6 pool: part1
  Network: 2020::/64
    Preferred lifetime 604800, valid lifetime 2592000
  DNS server addresses:
    2400:3200::1
```

图 7-10　在路由器 R2 上查看 DHCPv6 地址池配置情况

（3）在路由器 R3 上使用【display ipv6 dhcp pool】命令查看地址池配置情况，如图 7-11 所示。

```
[R3]display ipv6 dhcp pool
DHCPv6 pool: part2
  Network: 2030::/64
    Preferred lifetime 604800, valid lifetime 2592000
  DNS server addresses:
    2400:3200::1
```

图 7-11　在路由器 R3 上查看 DHCPv6 地址池配置情况

任务 7-3　配置 OSPFv3 动态路由协议

▶ 任务规划

根据项目网络拓扑及项目规划，在出口路由器 R1、R2、R3 上配置 OSPFv3 动态路由协议。

▶ 任务实施

1. 配置路由器 R1 的 OSPFv3 动态路由协议

在路由器 R1 上创建 OSPFv3 进程，并宣告端口到 OSPFv3 的对应区域中。

```
[R1]ospfv3 1                              //创建OSPFv3进程1
[R1-ospfv3-1]router-id 1.1.1.1            //配置Router ID
[R1-ospfv3-1]quit                         //退出协议视图
[R1]interface GigabitEthernet 0/1         //进入端口视图
[R1-GigabitEthernet0/1]ospfv3 1 area 0
                                          //宣告端口到OSPFv3进程1的Area0中
[R1-GigabitEthernet0/1]quit               //退出端口视图
[R1]interface GigabitEthernet 0/2         //进入端口视图
[R1-GigabitEthernet0/2]ospfv3 1 area 0
                                          //宣告端口到OSPFv3进程1的Area0中
[R1-GigabitEthernet0/2]quit               //退出端口视图
[R1]interface GigabitEthernet 0/0         //进入端口视图
[R1-GigabitEthernet0/0]ospfv3 1 area 1
                                          //宣告端口到OSPFv3进程1的Area1中
[R1-GigabitEthernet0/0]quit               //退出端口视图
```

2. 配置路由器R2的OSPFv3动态路由协议

在路由器R2上创建OSPFv3进程，并宣告端口到OSPFv3的对应区域中。

```
[R2]ospfv3 1                              //创建OSPFv3进程1
[R2-ospfv3-1]router-id 2.2.2.2            //配置Router ID
[R2-ospfv3-1]quit                         //退出协议视图
[R2]interface GigabitEthernet 0/1         //进入端口视图
[R2-GigabitEthernet0/1]ospfv3 1 area 0
                                          //宣告端口到OSPFv3进程1的Area0中
[R2-GigabitEthernet0/1]quit               //退出端口视图
[R2]interface GigabitEthernet 0/2         //进入端口视图
[R2-GigabitEthernet0/2]ospfv3 1 area 0
                                          //宣告端口到OSPFv3进程1的Area0中
[R2-GigabitEthernet0/2]quit               //退出端口视图
[R2]interface GigabitEthernet 0/0         //进入端口视图
[R2-GigabitEthernet0/0]ospfv3 1 area 2
                                          //宣告端口到OSPFv3进程1的Area2中
[R2-GigabitEthernet0/0]quit               //退出端口视图
```

3. 配置路由器R3的OSPFv3动态路由协议

在路由器R3上创建OSPFv3进程，并宣告端口到OSPFv3的对应区域中。

```
[R3]ospfv3 1                              //创建OSPFv3进程1
[R3-ospfv3-1]router-id 3.3.3.3            //配置Router ID
```

```
[R3-ospfv3-1]quit                              //退出协议视图
[R3]interface GigabitEthernet 0/1              //进入端口视图
[R3-GigabitEthernet0/1]ospfv3 1 area 0
                                               //宣告端口到OSPFv3进程1的Area0中
[R3-GigabitEthernet0/1]quit                    //退出端口视图
[R3]interface GigabitEthernet 0/2              //进入端口视图
[R3-GigabitEthernet0/2]ospfv3 1 area 0
                                               //宣告端口到OSPFv3进程1的Area0中
[R3-GigabitEthernet0/2]quit                    //退出端口视图
[R3]interface GigabitEthernet 0/0              //进入端口视图
[R3-GigabitEthernet0/0]ospfv3 1 area 3
                                               //宣告端口到OSPFv3进程1的Area3中
[R3-GigabitEthernet0/0]quit                    //退出端口视图
```

▶ 任务验证

（1）在路由器 R1 上使用【display ospfv3 peer】命令查看 OSPFv3 邻居建立情况，如图 7-12 所示，路由器 R1 已经和路由器 R2、R3 建立了邻居关系。

```
[R1]display ospfv3 peer
          OSPFv3 Process 1 with Router ID 1.1.1.1
 Area: 0.0.0.0
 ------------------------------------------------------------
 Router ID      Pri  State      Dead-Time  InstID  Interface
 2.2.2.2         1   Full/BDR    00:00:35    0      GE0/1
 3.3.3.3         1   Full/BDR    00:00:36    0      GE0/2
```

图 7-12　在路由器 R1 上查看 OSPFv3 邻居建立情况

（2）在路由器 R2 上使用【display ospfv3 peer】命令查看 OSPFv3 邻居建立情况，如图 7-13 所示，路由器 R2 已经和路由器 R1、R3 建立了邻居关系。

```
[R2]display ospfv3 peer
          OSPFv3 Process 1 with Router ID 2.2.2.2
 Area: 0.0.0.0
 ------------------------------------------------------------
 Router ID      Pri  State      Dead-Time  InstID  Interface
 1.1.1.1         1   Full/DR     00:00:38    0      GE0/1
 3.3.3.3         1   Full/BDR    00:00:36    0      GE0/2
```

图 7-13　在路由器 R2 上查看 OSPFv3 邻居建立情况

（3）在路由器 R3 上使用【display ospfv3 peer】命令查看 OSPFv3 邻居建立情况，如图 7-14 所示，路由器 R3 已经和路由器 R1、R2 建立了邻居关系。

```
[R3]display ospfv3 peer
            OSPFv3 Process 1 with Router ID 3.3.3.3
 Area: 0.0.0.0
 ------------------------------------------------------------------------
 Router ID       Pri  State       Dead-Time  InstID  Interface
 1.1.1.1          1   Full/DR      00:00:34    0     GE0/1
 2.2.2.2          1   Full/DR      00:00:31    0     GE0/2
```

图7-14　在路由器R3上查看OSPFv3邻居建立情况

（4）在路由器R1上使用【display ospfv3 routing】命令查看OSPFv3路由学习情况，如图7-15所示，路由器R1已经学习到分部A和分部B的路由信息。

```
[R1]display ospfv3 routing

            OSPFv3 Process 1 with Router ID 1.1.1.1
------------------------------------------------------------------------
  I  - Intra area route,   E1 - Type 1 external route,   N1 - Type 1 NSSA route
  IA - Inter area route,   E2 - Type 2 external route,   N2 - Type 2 NSSA route
   *  - Selected route
… …
*Destination: 2020::/64
   Type       : IA                          Cost       : 1563
   Nexthop    : FE80::487A:DAFD:FE50:CD     Interface: GE0/1
   AdvRouter  : 2.2.2.2                     Area       : 0.0.0.0
   Preference : 10
… …
*Destination: 2030::/64
   Type       : IA                          Cost       : 1563
   Nexthop    : FE80::487A:DAFD:FADE:CD     Interface: GE0/2
   AdvRouter  : 3.3.3.3                     Area       : 0.0.0.0
   Preference : 10
… …
```

图7-15　在路由器R1上查看OSPFv3路由学习情况

（5）在路由器R2上使用【display ospfv3 routing】命令查看OSPFv3路由学习情况，如图7-16所示，路由器R2已经学习到总部和分部B的路由信息。

```
[R2]display ospfv3 routing

            OSPFv3 Process 1 with Router ID 2.2.2.2
------------------------------------------------------------------------
  I  - Intra area route,   E1 - Type 1 external route,   N1 - Type 1 NSSA route
  IA - Inter area route,   E2 - Type 2 external route,   N2 - Type 2 NSSA route
   *  - Selected route
… …
*Destination: 2010::/64
   Type       : IA                          Cost       : 1563
   Nexthop    : FE80::487A:DAFE:11A:CD      Interface: GE0/1
```

图7-16　在路由器R2上查看OSPFv3路由学习情况

```
    AdvRouter    : 1.1.1.1                        Area         : 0.0.0.0
    Preference : 10
… …
*Destination: 2030::/64
    Type         : IA                              Cost         : 1563
    Nexthop      : FE80::487A:DAFD:FADE:89         Interface: GE0/2
    AdvRouter    : 3.3.3.3                        Area         : 0.0.0.0
    Preference : 10
… …
```

图 7-16　在路由器 R2 上查看 OSPFv3 路由学习情况（续）

（6）在路由器 R3 上使用【display ospfv3 routing】命令查看 OSPFv3 路由学习情况，如图 7-17 所示，路由器 R3 已经学习到总部和分部 A 的路由。

```
[R3]display ospfv3 routing

              OSPFv3 Process 1 with Router ID 3.3.3.3
------------------------------------------------------------------
 I  - Intra area route,   E1 - Type 1 external route,   N1 - Type 1 NSSA route
 IA - Inter area route,   E2 - Type 2 external route,   N2 - Type 2 NSSA route
 *  - Selected route
… …
*Destination: 2010::/64
    Type         : IA                              Cost         : 1563
    Nexthop      : FE80::487A:DAFE:11A:89          Interface: GE0/1
    AdvRouter    : 1.1.1.1                        Area         : 0.0.0.0
    Preference : 10
… …
*Destination: 2020::/64
    Type         : IA                              Cost         : 1563
    Nexthop      : FE80::487A:DAFD:FE50:89         Interface: GE0/2
    AdvRouter    : 2.2.2.2                        Area         : 0.0.0.0
    Preference : 10
… …
```

图 7-17　在路由器 R3 上查看 OSPFv3 路由学习情况

扫一扫
看微课

（1）查看 PC1、PC2、PC3 的 IP 地址获取情况，如图 7-18～图 7-20 所示。

```
C:\Users\admin>ipconfig

以太网适配器 以太网:
```

图 7-18　查看 PC1 的 IP 地址获取情况

项目 7 基于 OSPFv3 的 Jan16 公司总部与多个分部互联

```
连接特定的 DNS 后缀 . . . . . . . :
IPv6 地址 . . . . . . . . . . . . : 2010::2
IPv6 地址 . . . . . . . . . . . . : 2010::89e2:6c31:476c:c06a
临时 IPv6 地址. . . . . . . . . : 2010::8c63:d865:42f:bbc2
本地链接 IPv6 地址. . . . . . . : fe80::89e2:6c31:476c:c06a%13
自动配置 IPv4 地址 . . . . . . : 169.254.192.106
子网掩码 . . . . . . . . . . . . . : 255.255.0.0
默认网关. . . . . . . . . . . . : fe80::4a7a:daff:fefe:116%13
```

图 7-18 查看 PC1 的 IP 地址获取情况（续）

```
C:\Users\admin>ipconfig

以太网适配器 以太网:

   连接特定的 DNS 后缀 . . . . . . . :
   IPv6 地址 . . . . . . . . . . . . : 2020::2
   IPv6 地址 . . . . . . . . . . . . : 2020::5c52:de88:b0fd:d829
   临时 IPv6 地址. . . . . . . . . : 2020::7c91:5bf7:8606:23a2
   本地链接 IPv6 地址. . . . . . . : fe80::5c52:de88:b0fd:d829%13
   自动配置 IPv4 地址 . . . . . . : 169.254.216.41
   子网掩码 . . . . . . . . . . . . : 255.255.0.0
   默认网关. . . . . . . . . . . . : fe80::4a7a:daff:fefd:fe4c%13
```

图 7-19 查看 PC2 的 IP 地址获取情况

```
C:\Users\admin>ipconfig

以太网适配器 以太网:

   连接特定的 DNS 后缀 . . . . . . . :
   IPv6 地址 . . . . . . . . . . . . : 2030::2
   IPv6 地址 . . . . . . . . . . . . : 2030::89e2:6c31:476c:c06a
   临时 IPv6 地址. . . . . . . . . : 2030::1dda:afbb:8cd:65e6
   本地链接 IPv6 地址. . . . . . . : fe80::89e2:6c31:476c:c06a%13
   自动配置 IPv4 地址 . . . . . . : 169.254.192.106
   子网掩码 . . . . . . . . . . . . : 255.255.0.0
   默认网关. . . . . . . . . . . . : fe80::4a7a:daff:fefd:fada%13
```

图 7-20 查看 PC3 的 IP 地址获取情况

（2）使用 PC2 ping PC1 通过 DHCPv6 协议获取的 IPv6 地址（2010::2），发现可以 ping 通，结果如图 7-21 所示。

```
C:\Users\admin>ping 2010::2

正在 Ping 2010::2 具有 32 字节的数据:
来自 2010::2 的回复: 时间=1ms
```

图 7-21 测试 PC2 与 PC1 之间的网络连通性

```
来自 2010::2 的回复: 时间=1ms
来自 2010::2 的回复: 时间<1ms
来自 2010::2 的回复: 时间=1ms

2010::2 的 Ping 统计信息:
    数据包: 已发送 = 4，已接收 = 4，丢失 = 0 (0% 丢失)，
往返行程的估计时间(以毫秒为单位):
    最短 = 0ms, 最长 = 1ms, 平均 = 0ms
```

图7-21 测试 PC2 与 PC1 之间的网络连通性（续）

（3）使用 PC3 ping PC1 通过 DHCPv6 协议获取的 IPv6 地址（2010::2），发现可以 ping 通，结果如图 7-22 所示。

```
C:\Users\admin>ping 2010::2

正在 Ping 2010::2 具有 32 字节的数据:
来自 2010::2 的回复: 时间=1ms
来自 2010::2 的回复: 时间=1ms
来自 2010::2 的回复: 时间=1ms
来自 2010::2 的回复: 时间=1ms

2010::2 的 Ping 统计信息:
    数据包: 已发送 = 4，已接收 = 4，丢失 = 0 (0% 丢失)，
往返行程的估计时间(以毫秒为单位):
    最短 = 1ms, 最长 = 1ms, 平均 = 1ms
```

图7-22 测试 PC3 与 PC1 之间的网络连通性

（4）使用 PC2 ping PC3 通过 DHCPv6 协议获取的 IPv6 地址（2030::2），发现可以 ping 通，结果如图 7-23 所示。

```
C:\Users\admin>ping 2030::2

正在 Ping 2030::2 具有 32 字节的数据:
来自 2030::2 的回复: 时间<1ms
来自 2030::2 的回复: 时间=1ms
来自 2030::2 的回复: 时间<1ms
来自 2030::2 的回复: 时间=1ms

2030::2 的 Ping 统计信息:
    数据包: 已发送 = 4，已接收 = 4，丢失 = 0 (0% 丢失)，
往返行程的估计时间(以毫秒为单位):
    最短 = 0ms, 最长 = 1ms, 平均 = 0ms
```

图7-23 测试 PC2 与 PC3 之间的网络连通性

练习与思考

一、理论题

1. 以下哪些报文不属于 OSPFv3 协议报文?（　　）（单选）

   A. Hello B. DD
   C. LSR D. Open

2. 以下关于 OSPFv3 的描述错误的是（　　）。（单选）

   A. OSPFv3 是一个链路状态路由协议

   B. OSPFv3 路由器基于链路带宽计算开销值

   C. OSPFv3 不可应用于大型网络中

   D. OSPFv3 采用的算法是 SPF 算法

3. 以下关于 DR 的说法正确的是（　　）。（单选）

   A. P2P 网络必须选举 DR

   B. DR 是网络中的备份指定路由器

   C. 在 OSPFv3 网络中，拥有最高优先级的路由器一定是 DR

   D. 为了维持网络的稳定性，在 DR 已经选取的情况下，不支持抢占

4. OSPFv3 使用组播形式发送协议报文，目的组播地址为（　　）（多选）。

   A. FF02::5 B. FF02::9
   C. 224.0.0.6 D. FF02::6

5. OSPFv3 支持的网络类型有哪些?（　　）（多选）

   A. BMA B. P2P
   C. P2MP D. NBMA

6. 运行 OSPFv3 路由器，若双方接口 IP 地址前缀不同，不能建立邻居。（　　）（判断）

7. 当 OSPFv3 路由器的选举优先级为 0 时，不参与 DR/BDR 的选举。（　　）（判断）

二、项目实训题

1. 项目背景与要求

Jan16 科技公司由总部和分部 A、分部 B 组成，现需要配置 OSPFv3 动态路由协议来管理公司的路由。实训网络拓扑如图 7-24 所示。具体要求如下：

（1）根据实训网络拓扑，为 PC 和网络设备配置 IPv6 地址（x 为班级，y 为短学号）；

（2）在路由器 R1、R2、R3 上配置 OSPFv3 动态路由协议。

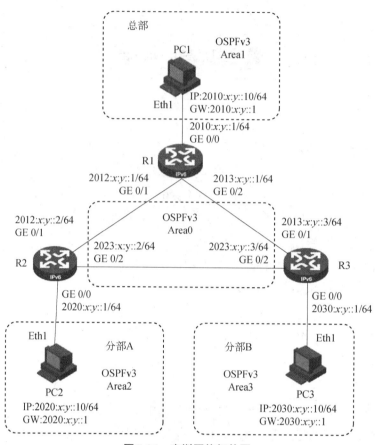

图7-24 实训网络拓扑图

2. 实训业务规划

根据以上实训网络拓扑和要求，参考本项目的项目规划完成表 7-6～表 7-8 的规划。

表7-6 Router ID 规划表

设备名称	Router ID	用　　途

表7-7 端口互联规划表

本端设备	本端接口	对端设备	对端接口

项目 7　基于 OSPFv3 的 Jan16 公司总部与多个分部互联

表 7-8　IP 地址规划表

设备名称	接　　口	IP 地址	用　　途

3. 实训要求

完成实验后，请截取以下实验验证结果。

（1）在路由器 R1 上使用【display ospfv3 peer】命令，查看 OSPFv3 邻居建立情况。

（2）在路由器 R2 上使用【display ospfv3 peer】命令，查看 OSPFv3 邻居建立情况。

（3）在路由器 R3 上使用【display ospfv3 peer】命令，查看 OSPFv3 邻居建立情况。

（4）在路由器 R1 上使用【display ospfv3 routing】命令，查看 OSPFv3 路由表信息。

（5）在路由器 R2 上使用【display ospfv3 routing】命令，查看 OSPFv3 路由表信息。

（6）在路由器 R3 上使用【display ospfv3 routing】命令，查看 OSPFv3 路由表信息。

（7）在总部 PC1 上 ping 分部 A PC2，查看总部与分部 A 之间的网络连通性。

（8）在总部 PC1 上 ping 分部 B PC3，查看总部与分部 B 之间的网络连通性。

（9）在分部 A PC2 上 ping 分部 B PC3，查看分部之间的网络连通性。

单元3　IPv4 与 IPv6 混合应用篇

项目 8 Jan16公司基于IPv4和IPv6的双栈网络搭建

Jan16 公司原有网络为 IPv4 网络，近期计划将各部门网络升级为 IPv6 网络。为了避免网络升级过程对 IPv4 网络造成影响，因此采用部门网络逐个升级的方法，公司网络拓扑如图 8-1 所示，具体要求如下。

（1）公司网络中现有项目部 PC1、财务部 PC2、人事部 PC3，均连接到各部门的接入层交换机。核心交换机 SW1 作为各部门互联网关。

（2）各部门原有网络均为 IPv4 网络。项目部和财务部两个部门计划率先将网络升级为 IPv6 网络，升级后的网络仍然可以相互通信。

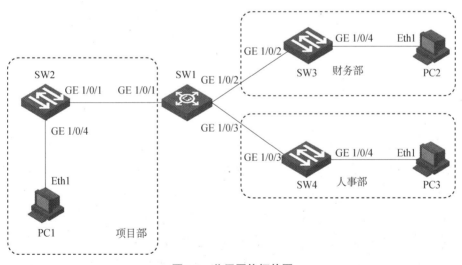

图 8-1 公司网络拓扑图

项目需求分析

公司将项目部和财务部的网络升级为 IPv6 网络后，将导致公司网络处于 IPv4 和 IPv6

网络混用状态，如果要确保混用状态下的设备之间仍能相互通信，需要网络设备同时工作在 IPv4 和 IPv6 网络中。

本项目可以通过以下工作任务来完成。

（1）创建部门 VLAN，实现各部门网络划分。

（2）配置交换机互联端口，实现 PC 可跨交换机通信。

（3）配置 IPv4 网络，实现全网基于 IPv4 网络的互联互通。

（4）配置 IPv6 网络，实现全网基于双栈的互联互通。

8.1　双栈技术概述

双栈技术（Dual-Stack）指网络中所有的节点同时支持 IPv4 和 IPv6 协议栈，这些节点称为双栈节点。双栈技术是 IPv4 网络过渡到 IPv6 网络过程中使用最广泛的一种技术。

双栈技术的优点是互通性好、易于理解；缺点是需要给每个使用 IPv6 的网络设备和终端分配 IPv4 地址，无法解决 IPv4 地址匮乏问题。

在 IPv6 网络建设初期，由于 IPv4 地址尚未分配完，这种方案是可行的；而 IPv6 网络发展到目前阶段，为每个节点分配两个协议栈地址是很难实现的。

8.2　双栈技术组网结构

IPv4 网络和 IPv6 网络之间通过 IPv4/IPv6 转换路由器进行连接，先将在物理层接收的数据交给数据链路层，在数据链路层对接收到的数据进行分析。如果 IPv4/IPv6 首部中的第一个字段（IP 首部中的版本号字段）是 4，那么该数据包为 IPv4 数据包；如果 IPv4/IPv6 首部中的第一个字段是 6，那么该数据包为 IPv6 数据包。数据包处理结束后继续向上层递交，根据底层接收的数据包判断是 IPv4 数据包还是 IPv6 数据包，在网络层做相应的处理，处理结束后继续递交给传输层，并由传输层进行相应的处理，直至递交给上层用户的应用层。双协议栈的网络拓扑结构如图 8-2 所示。

双栈网络构建了一个基础设施，这个框架中的路由器已经启用了 IPv4 和 IPv6 转发功能。这种技术的缺点在于各节点需要同时支持 IPv4 和 IPv6 协议栈。这意味着要同步存储中的所有表（如路由表），还要为这两种协议栈配置路由协议。对网络管理而言，根据协议的不同采用不同的命令，例如，在使用 Windows 操作系统的 PC 上，测试网络连通性的命令，

IPv4 使用【ping】命令，而 IPv6 则使用【ping -6】命令。

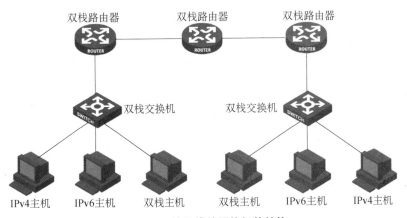

图 8-2 双协议栈的网络拓扑结构

8.3 双栈节点选择协议

双栈节点根据应用程序使用的目的地址来选择协议，具体如下：
（1）若应用程序使用的目的地址是 IPv4 地址，则使用 IPv4 协议栈；
（2）若应用程序使用的目的地址是 IPv6 地址，则使用 IPv6 协议栈；
（3）若应用程序使用的目的地址是兼容 IPv4 地址的 IPv6 地址，则仍然使用 IPv4 协议栈，需要将 IPv6 分组封装在 IPV4 分组中；
（4）若应用程序使用域名地址作为目的地址，节点首先提供支持 IPv4 A 记录和 IPv6 A6 记录的解析器，向网络中的 DNS 服务器请求解析服务，得到对应的 IPv4 或 IPv6 地址，再依据获得地址的情况进行相应的处理。

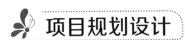

▶ 项目拓扑

本项目中，使用 3 台 PC、一台核心交换机以及 3 台接入层交换机来构建项目网络拓扑，如图 8-3 所示。其中 PC1 是项目部员工 PC，PC2 是财务部员工 PC，PC3 是人事部员工 PC，交换机 SW1 作为各部门的互联网关。项目部和财务部计划将网络升级至 IPv6 网络，相关网络接口需同时配置 IPv4 与 IPv6 地址，实现双栈网络。

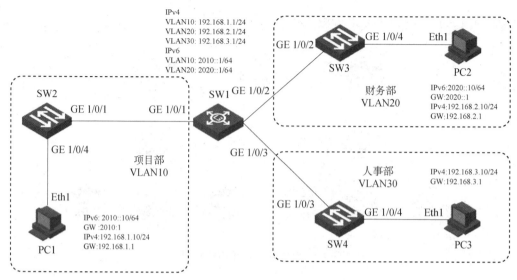

图 8-3 项目网络拓扑图

▶ 项目规划

根据图 8-3 所示的项目网络拓扑进行业务规划，VLAN 规划、端口互联规划、IPv4 地址规划、IPv6 地址规划如表 8-1～表 8-4 所示。

表 8-1　VLAN 规划表

VLAN	IPv4 地址段	IPv6 地址段	用　　途
VLAN10	192.168.1.0/24	2010::/64	项目部
VLAN20	192.168.2.0/24	2020::/64	财务部
VLAN30	192.168.3.0/24	N/A	人事部

表 8-2　端口互联规划表

本端设备	本端接口	端口类型	对端设备	对端接口
PC1	Eth1	N/A	SW2	GE 1/0/4
PC2	Eth1	N/A	SW3	GE 1/0/4
PC3	Eth1	N/A	SW4	GE 1/0/4
SW1	GE 1/0/1	TRUNK	SW2	GE 1/0/1
SW1	GE 1/0/2	TRUNK	SW3	GE 1/0/2
SW1	GE 1/0/3	TRUNK	SW4	GE 1/0/3
SW2	GE 1/0/1	TRUNK	SW1	GE 1/0/1
SW2	GE 1/0/4	ACCESS	PC1	Eth1

(续表)

本端设备	本端接口	端口类型	对端设备	对端接口
SW3	GE 1/0/2	TRUNK	SW1	GE 1/0/2
	GE 1/0/4	ACCESS	PC2	Eth1
SW4	GE 1/0/3	TRUNK	SW1	GE 1/0/3
	GE 1/0/4	ACCESS	PC3	Eth1

表 8-3　IPv4 地址规划表

设备名称	接口	IPv4 地址	网关地址	用途
PC1	Eth1	192.168.1.10/24	192.168.1.1	PC1 IPv4 地址
PC2	Eth1	192.168.2.10/24	192.168.2.1	PC2 IPv4 地址
PC3	Eth1	192.168.3.10/24	192.168.3.1	PC3 IPv4 地址
SW1	VLAN10	192.168.1.1/24	N/A	PC1 IPv4 网关地址
	VLAN20	192.168.2.1/24	N/A	PC2 IPv4 网关地址
	VLAN30	192.168.3.1/24	N/A	PC3 IPv4 网关地址

表 8-4　IPv6 地址规划表

设备名称	接口	IPv6 地址	网关地址	用途
PC1	Eth1	2010::10/64	2010::1	PC1 IPv6 地址
PC2	Eth1	2020::10/64	2020::1	PC2 IPv6 地址
SW1	VLAN10	2010::1/64	N/A	PC1 IPv6 网关地址
	VLAN20	2020::1/64	N/A	PC2 IPv6 网关地址

项目实施

备注：任务 8-1、任务 8-2、任务 8-3 为公司原有 IPv4 网络的相关配置，此处用于搭建项目实验环境。

任务 8-1　创建部门 VLAN

扫一扫
看微课

▶ **任务规划**

根据端口互联规划表要求，为交换机创建部门 VLAN，然后将对应端口划分到部门 VLAN 中。

任务实施

1. 在交换机上创建部门 VLAN

（1）为交换机 SW1 创建部门 VLAN。

```
<H3C>system-view                    //进入系统视图
[H3C]sysname SW1                    //修改设备名称
[SW1]vlan 10 20 30                  //创建VLAN10、VLAN20、VLAN30
```

（2）为交换机 SW2 创建部门 VLAN。

```
<H3C>system-view                    //进入系统视图
[H3C]sysname SW2                    //修改设备名称
[SW2]vlan 10                        //创建VLAN10
```

（3）为交换机 SW3 创建部门 VLAN。

```
<H3C>system-view                    //进入系统视图
[H3C]sysname SW3                    //修改设备名称
[SW3]vlan 20                        //创建VLAN20
```

（4）为交换机 SW4 创建部门 VLAN。

```
<H3C>system-view                    //进入系统视图
[H3C]sysname SW4                    //修改设备名称
[SW4]vlan 30                        //创建VLAN30
```

2. 将交换机端口添加到对应 VLAN 中

（1）为交换机 SW2 划分 VLAN，将对应端口添加到 VLAN 中。

```
[SW2]interface GigabitEthernet 1/0/4            //进入端口视图
[SW2-GigabitEthernet1/0/4]port access vlan 10
                                                //将ACCESS端口加入VLAN10中
[SW2-GigabitEthernet1/0/4]quit                  //退出端口视图
```

（2）为交换机 SW3 划分 VLAN，将对应端口添加到 VLAN 中。

```
[SW3]interface GigabitEthernet 1/0/4            //进入端口视图
[SW3-GigabitEthernet1/0/4]port access vlan 20
                                                //将ACCESS端口加入VLAN20中
[SW3-GigabitEthernet1/0/4]quit                  //退出端口视图
```

（3）为交换机 SW4 划分 VLAN，将对应端口添加到 VLAN 中。

```
[SW4]interface GigabitEthernet 1/0/4              //进入端口视图
[SW4-GigabitEthernet1/0/4]port access vlan 30
                                                  //将ACCESS端口加入VLAN30中
[SW4-GigabitEthernet1/0/4]quit                    //退出端口视图
```

▶ 任务验证

（1）在交换机 SW1 上使用【display vlan】命令查看 VLAN 创建情况，从图 8-4 所示的结果中可以看到 VLAN10、VLAN20、VLAN30 均已成功创建。

```
[SW1]display vlan
 Total VLANs: 4
 The VLANs include:
 1(default), 10, 20, 30
```

图 8-4　在交换机 SW1 上查看 VLAN 创建情况

（2）在交换机 SW2 上使用【display vlan】命令查看 VLAN 创建情况，从图 8-5 所示的结果中可以看到 VLAN10 已成功创建。

```
[SW2]display vlan
 Total 2 VLAN exist(s).
 The following VLANs exist:
   1(default), 10,
```

图 8-5　在交换机 SW2 上查看 VLAN 创建情况

（3）在交换机 SW3 上使用【display vlan】命令查看 VLAN 创建情况，从图 8-6 所示的结果中可以看到 VLAN20 已成功创建。

```
[SW3]display vlan
 Total 2 VLAN exist(s).
 The following VLANs exist:
   1(default), 20,
```

图 8-6　在交换机 SW3 上查看 VLAN 创建情况

（4）在交换机 SW4 上使用【display vlan】命令查看 VLAN 的创建情况，从图 8-7 所示的结果中可以看到 VLAN30 已成功创建。

```
[SW4]display vlan
 Total 2 VLAN exist(s).
 The following VLANs exist:
   1(default), 30,
```

图 8-7　在交换机 SW4 上查看 VLAN 创建情况

（5）在交换机 SW2 上使用【display interface brief】命令查看链路配置情况，正确结果如图 8-8 所示。

```
[SW2]display interface brief
Interface          Link Speed     Duplex Type PVID Description
… …
GE1/0/4            UP    1G(a)    F(a)    A    10
… …
```

图 8-8　在交换机 SW2 上查看链路配置情况

（6）在交换机 SW3 上使用【display interface brief】命令查看链路配置情况，正确结果如图 8-9 所示。

```
[SW3]display interface brief
Interface          Link Speed     Duplex Type PVID Description
… …
GE1/0/4            UP    1G(a)    F(a)    A    20
… …
```

图 8-9　在交换机 SW3 上查看链路配置情况

（7）在交换机 SW4 上使用【display interface brief】命令查看链路配置情况，正确结果如图 8-10 所示。

```
[SW4]display interface brief
Interface          Link Speed     Duplex Type PVID Description
… …
GE1/0/4            UP    1G(a)    F(a)    A    30
… …
```

图 8-10　在交换机 SW4 上查看链路配置情况

任务 8-2　配置交换机互联端口

▶ **任务规划**

扫一扫
看微课

根据项目规划，交换机 SW1 与交换机 SW2 之间的互联链路需要转发 VLAN10 的流量，交换机 SW1 与交换机 SW3 之间的互联链路需要转发 VLAN20 的流量，交换机 SW1 与交换机 SW4 之间的互联链路需要转发 VLAN30 的流量，因此需要将这些链路配置为 TRUNK 链路，并配置 TRUNK 链路的 VLAN 允许列表。

任务实施

1. 配置交换机SW1的互联端口

在交换机 SW1 上配置交换机互联链路为 TRUNK 链路，并为相关 VLAN 配置允许列表。

```
[SW1]interface GigabitEthernet 1/0/1                //进入端口视图
[SW1-GigabitEthernet1/0/1]port link-type trunk      //设置链路类型为 TRUNK
[SW1-GigabitEthernet1/0/1]port trunk permit vlan 10
                                                    //允许指定的 VLAN 通过
[SW1-GigabitEthernet1/0/1]quit                      //退出端口视图
[SW1]interface GigabitEthernet 1/0/2                //进入端口视图
[SW1-GigabitEthernet1/0/2]port link-type trunk      //设置链路类型为 TRUNK
[SW1-GigabitEthernet1/0/2]port trunk permit vlan 20
                                                    //允许指定的 VLAN 通过
[SW1-GigabitEthernet1/0/2]quit                      //退出端口视图
[SW1]interface GigabitEthernet 1/0/3                //进入端口视图
[SW1-GigabitEthernet1/0/3]port link-type trunk      //设置链路类型为 TRUNK
[SW1-GigabitEthernet1/0/3]port trunk permit vlan 30
                                                    //允许指定的 VLAN 通过
[SW1-GigabitEthernet1/0/3]quit                      //退出端口视图
```

2. 配置交换机SW2的互联端口

在交换机 SW2 上配置交换机互联链路为 TRUNK 链路，并配置 VLAN 允许列表，允许指定的 VLAN 通过。

```
[SW2]interface GigabitEthernet 1/0/1                //进入端口视图
[SW2-GigabitEthernet1/0/1]port link-type trunk      //设置链路类型为 TRUNK
[SW2-GigabitEthernet1/0/1]port trunk permit vlan 10
                                                    //允许指定的 VLAN 通过
[SW2-GigabitEthernet1/0/1]quit                      //退出端口视图
```

3. 配置交换机SW3的互联端口

在交换机 SW3 上配置交换机互联链路为 TRUNK 链路，并配置 VLAN 允许列表，允许指定的 VLAN 通过。

```
[SW3]interface GigabitEthernet 1/0/2                //进入端口视图
[SW3-GigabitEthernet1/0/2]port link-type trunk      //设置链路类型为 TRUNK
[SW3-GigabitEthernet1/0/2]port trunk permit vlan 20
                                                    //允许指定的 VLAN 通过
[SW3-GigabitEthernet1/0/2]quit                      //退出端口视图
```

4. 配置交换机 SW4 的互联端口

在交换机 SW4 上配置交换机互联链路为 TRUNK 链路，并配置 VLAN 允许列表，允许指定的 VLAN 通过。

```
[SW4]interface GigabitEthernet 1/0/3                    //进入端口视图
[SW4-GigabitEthernet1/0/3]port link-type trunk          //设置链路类型为 TRUNK
[SW4-GigabitEthernet1/0/3]port trunk permit vlan 30
                                                        //允许指定的 VLAN 通过
[SW4-GigabitEthernet1/0/3]quit                          //退出端口视图
```

▶ 任务验证

（1）在交换机 SW1 上使用【display port trunk】命令查看交换机存在的 TRUNK 端口及配置情况，如图 8-11 所示。

```
[SW1]display port trunk
Interface         PVID      VLAN Passing
GE1/0/1           1         1, 10
GE1/0/2           1         1, 20
GE1/0/3           1         1, 30
```

图 8-11　在交换机 SW1 上查看交换机存在的 TRUNK 端口及配置情况

（2）在交换机 SW2 上使用【display port trunk】命令查看交换机存在的 TRUNK 端口及配置情况，如图 8-12 所示。

```
[SW2]display port trunk
Interface         PVID      VLAN Passing
GE1/0/1           1         1, 10
```

图 8-12　在交换机 SW2 上查看交换机存在的 TRUNK 端口及配置情况

（3）在交换机 SW3 上使用【display port trunk】命令查看交换机存在的 TRUNK 端口及配置情况，如图 8-13 所示。

```
[SW3]display port trunk
Interface         PVID      VLAN Passing
GE1/0/2           1         1, 20
```

图 8-13　在交换机 SW3 上查看交换机存在的 TRUNK 端口及配置情况

（4）在交换机 SW4 上使用【display port trunk】命令查看交换机存在的 TRUNK 端口及配置情况，如图 8-14 所示。

```
[SW4]display port trunk
Interface              PVID      VLAN Passing
GE1/0/3                1         1, 30
```

图 8-14　在交换机 SW4 上查看交换机存在的 TRUNK 端口及配置情况

任务 8-3　配置 IPv4 网络

▶ **任务规划**

根据 IPv4 地址规划表为交换机及 PC 配置 IPv4 地址。

▶ **任务实施**

1. 根据表 8-5 为各部门 PC 配置 IPv4 地址及网关地址

表 8-5　各部门 PC 的 IPv4 地址及网关地址

设备命名	IPv4 地址	网关地址
PC1	192.168.1.10/24	192.168.1.1
PC2	192.168.2.10/24	192.168.2.1
PC3	192.168.3.10/24	192.168.3.1

PC1 的 IPv4 地址配置结果如图 8-15 所示，同理完成 PC2～PC3 的 IPv4 地址的配置。

图 8-15　PC1 的 IPv4 地址配置结果

2. 配置交换机的 IPv4 地址

在交换机 SW1 上为 3 个接口配置 IPv4 地址，作为各部门的网关地址。

```
[SW1]interface Vlan-interface 10                    //进入 VLAN 接口视图
[SW1-Vlan-interface10]ip address 192.168.1.1 24     //配置 IPv4 地址
[SW1-Vlan-interface10]quit                          //退出接口视图
[SW1]interface Vlan-interface 20                    //进入 VLAN 接口视图
[SW1-Vlan-interface20]ip address 192.168.2.1 24     //配置 IPv4 地址
[SW1-Vlan-interface20]quit                          //退出接口视图
[SW1]interface Vlan-interface 30                    //进入 VLAN 接口视图
[SW1-Vlan-interface30]ip address 192.168.3.1 24     //配置 IPv4 地址
[SW1-Vlan-interface30]quit                          //退出接口视图
```

▶ **任务验证**

在交换机 SW1 上使用【display ip interface brief】命令查看交换机 SW1 的 IPv4 地址配置情况，如图 8-16 所示。

```
[SW1]display ip interface brief
… …
Interface       Physical Protocol IP address      VPN instance Description
Vlan10          up       up       192.168.1.1     --              --
Vlan20          up       up       192.168.2.1     --              --
Vlan30          up       up       192.168.3.1     --              --
```

图 8-16　在交换机 SW1 上查看 IPv4 地址配置情况

任务 8-4　配置 IPv6 网络

▶ **任务规划**

根据 IPv6 地址规划表为交换机及 PC 配置 IPv6 地址。

▶ **任务实施**

1. 根据表 8-6 为项目部和财务部 PC 配置 IPv6 地址及网关地址

表 8-6　各部门 PC 的 IPv6 地址及网关地址

设备名称	IPv6 地址	网关地址
PC1	2010::10/64	2010::1
PC2	2020::10/64	2020::1

如图 8-17 所示为 PC1 的 IPv6 地址配置结果，同理完成 PC2 的 IPv6 地址的配置。

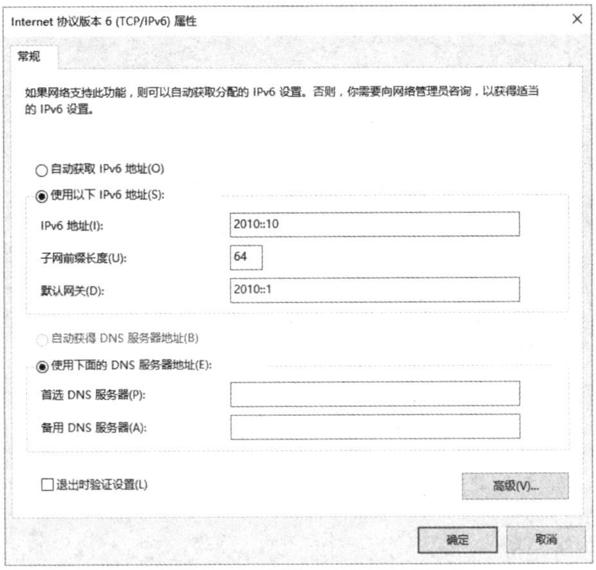

图 8-17 PC1 的 IPv6 地址配置结果

2. 配置交换机的 IPv6 地址

在交换机 SW1 上为两个接口配置 IPv6 地址，作为项目部和财务部的网关地址。

```
[SW1]ipv6                                              //全局启用 IPv6 功能
[SW1]interface Vlan-interface 10                       //进入 VLAN 接口视图
[SW1-Vlan-interface10]ipv6 address 2010::1 64          //配置 IPv6 地址
[SW1-Vlan-interface10]quit                             //退出接口视图
[SW1]interface Vlan-interface 20                       //进入 VLAN 接口视图
[SW1-Vlan-interface20]ipv6 address 2020::1 64          //配置 IPv6 地址
[SW1-Vlan-interface20]quit                             //退出接口视图
```

▶ 任务验证

在交换机 SW1 上使用【display ipv6 interface brief】命令查看 IPv6 地址配置情况，如图 8-18 所示。

```
[SW1]display ipv6 interface brief
… …
Interface                       Physical Protocol IPv6 Address
Vlan-interface10                up       up       2010::1
Vlan-interface20                up       up       2020::1
Vlan-interface30                up       up       Unassigned
```

图 8-18 在交换机 SW1 上查看 IPv6 地址配置情况

 项目验证

扫一扫
看微课

（1）使用项目部 PC1 ping 财务部 PC2 的 IPv6 地址 2020::10，如图 8-19 所示。

```
C:\Users\admin>ping 2020::10

正在 Ping 2020::10 具有 32 字节的数据:
来自 2020::10 的回复: 时间=2ms
来自 2020::10 的回复: 时间=2ms
来自 2020::10 的回复: 时间=3ms
来自 2020::10 的回复: 时间=2ms

2020::10 的 Ping 统计信息:
    数据包: 已发送 = 4，已接收 = 4，丢失 = 0 (0% 丢失)，
往返行程的估计时间(以毫秒为单位):
    最短 = 2ms，最长 = 3ms，平均 = 2ms
```

图 8-19　测试 PC1 与 PC2 之间的网络连通性

（2）使用项目部 PC1 ping 人事部 PC3 的 IPv4 地址 192.168.3.10，如图 8-20 所示。

```
C:\Users\admin>ping 192.168.3.10

正在 Ping 192.168.3.10 具有 32 字节的数据:
来自 192.168.3.10 的回复: 字节=32 时间=1ms TTL=127
来自 192.168.3.10 的回复: 字节=32 时间=1ms TTL=127
来自 192.168.3.10 的回复: 字节=32 时间=1ms TTL=127
来自 192.168.3.10 的回复: 字节=32 时间=1ms TTL=127

192.168.3.10 的 Ping 统计信息:
    数据包: 已发送 = 4，已接收 = 4，丢失 = 0 (0% 丢失)，
往返行程的估计时间(以毫秒为单位):
    最短 = 1ms，最长 = 1ms，平均 = 1ms
```

图 8-20　测试 PC1 与 PC3 之间的网络连通性

 练 习 与 思 考

一、理论题

1. 双栈技术要求网络中的节点（　　）。

A. 支持 IPv4 协议栈

B. 支持 IPv6 协议栈

C. 同时支持 IPv4 和 IPv6 协议栈

D. 没有要求

2. 双栈节点可以通过链路层接收数据的哪个字段来判断该数据包为 IPv4 数据包还是 IPv6 数据包？（   ）

A. Traffic Class　　　　　　　　B. Version

C. Source Address　　　　　　　D. Destination Address

3. IPv6 地址中不存在以下哪种地址？（   ）

A. 单播地址　　　　　　　　　　B. 广播地址

C. 任播地址　　　　　　　　　　D. 组播地址

4. IPv4 地址中不存在以下哪种地址？（   ）

A. 单播地址　　　　　　　　　　B. 广播地址

C. 任播地址　　　　　　　　　　D. 组播地址

5. 在 Windows 操作系统的 PC 上，测试 IPv6 网络连通性使用的命令是（   ）。

A. ping.exe　　　　　　　　　　B. ping6.exe

C. ping.exe -6　　　　　　　　　D. ping.exe -ipv6

二、项目实训题

1. 项目背景与要求

Jan16 科技公司财务部与项目部的网络已升级为 IPv6 网络，人事部仍为 IPv4 网络，为实现各部门之间的相互通信，需要将公司网络部署为双栈网络，实训网络拓扑如图 8-21 所示。具体要求如下：

根据实训网络拓扑，为各 PC 和路由器配置 IPv6 和 IPv4 地址（x 为班级，y 为短学号）。

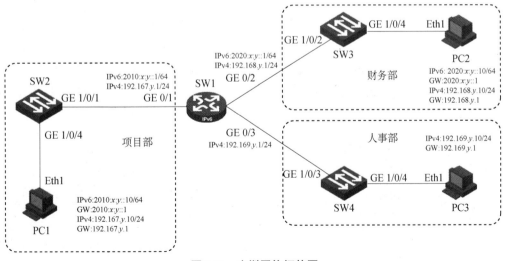

图 8-21　实训网络拓扑图

2. 实训业务规划

根据以上实训网络拓扑和要求，参考本项目的项目规划完成表 8-7~表 8-9 的规划。

表 8-7 端口互联规划表

本端设备	本端接口	对端设备	对端接口

表 8-8 IPv6 地址规划表

设备名称	接口	IPv6 地址	网关地址	用途

表 8-9 IPv4 地址规划表

设备名称	接口	IPv4 地址	网关地址	用途

3. 实训要求

完成实验后，请截取以下实验验证结果。

（1）在路由器 SW1 上使用【display ip interface brief】命令，查看 IPv4 地址配置情况。

（2）在路由器 SW1 上使用【display ipv6 interface brief】命令，查看 IPv6 地址配置情况。

（3）在项目部 PC1 上 ping 财务部 PC2（2020:x:y::10），查看部门之间的网络连通性。

（4）在项目部 PC1 上 ping 人事部 PC3（192.169.y.10），查看部门之间的网络连通性。

项目 9　使用 GRE 隧道实现 Jan16 公司总部与分部的互联

　项目描述

Jan16 公司在 X 市成立了 Jan16 公司分部 A，因总部网络已建立了 IPv6 网络，要求分部 A 新建 IPv6 网络，并能与总部网络互联互通。公司网络拓扑如图 9-1 所示，具体要求如下。

（1）公司总部与分部 A 均由出口网关路由器连接部门 PC，路由器和 PC 均支持双栈协议。

（2）运营商网络目前仅支持 IPv4 网络，需要通过手动配置隧道协议，实现总部与分部 A IPv6 网络的互联互通。

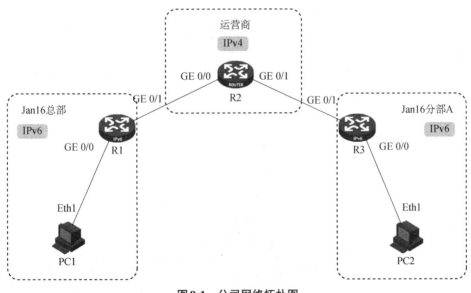

图 9-1　公司网络拓扑图

　项目需求分析

Jan16 公司由总部及分部 A 组成，已全面升级为 IPv6 网络，连接总部与分部 A 的运营商网络仅支持 IPv4 网络。可以通过配置 IPv6 Over IPv4 GRE 隧道，来实现总部与分部 A 之间的 IPv6 网络互通。

因此，本项目可以通过以下工作任务来完成。

（1）配置运营商路由器，完成运营商路由器基础配置。

（2）配置公司路由器及 PC 的 IP 地址，完成公司总部与分部 A 的基础网络配置。

（3）配置出口路由器的 IPv4 默认路由，实现互联网的 IPv4 网络互通。

（4）配置 IPv6 Over IPv4 GRE 隧道，实现总部与分部 A 之间的 IPv6 网络通过隧道互联互通。

9.1　IPv6 Over IPv4 隧道技术概述

由于 IPv4 地址的枯竭和 IPv6 技术的先进性，IPv4 网络过渡为 IPv6 网络势在必行。因为 IPv6 网络与 IPv4 网络的不兼容性，所以需要对原有的 IPv4 设备进行替换。但是如果贸然将 IPv4 设备大量替换所需成本会非常巨大，并且现网运行的业务也会中断，显然并不可行。所以，IPv4 网络向 IPv6 网络过渡是一个渐进的过程。在过渡初期，IPv4 网络已经大量部署，而 IPv6 网络只是散落在各地的一个个"孤岛"，IPv6 Over IPv4 隧道就是通过隧道技术，使 IPv6 报文在 IPv4 网络中传输，实现 IPv6 网络之间的孤岛互联互通。

如图 9-2 所示，当 IPv6 网络 A 的数据要穿越 IPv4 网络到达 IPv6 网络 B 时，因为 IPv6 网络与 IPv4 网络互不兼容，所以需要在路由器 R1 和路由器 R2（两端的设备都要支持双栈协议）上配置 IPv6 Over IPv4 隧道技术，通过 IPv6 Over IPv4 隧道技术将 IPv6 数据作为 IPv4 数据载荷，封装在 IPv4 报文中，才能让数据通过 IPv4 网络传输到 IPv6 网络 B 中。这便是 IPv6 Over IPv4 隧道技术的关键。

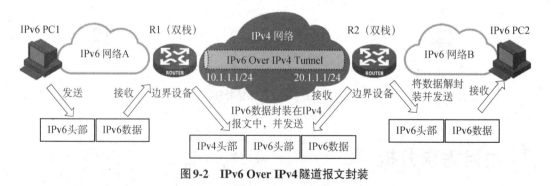

图 9-2　IPv6 Over IPv4 隧道报文封装

一个隧道需要有一个起点和一个终点，起点和终点确定以后，隧道也就可以确定了。IPv6 Over IPv4 隧道起点的 IPv4 地址必须手动配置，而终点的 IPv4 地址有手动配置和自动获取两种方式，对应有手动隧道和自动隧道两种类型。

（1）手动隧道：终点的 IPv4 地址为手动配置时，该隧道称为 IPv6 Over IPv4 手动隧道。如图 9-2 所示，数据流向为从路由器 R1 发往路由器 R2，那么路由器 R1 需要配置隧道的起点 IPv4 地址为 10.1.1.1，终点 IPv4 地址为 20.1.1.1。若数据流向为从路由器 R2 发往路由器 R1，那么路由器 R2 需要配置隧道的起点 IPv4 地址为 20.1.1.1，终点 IPv4 地址为 10.1.1.1。手动隧道一般仅用于简单的 IPv6 网络或主机之间的点到点连接，隧道仅可以承载 IPv6 报文。

（2）自动隧道：终点的 IPv4 地址可以通过某种方式自动获取时，该隧道成为 IPv6 Over IPv4 自动隧道。一般的做法是隧道的两个接口的 IPv6 地址采用内嵌 IPv4 地址的特殊 IPv6 地址形式，这样路由设备可以从 IPv6 报文中的目的 IPv6 地址中提取出 IPv4 地址。自动隧道多用于 IPv6 主机之间的点到多点的连接。

9.2　IPv6 Over IPv4 GRE 隧道

1. GRE 隧道

通用路由封装（Generic Routing Encapsulation，GRE）隧道是一种手动隧道，GRE 是对某些网络层协议（如 IP 协议和 IPX 协议）的数据报文进行封装，使这些被封装的报文能够在另一个网络层协议（如 IP 协议）网络中传输。此外 GRE 协议也可以作为 VPN 的第三层隧道协议连接两个不同的网络，为数据的传输提供一个透明的通道。这些被封装网络层的协议称为乘客协议，GRE 支持多种乘客协议，如 IP、IPX、Apple Talk 协议等。

2. IPv6 Over IPv4 GRE 隧道概述

GRE 隧道中将 IPv6 称为乘客协议，将 GRE 称为承载协议。GRE 隧道封装数据时，IPv6 数据报文首先被封装为 GRE 数据报文，再封装为 IPv4 数据报文。此时的 GRE 隧道称为 IPv6 Over IPv4 GRE 隧道。封装之后的 GRE 报文格式如图 9-3 所示。

图 9-3　封装之后的 GRE 报文格式

3. IPv6 Over IPv4 GRE 隧道的特点

GRE 隧道通用性好、原理简单、易于配置。但作为手动隧道，每个隧道都需要手动配置。随着互联网中需要互联的 IPv6 网络规模逐步增大，需要配置的隧道数量以及维护和管理的难度也会随之增加。

项目规划设计

▶ 项目拓扑

本项目中,使用两台 PC、三台路由器来构建项目网络拓扑,如图 9-4 所示。其中 PC1 为总部员工 PC,PC2 为分部 A 员工 PC,R1 和 R3 分别为总部和分部 A 的出口网关路由器,R2 为运营商路由器。Jan16 公司网络为 IPv6 网络,运营商网络为 IPv4 网络,本项目需要在路由器 R1 与路由器 R3 之间配置 IPv6 Over IPv4 GRE 隧道实现 Jan16 公司网络互联互通。

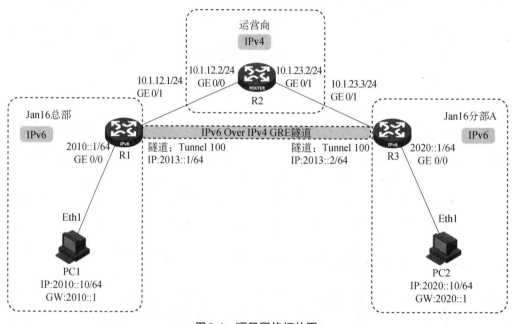

图 9-4 项目网络拓扑图

▶ 项目规划

根据图 9-4 所示的项目网络拓扑进行业务规划、端口互联规划、IPv4 地址规划、IPv6 地址规划如表 9-1～表 9-3 所示。

表 9-1 端口互联规划表

本端设备	本端接口	对端设备	对端接口
PC1	Eth1	R1	GE 0/0
PC2	Eth1	R3	GE 0/0

(续表)

本端设备	本端接口	对端设备	对端接口
R1	GE 0/0	PC1	Eth1
R1	GE 0/1	R2	GE 0/0
R2	GE 0/0	R1	GE 0/1
R2	GE 0/1	R3	GE 0/1
R3	GE 0/1	R2	GE 0/1
R3	GE 0/0	PC2	Eth1

表 9-2　IPv4 地址规划表

设备名称	接口	IPv4 地址	用途
R1	GE 0/1	10.1.12.1/24	接口地址
R2	GE 0/0	10.1.12.2/24	接口地址
R2	GE 0/1	10.1.23.2/24	接口地址
R3	GE 0/1	10.1.23.3/24	接口地址

表 9-3　IPv6 地址规划表

设备名称	接口	IPv6 地址	网关地址	用途
PC1	Eth1	2010::10/64	2010::1	PC1 地址
PC2	Eth1	2020::10/64	2020::1	PC2 地址
R1	GE 0/0	2010::1/64	N/A	PC1 网关地址
R1	Tunnel 100	2013::1/64	N/A	隧道接口地址
R3	GE 0/0	2020::1/64	N/A	PC2 网关地址
R3	Tunnel 100	2013::2/64	N/A	隧道接口地址

项目实施

任务 9-1　配置运营商路由器

▶ **任务规划**

扫一扫
看微课

根据 IPv4 地址规划表为运营商路由器配置 IPv4 地址。

▶ **任务实施**

为运营商路由器 R2 配置 IPv4 地址。

在路由器 R2 上配置 IPv4 地址，作为与总部路由器、分部 A 路由器互联的地址。

```
<H3C>system-view                                    //进入系统视图
[H3C]sysname R2                                     //修改设备名称
[R2]interface GigabitEthernet 0/0                   //进入端口视图
[R2-GigabitEthernet0/0]ip address 10.1.12.2 24      //配置IPv4地址
[R2-GigabitEthernet0/0]quit                         //退出端口视图
[R2]interface GigabitEthernet 0/1                   //进入端口视图
[R2-GigabitEthernet0/1]ip address 10.1.23.2 24      //配置IPv4地址
[R2-GigabitEthernet0/1]quit                         //退出端口视图
```

▶ 任务验证

在路由器 R2 上使用【display ip interface brief】命令查看 IPv4 地址配置情况，如图 9-5 所示。

```
[R2]display ip interface brief
… …
Interface         Physical  Protocol   IP Address    Description
GE0/0             up        up         10.1.12.2     --
GE0/1             up        up         10.1.23.2     --
… …
```

图 9-5 在路由器 R2 上查看 IPv4 地址配置情况

任务 9-2 配置公司路由器及 PC 的 IP 地址

▶ 任务规划

扫一扫
看微课

根据 IPv4 地址规划表和 IPv6 地址规划表为 Jan16 公司路由器及 PC 配置 IP 地址。

▶ 任务实施

1. 根据表 9-4 为各部门 PC 配置 IPv6 地址及网关地址

表 9-4 各部门 PC 的 IPv6 地址及网关地址

设备名称	IPv6 地址	网关地址
PC1	2010::10/64	2010::1
PC2	2020::10/64	2020::1

如图 9-6 所示为 PC1 的 IPv6 地址配置结果，同理完成 PC2 的 IPv6 地址配置。

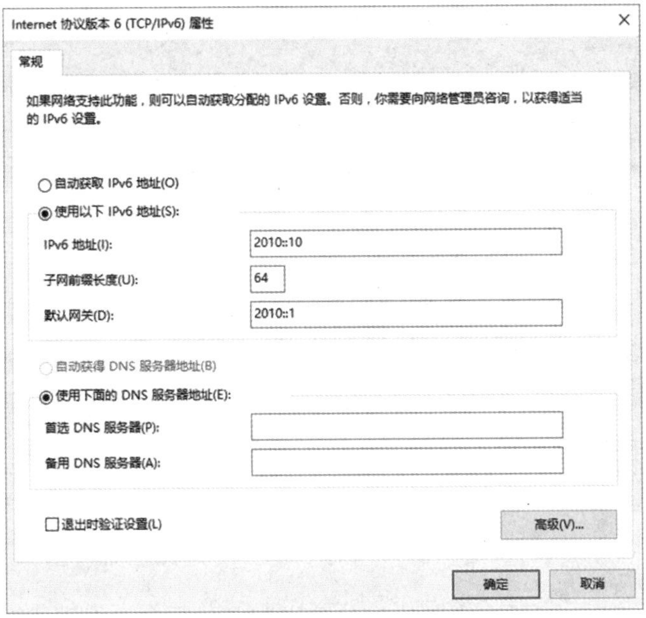

图 9-6　PC1 的 IPv6 地址配置结果

2. 配置路由器 R1 的 IP 地址

在路由器 R1 上配置 IPv4 地址，作为与运营商互联的地址，配置 IPv6 地址，作为总部的网关地址。

```
<H3C>system-view                                        //进入系统视图
[H3C]sysname R1                                         //修改设备名称
[R1]interface GigabitEthernet 0/1                       //进入端口视图
[R1-GigabitEthernet0/1]ip address 10.1.12.1 24          //配置 IPv4 地址
[R1-GigabitEthernet0/1]quit                             //退出端口视图
[R1]ipv6                                                //开启全局 IPv6 功能
[R1]interface GigabitEthernet 0/0                       //进入端口视图
[R1-GigabitEthernet0/0]ipv6 address 2010::1 64          //配置 IPv6 地址
[R1-GigabitEthernet0/0]quit                             //退出端口视图
```

3. 配置路由器 R3 的 IP 地址

在路由器 R3 上配置 IPv4 地址，作为与运营商互联的地址，配置 IPv6 地址，作为总部的网关地址。

```
<H3C>system-view                                        //进入系统视图
[H3C]sysname R3                                         //修改设备名称
[R3]interface GigabitEthernet 0/1                       //进入端口视图
```

```
[R3-GigabitEthernet0/1]ip address 10.1.23.3 24      //配置IPv4地址
[R3-GigabitEthernet0/1]quit                         //退出端口视图
[R3]ipv6                                            //开启全局IPv6功能
[R3]interface GigabitEthernet 0/0                   //进入端口视图
[R3-GigabitEthernet0/0]ipv6 address 2020::1 64      //配置IPv6地址
[R3-GigabitEthernet0/0]quit                         //退出端口视图
```

▶ 任务验证

（1）在路由器 R1 上使用【display ip interface brief】【display ipv6 interface brief】命令查看 IP 地址配置情况，如图 9-7 所示。

```
[R1]display ip interface brief
… …
Interface          Physical   Protocol    IP Address        Description
GE0/0              up         up          --                --
GE0/1              up         up          10.1.12.1         --
… …

[R1]display ipv6 interface brief
… …
Interface                     Physical   Protocol    IPv6 Address
GigabitEthernet0/0            up         up          2010::1
GigabitEthernet0/1            up         up          Unassigned
… …
```

图 9-7　在路由器 R1 上查看 IP 地址配置情况

（2）在路由器 R3 上使用【display ip interface brief】【display ipv6 interface brief】命令查看 IP 地址配置情况，如图 9-8 所示。

```
[R3]display ip interface brief
… …
Interface          Physical   Protocol    IP Address        Description
GE0/0              up         up          --                --
GE0/1              up         up          10.1.23.3         --
… …

[R3]display ipv6 interface brief
… …
Interface                     Physical   Protocol    IPv6 Address
GigabitEthernet0/0            up         up          2020::1
GigabitEthernet0/1            up         up          Unassigned
… …
```

图 9-8　在路由器 R3 上查看 IP 地址配置情况

任务 9-3 配置出口路由器的 IPv4 默认路由

▶ 任务规划

为总部出口路由器 R1 和分部 A 出口路由器 R3 配置指向运营商的 IPv4 默认路由，使 IPv4 网络互联互通。

▶ 任务实施

1. 配置路由器 R1 的默认路由

在路由器 R1 上配置默认路由，下一跳为运营商路由器 R2。

```
[R1]ip route-static 0.0.0.0 0.0.0.0 10.1.12.2        //配置IPv4默认路由
```

2. 配置路由器 R3 的默认路由

在路由器 R3 上配置默认路由，下一跳为运营商路由器 R2。

```
[R3]ip route-static 0.0.0.0 0.0.0.0 10.1.23.2        //配置IPv4默认路由
```

▶ 任务验证

（1）在路由器 R1 上使用【display ip routing-table】命令查看默认路由配置情况，如图 9-9 所示。

```
[R1]display ip routing-table
……
Destination/Mask    Proto    Pre  Cost    NextHop        Interface
0.0.0.0/0           Static   60   0       10.1.12.2      GE0/1
……
```

图 9-9 在路由器 R1 上查看默认路由配置情况

（2）在路由器 R3 上使用【display ip routing-table】命令查看默认路由配置情况，如图 9-10 所示。

```
[R3]display ip routing-table
……
```

图 9-10 在路由器 R3 上查看默认路由配置情况

Destination/Mask	Proto	Pre	Cost	NextHop	Interface
0.0.0.0/0	Static	60	0	10.1.23.2	GE0/1
……					

图 9-10　在路由器 R3 上查看默认路由配置情况（续）

任务 9-4　配置 IPv6 Over IPv4 GRE 隧道

▶ **任务规划**

在总部出口路由器 R1 与分部 A 出口路由器 R3 之间配置 IPv6 Over IPv4 GRE 隧道。

▶ **任务实施**

1. 路由器 R1 的 GRE 隧道配置

在路由器 R1 上创建 GRE 隧道，并配置去往分部 A 的 IPv6 静态路由，下一跳为隧道接口。

```
[R1]interface Tunnel 100 mode ipv6-ipv4        //创建 GRE 隧道接口
[R1-Tunnel100]ipv6 address 2013::1 64          //配置 IPv6 地址
[R1-Tunnel100]source 10.1.12.1                 //配置隧道起点地址
[R1-Tunnel100]destination 10.1.23.3            //配置隧道终点地址
[R1-Tunnel100]quit                             //退出接口视图
[R1]ipv6 route-static 2020:: 64 Tunnel 100     //配置 IPv6 静态路由
```

2. 路由器 R3 的 GRE 隧道配置

在路由器 R3 上创建 GRE 隧道，并配置去往总部的 IPv6 静态路由，下一跳为隧道接口。

```
[R3]interface Tunnel 100 mode ipv6-ipv4        //创建 GRE 隧道接口
[R3-Tunnel100]ipv6 address 2013::2 64          //配置 IPv6 地址
[R3-Tunnel100]source 10.1.23.3                 //配置隧道起点地址
[R3-Tunnel100]destination 10.1.12.1            //配置隧道终点地址
[R3-Tunnel100]quit                             //退出接口视图
[R3]ipv6 route-static 2010:: 64 Tunnel 100     //配置 IPv6 静态路由
```

▶ **任务验证**

（1）在路由器 R1 上使用【display ipv6 routing-table】命令查看 IPv6 静态路由配置情况，如图 9-11 所示。

```
[R1]display ipv6 routing-table
… …
Destination: 2020::/64                    Protocol   : Static
NextHop     : ::                          Preference: 60
Interface   : Tun100                      Cost       : 0
… …
```

图9-11 在路由器R1上查看IPv6静态路由配置情况

（2）在路由器R3上使用【display ipv6 routing-table】命令查看IPv6静态路由配置情况，如图9-12所示。

```
[R3]display ipv6 routing-table
… …
Destination: 2010::/64                    Protocol   : Static
NextHop     : ::                          Preference: 60
Interface   : Tun100                      Cost       : 0
… …
```

图9-12 在路由器R3上查看IPv6静态路由配置情况

（3）以路由器R1作为隧道起点，尝试ping隧道终点路由器R3的隧道接口地址2013::2，如图9-13所示，能成功ping通，表示隧道建立成功。

```
[R1]ping ipv6 2013::2
Ping6(56 data bytes) 2013::1 --> 2013::2, press CTRL_C to break
56 bytes from 2013::2, icmp_seq=0 hlim=64 time=0.836 ms
56 bytes from 2013::2, icmp_seq=1 hlim=64 time=0.513 ms
56 bytes from 2013::2, icmp_seq=2 hlim=64 time=0.494 ms
56 bytes from 2013::2, icmp_seq=3 hlim=64 time=0.498 ms
56 bytes from 2013::2, icmp_seq=4 hlim=64 time=0.584 ms

--- Ping6 statistics for 2013::2 ---
5 packets transmitted, 5 packets received, 0.0% packet loss
round-trip min/avg/max/std-dev = 0.494/0.585/0.836/0.130 ms
```

图9-13 在路由器R1上测试隧道连通性

扫一扫
看微课

在PC1上ping PC2的IPv6地址（2020::10），如图9-14所示。

```
C:\Users\admin>ping 2020::10

正在 Ping 2020::10 具有 32 字节的数据:
来自 2020::10 的回复: 时间=2ms
```

图9-14 测试PC1与PC2之间的网络连通性

来自 2020::10 的回复: 时间=1ms
来自 2020::10 的回复: 时间=1ms
来自 2020::10 的回复: 时间=1ms

2020::10 的 Ping 统计信息:
    数据包: 已发送 = 4, 已接收 = 4, 丢失 = 0 (0% 丢失),
往返行程的估计时间(以毫秒为单位):
    最短 = 1ms, 最长 = 2ms, 平均 = 1ms

图 9-14 测试 PC1 与 PC2 之间的网络连通性（续）

练习与思考

一、理论题

1. 以下关于 IPv6 Over IPv4 隧道技术的描述错误的是（   ）。（单选）

   A. 隧道技术分为手动隧道和自动隧道

   B. 配置手动隧道需要定义隧道起点和终点地址

   C. 配置自动隧道仅需配置隧道起点地址，不需要配置隧道终点地址

   D. 配置隧道技术的路由器不需要支持双栈协议

2. 配置 GRE 隧道技术时，不需要配置哪些参数？（   ）（单选）

   A. 隧道起点地址   B. MAC 地址

   C. 隧道接口 IP 地址   D. 隧道终点地址

3. GRE 隧道可支持的乘客协议有哪些？（   ）（多选）

   A. IP   B. Apple Talk

   C. 802.1Q   D. 802.1S

4. GRE 隧道是一种手动隧道。（   ）（判断）

5. GRE 隧道通用性好、原理简单、配置较复杂。（   ）（判断）

二、项目实训题

1. 项目背景与要求

   Jan16 科技公司的网络为 IPv6 网络，运营商网络为 IPv4 网络，现需要通过配置 IPv6 Over IPv4 GRE 隧道，实现公司总部与分部 A 之间的 IPv6 网络互联互通。实训网络拓扑如图 9-15 所示。具体要求如下：

   （1）根据实训网络拓扑，为 PC 和路由器配置 IPv6 和 IPv4 地址（x 为班级，y 为短学号）；

（2）在路由器 R1 与路由器 R3 上配置 IPv4 默认静态路由，下一跳为路由器 R2；

（3）在路由器 R1 与路由器 R3 上配置 GRE 隧道技术；

（4）在路由器 R1 与路由器 R3 上配置隧道路由。

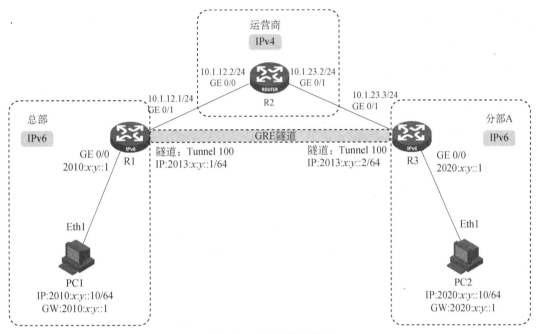

图 9-15　实训网络拓扑图

2. 实训业务规划

根据以上实训网络拓扑和要求，参考本项目的项目规划完成表 9-5～表 9-7 的规划。

表 9-5　端口互联规划表

本端设备	本端接口	对端设备	对端接口

表 9-6　IPv6 地址规划表

设备名称	接　　口	IPv6 地址	网关地址	用　　途

表9-7　IPv4地址规划表

设备名称	接　　口	IPv4地址	用　　途

3. 实训要求

完成实验后,请截取以下实验验证结果。

(1)在路由器R1上ping路由器R3的隧道接口IPv6地址,验证GRE隧道是否建立。

(2)使用总部PC1 ping分部A PC2,查看总部与分部A之间的网络连通性。

项目 10　使用 6to4 隧道实现 Jan16 公司总部与分部的互联

项目描述

Jan16 公司因业务拓展，在其他区域成立了分部 A 和分部 B。公司总部和分部网络已经全面升级为 IPv6 网络，但运营商网络仍为 IPv4 网络。公司希望总部和分部能实现 IPv6 网络的互联互通。公司网络拓扑如图 10-1 所示，具体要求如下。

（1）公司总部与分部均由出口网关路由器连接部门 PC，路由器支持双栈协议。

（2）运营商网络目前仅支持 IPv4 网络，需要通过配置 6to4 隧道，实现总部与分部 IPv6 网络的互联互通。

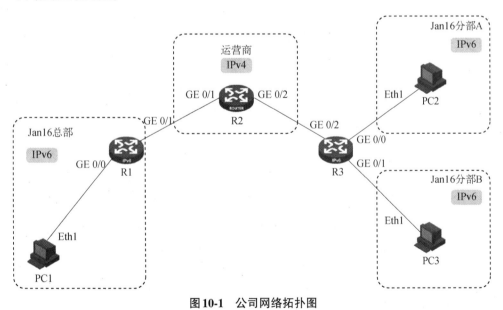

图 10-1　公司网络拓扑图

项目需求分析

本项目可以通过以下工作任务来完成。

（1）配置运营商路由器。
（2）配置公司路由器及 PC 的 IP 地址，完成公司总部与分部的基础网络配置。
（3）配置出口路由器的 IPv4 默认路由，实现 IPv4 网络互联互通。
（4）配置 6to4 隧道，实现总部与分部之间的 IPv6 网络通过隧道互联互通。

项目相关知识

10.1　6to4 隧道技术

6to4 隧道是一种自动隧道，通过隧道技术，使 IPv6 报文在 IPv4 网络中传输，实现 IPv6 网络之间的孤岛互联。6to4 隧道要求站点内网络设备使用特殊的 IPv6 地址——6to4 地址。

1. 6to4 地址格式

6to4 地址用于 6to4 隧道中，它使用 2002::/16 为前缀，后面是 32 位的 IPv4 地址，6to4 地址中后 80 位由用户自己定义，可对其中前 16 位进行划分，定义多个 IPv6 子网。不同的 6to4 网络使用不同的 48 位前缀，彼此之间使用其中内嵌的 32 位 IPv4 地址的自动隧道来连接。6to4 地址格式如图 10-2 所示。

| FP (3位) | TLA (13位) | IPv4地址 (32位) | SLA ID (16位) | 接口ID (64位) |

图 10-2　6to4 地址格式

（1）FP：可聚合全球单播地址的格式前缀（Format Prefix），其值固定为 001。
（2）TLA：顶级聚合标识符（Top Level Aggregator），其值固定为 0 0000 0000 0010。
（3）IPv4 地址：隧道起点 IPv4 地址，使用时需将 32 位 IPv4 地址转换为十六进制数形式。
（4）SLA ID：站点级聚合标识符（Site Level Aggregator），由用户自定义。
（5）接口 ID：IPv6 接口 ID，由用户自定义。

2. 计算 6to4 地址

6to4 地址要求地址格式中的【IPv4 地址】字段必须为公网 IPv4 地址，属于同一个站点的网络设备的 6to4 地址前缀的前 48 位都是相同的。6to4 网络拓扑如图 10-3 所示。

项目10 使用6to4隧道实现Jan16公司总部与分部的互联

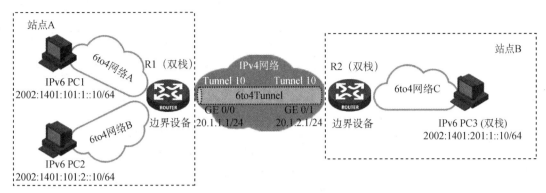

图10-3 6to4网络拓扑图

（1）根据6to4地址格式，可以知道地址中FP与TLA共16位是固定的，后面的112位可变，因此，6to4地址的固定前缀为【2002::/16】。

（2）6to4地址的IPv4地址字段，应该填充为隧道起点的IPv4地址。如图10-3所示，以路由器R1作为隧道起点，可以得到IPv4地址【20.1.1.1】，转换成十六进制数得到【14-01-01-01】。将所得的十六进制数嵌入6to4地址中，可以得到地址的前48位为【2002:1401:0101】。

（3）自定义SLA ID可以为同一站点内的网络进行子网划分，分配不同的6to4地址（类似IPv4的子网划分）。

如图10-3所示，例如，为网络A分配SLA ID为【0000000000000001】（用户自定义），转换成十六进制数得到【00-01】，那么此时网络A的6to4地址前缀为【2002:1401:101:1::/64】。用户可根据该前缀，为网络A中的PC和网络设备分配6to4地址。

为站点A的网络B分配SLA ID为【0000000000000010】，得到网络B的6to4地址前缀为【2002:1401:101: 2::/64】。

为站点B的网络C分配SLA ID为【0000000000000001】，得到网络C的6to4地址前缀为【2002:1401:201: 1::/64】。

PC1的6to4地址计算过程如图10-4所示。

（4）自动隧道与手动隧道的最大区别在于，自动隧道不需要配置隧道终点地址。如图10-3所示，已为各个6to4网络中的PC分配了接口ID（接口ID由用户自定义），网络C中的PC3尝试ping通网络A中的PC1，发起目的地址【2002:1401:101:1::10/64】的请求数据包，当数据包到达隧道起点路由器R2时，路由器R2可以从目的地址中提取IPv4地址字段中的【1401:101】，转换为十进制数【20.1.1.1】，此时路由器R2便从目的地址中获取到了隧道的终点IPv4地址，并向【20.1.1.1】发起建立隧道请求，并转发数据包。

（5）如图10-3所示，若站点A的网络A与网络B需要通信，则路由器R1负责路由并转发数据包即可，不需要经过隧道。

（6）如图10-3所示，网络A与网络B的6to4地址前缀均是使用IPv4地址20.1.1.1嵌入得来的，因此，网络A与网络B使用同一个6to4隧道实现对其他站点的访问。

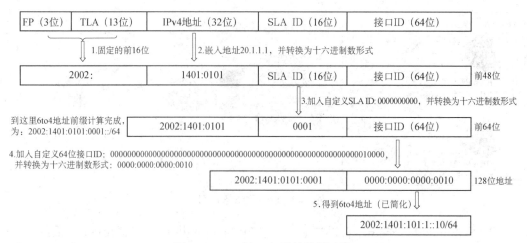

图 10-4 PC1 的 6to4 地址计算过程

10.2 6to4 隧道中继

如图 10-5 所示，IPv6 网络 B 需要与 6to4 网络 C 通过 IPv4 网络互联互通，这可以通过 6to4 隧道中继技术来实现。

（1）当 PC1 访问 PC3 时，目的地址为 6to4 地址【2002:1401:201:1::10/64】，此时路由器 R1 根据该地址获得隧道终点 IPv4 地址，建立隧道并且转发数据包。

（2）当 PC3 访问 PC2 时，目的地址为 IPv6 地址【2020::10/64】，此时路由器 R2 不能根据该地址获取隧道终点 IPv4 地址，隧道无法正常建立，数据包无法转发。因此，需要在路由器 R2 上配置去往 IPv6 网络 B 的路由，下一跳地址为路由器 R1 隧道接口的 6to4 地址。例如，在路由器 R2 上配置静态路由【ipv6 route-static 2020:: 64 2002:1401:101::2::10】，那么路由器 R2 在收到目的地址为【2020::10/64】的指令时，便会查询到通往该地址的下一跳地址为【2002:1401: 101::2::10】，根据下一跳地址找到隧道终点 IPv4 地址，建立隧道并转发数据包。

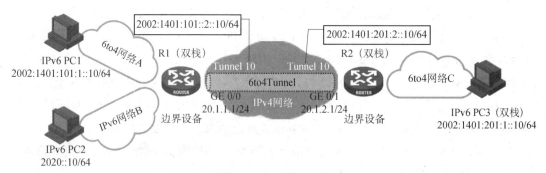

图 10-5 6to4 隧道中继

项目规划设计

项目拓扑

本项目中,使用 3 台 PC、3 台路由器来构建项目网络拓扑,如图 10-6 所示。其中 PC1 是总部员工的 PC,PC2 是分部 A 员工的 PC,PC3 是分部 B 员工的 PC,R1 和 R3 分别为总部和两个分部的出口网关路由器,R2 为运营商路由器。Jan16 公司网络为 IPv6 网络,运营商网络为 IPv4 网络,本项目需要在路由器 R1 与 R3 之间配置 6to4 隧道,实现 Jan16 公司总部和分部网络的互联互通。

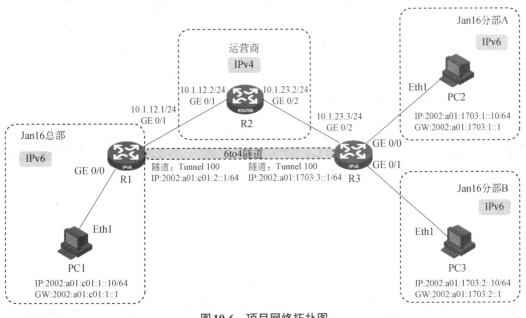

图 10-6 项目网络拓扑图

项目规划

根据图 10-6 所示的项目网络拓扑进行业务规划,端口互联规划、IPv4 地址规划、SLA ID 规划、IPv6 地址规划如表 10-1～表 10-4 所示。

表 10-1 端口互联规划表

本端设备	本端接口	对端设备	对端接口
PC1	Eth1	R1	GE 0/0
PC2	Eth1	R3	GE 0/0

（续表）

本端设备	本端接口	对端设备	对端接口
PC3	Eth1	R3	GE 0/1
R1	GE 0/0	PC1	Eth1
R1	GE 0/1	R2	GE 0/1
R2	GE 0/1	R1	GE 0/1
R2	GE 0/2	R3	GE 0/2
R3	GE 0/0	PC2	Eth1
R3	GE 0/1	PC3	Eth1
R3	GE 0/2	R2	GE 0/2

表10-2 IPv4 地址规划表

设备名称	接口	IPv4 地址	用途
R1	GE 0/1	10.1.12.1/24	接口地址
R2	GE 0/1	10.1.12.2/24	接口地址
R2	GE 0/2	10.1.23.2/24	接口地址
R3	GE 0/2	10.1.23.3/24	接口地址

表10-3 SLA ID 规划表

站点	SLA ID
总部	1
路由器 R1 隧道接口	2
分部 A	1
分部 B	2
路由器 R3 隧道接口	3

表10-4 IPv6 地址规划表

设备名称	接口	IPv6 地址	网关地址	用途
PC1	Eth1	2002:a01:c01:1::10/64	2002:a01:c01:1::1	PC1 地址
PC2	Eth1	2002:a01:1703:1::10/64	2002:a01:1703:1::1	PC2 地址
PC3	Eth1	2002:a01:1703:2::10/64	2002:a01:1703:2::1	PC3 地址
R1	GE 0/0	2002:a01:c01:1::1/64	N/A	PC1 网关地址
R1	Tunnel 100	2002:a01:c01:2::1/64	N/A	隧道接口地址
R3	GE 0/0	2002:a01:1703:1::1/64	N/A	PC2 网关地址
R3	GE 0/1	2002:a01:1703:2::1/64	N/A	PC3 网关地址
R3	Tunnel 100	2002:a01:1703:3::1/64	N/A	隧道接口地址

项目 10　使用 6to4 隧道实现 Jan16 公司总部与分部的互联

任务 10-1　配置运营商路由器

▶ **任务规划**

根据 IPv4 地址规划表，为运营商路由器配置 IPv4 地址。

▶ **任务实施**

在路由器 R2 上配置 IPv4 地址，作为与总部路由器、分部路由器互联的地址。

```
<H3C>system-view                                        //进入系统视图
[H3C]sysname R2                                         //修改设备名称
[R2]interface GigabitEthernet 0/1                       //进入端口视图
[R2-GigabitEthernet0/1]ip address 10.1.12.2 24          //配置 IPv4 地址
[R2-GigabitEthernet0/1]quit                             //退出端口视图
[R2]interface GigabitEthernet 0/2                       //进入端口视图
[R2-GigabitEthernet0/2]ip address 10.1.23.2 24          //配置 IPv4 地址
[R2-GigabitEthernet0/2]quit                             //退出端口视图
```

▶ **任务验证**

在路由器 R2 上使用【display ip interface brief】命令查看路由器 R2 的 IP 地址配置情况，如图 10-7 所示。

```
[R2]display ip interface brief
… …
Interface              Physical  Protocol   IP Address      Description
GE0/1                  up        up         10.1.12.2       --
GE0/2                  up        up         10.1.23.2       --
… …
```

图 10-7　在路由器 R2 上查看 IPv4 地址配置情况

任务 10-2　配置公司路由器及 PC 的 IP 地址

▶ 任务规划

扫一扫
看微课

根据 IPv4 地址规划表和 IPv6 地址规划表为 Jan16 公司路由器及 PC 配置 IP 地址。

▶ 任务实施

1. 根据表 10-5 为总部与分部 PC 配置 IPv6 地址及网关地址

表 10-5　各 PC 的 IPv6 地址及网关地址

设备名称	IPv6 地址	网关地址
PC1	2002:a01:c01:1::10/64	2002:a01:c01:1::1
PC2	2002:a01:1703:1::10/64	2002:a01:1703:1::1
PC3	2002:a01:1703:2::10/64	2002:a01:1703:2::1

PC1 的 IPv6 地址配置结果如图 10-8 所示，同理完成 PC2～PC3 的 IPv6 地址配置。

图 10-8　PC1 的 IPv6 地址配置结果

2. 配置路由器R1的IP地址

在路由器 R1 上配置 IPv4 地址，作为与运营商互联的地址，配置 IPv6 地址，作为总部的网关地址。

```
<H3C>system-view                                          //进入系统视图
[H3C]sysname R1                                           //修改设备名称
[R1]interface GigabitEthernet 0/1                         //进入端口视图
[R1-GigabitEthernet0/1]ip address 10.1.12.1 24            //配置IPv4地址
[R1-GigabitEthernet0/1]quit                               //退出端口视图
[R1]ipv6                                                  //全局启用IPv6功能
[R1]interface GigabitEthernet 0/0                         //进入端口视图
[R1-GigabitEthernet0/0]ipv6 address 2002:a01:c01:1::1 64
                                                          //配置IPv6地址
[R1-GigabitEthernet0/0]quit                               //退出端口视图
```

3. 配置路由器R3的IP地址

在路由器 R3 上配置 IPv4 地址，作为与运营商互联的地址，配置 IPv6 地址，作为总部的网关地址。

```
<H3C>system-view                                          //进入系统视图
[H3C]sysname R3                                           //修改设备名称
[R3]interface GigabitEthernet 0/2                         //进入端口视图
[R3-GigabitEthernet0/2]ip address 10.1.23.3 24            //配置IPv4地址
[R3-GigabitEthernet0/2]quit                               //退出端口视图
[R3]ipv6                                                  //全局启用IPv6功能
[R3]interface GigabitEthernet 0/0                         //进入端口视图
[R3-GigabitEthernet0/0]ipv6 address 2002:a01:1703:1::1 64
                                                          //配置IPv6地址
[R3-GigabitEthernet0/0]quit                               //退出端口视图
[R3]interface GigabitEthernet 0/1                         //进入端口视图
[R3-GigabitEthernet0/1]ipv6 address 2002:a01:1703:2::1 64
                                                          //配置IPv6地址
[R3-GigabitEthernet0/1]quit                               //退出端口视图
```

▶ 任务验证

（1）在路由器 R1 上使用【display ip interface brief】【display ipv6 interface brief】命令查看路由器 R1 的 IP 地址配置情况，如图 10-9 所示。

```
[R1]display ip interface brief
… …
Interface              Physical Protocol    IP Address      Description
GE0/1                  up        up         10.1.12.1       --
… …

[R1]display ipv6 interface brief
… …
Interface                              Physical Protocol    IPv6 Address
GigabitEthernet0/0                     up        up         2002:A01:C01:1::1
… …
```

图10-9　在路由器 R1 上查看 IP 地址配置情况

（2）在路由器 R3 上使用【display ip interface brief】【display ipv6 interface brief】命令查看路由器 R3 的 IP 地址配置情况，如图 10-10 所示。

```
[R3]display ip interface brief
… …
Interface              Physical Protocol    IP Address      Description
GE0/2                  up        up         10.1.23.3       --
… …

[R3]display ipv6 interface brief
… …
Interface                              Physical Protocol    IPv6 Address
GigabitEthernet0/0                     up        up         2002:A01:1703:1::1
GigabitEthernet0/1                     up        up         2002:A01:1703:2::1

::1
… …
```

图10-10　在路由器 R3 上查看 IP 地址配置情况

任务10-3　配置出口路由器的 IPv4 默认路由

▶ 任务规划

为总部与分部 A 的出口路由器 R1 与 R3 配置指向运营商的 IPv4 默认路由，使 IPv6 网络与 IPv4 网络互联互通。

▶ 任务实施

1. 配置路由器 R1 的默认路由

在路由器 R1 上配置默认路由，下一跳指向运营商路由器 R2。

```
[R1]ip route-static 0.0.0.0 0.0.0.0 10.1.12.2           //配置 IPv4 默认路由
```

2. 配置路由器 R3 的默认路由

在路由器 R3 上配置默认路由，下一跳指向运营商路由器 R2。

```
[R3]ip route-static 0.0.0.0 0.0.0.0 10.1.23.2    //配置IPv4默认路由
```

► **任务验证**

（1）在路由器 R1 上使用【display ip routing-table】命令查看路由器 R1 的默认路由配置情况，如图 10-11 所示。

```
[R1]display ip routing-table
… …
Destination/Mask    Proto    Pre Cost    NextHop       Interface
0.0.0.0/0           Static   60  0       10.1.12.2     GE0/1
… …
```

图 10-11　在路由器 R1 上查看默认路由配置情况

（2）在路由器 R3 上使用【display ip routing-table】命令查看路由器 R3 的默认路由配置情况，如图 10-12 所示。

```
[R3]display ip routing-table
… …
Destination/Mask    Proto    Pre Cost    NextHop       Interface
0.0.0.0/0           Static   60  0       10.1.23.2     GE0/2
… …
```

图 10-12　在路由器 R3 上查看默认路由配置情况

任务 10-4　配置 6to4 隧道

► **任务规划**

在总部出口路由器 R1 与分部出口路由器 R3 之间配置 6to4 隧道。

► **任务实施**

1. 配置路由器 R1 的 6to4 隧道

在路由器 R1 上创建 6to4 隧道，并配置去往分部的 IPv6 静态路由，下一跳为隧道接口。

```
[R1]interface Tunnel 100 mode ipv6-ipv4 6to4         //创建6to4隧道接口
[R1-Tunnel100]ipv6 address 2002:a01:c01:2::1 64      //配置IPv6地址
[R1-Tunnel100]source 10.1.12.1                        //配置隧道起点地址
[R1-Tunnel100]quit                                    //退出接口视图
[R1]ipv6 route-static 2002:: 16 Tunnel 100            //配置IPv6静态路由
```

2. 配置路由器R3的6to4隧道

在路由器 R3 上创建 6to4 隧道，并配置去往总部的 IPv6 静态路由，下一跳为隧道接口。

```
[R3]interface Tunnel 100 mode ipv6-ipv4 6to4          //创建6to4隧道接口
[R3-Tunnel100]ipv6 address 2002:a01:1703:3::1 64      //配置IPv6地址
[R3-Tunnel100]source 10.1.23.3                         //配置隧道起点地址
[R3-Tunnel100]quit                                     //退出接口视图
[R3]ipv6 route-static 2002:: 16 Tunnel 100             //配置IPv6静态路由
```

▶ 任务验证

（1）在路由器 R1 上使用【display ipv6 routing-table】命令查看静态路由配置情况，如图 10-13 所示。

```
[R1]display ipv6 routing-table
…  …
Destination: 2002::/16              Protocol  : Static
NextHop    : ::                     Preference: 60
Interface  : Tun100                 Cost      : 0
…  …
```

图 10-13　在路由器 R1 上查看静态路由配置情况

（2）在路由器 R3 上使用【display ipv6 routing-table】命令查看静态路由配置情况，如图 10-14 所示。

```
[R3]display ipv6 routing-table
…  …
Destination: 2002::/16              Protocol  : Static
NextHop    : ::                     Preference: 60
Interface  : Tun100                 Cost      : 0
…  …
```

图 10-14　在路由器 R3 上查看静态路由配置情况

（3）以路由器 R1 作为隧道起点，尝试 ping 隧道终点路由器 R3 的隧道接口地址 2002:a01:1703:3::1，如图 10-15 所示，发现可以 ping 通。

```
[R1]ping ipv6 2002:a01:1703:3::1
Ping6(56 data bytes) 2002:A01:C01:2::1 --> 2002:A01:1703:3::1, press CTRL_C to break
56 bytes from 2002:A01:1703:3::1, icmp_seq=0 hlim=64 time=2.013 ms
56 bytes from 2002:A01:1703:3::1, icmp_seq=1 hlim=64 time=0.602 ms
56 bytes from 2002:A01:1703:3::1, icmp_seq=2 hlim=64 time=0.556 ms
56 bytes from 2002:A01:1703:3::1, icmp_seq=3 hlim=64 time=0.545 ms
56 bytes from 2002:A01:1703:3::1, icmp_seq=4 hlim=64 time=0.534 ms

--- Ping6 statistics for 2002:a01:1703:3::1 ---
……
```

图 10-15 在路由器 R1 上测试隧道连通性

扫一扫
看微课

(1) 在总部 PC1 上 ping 分部 A PC2 的 IPv6 地址 2002:a01:1703:1::10,如图 10-16 所示。

```
C:\Users\admin>ping 2002:a01:1703:1::10

正在 Ping 2002:a01:1703:1::10 具有 32 字节的数据:
来自 2002:a01:1703:1::10 的回复: 时间=1ms
来自 2002:a01:1703:1::10 的回复: 时间=2ms
来自 2002:a01:1703:1::10 的回复: 时间=2ms
来自 2002:a01:1703:1::10 的回复: 时间=2ms

2002:a01:1703:1::10 的 Ping 统计信息:
    数据包: 已发送 = 4, 已接收 = 4, 丢失 = 0 (0% 丢失),
往返行程的估计时间(以毫秒为单位):
    最短 = 1ms, 最长 = 2ms, 平均 = 1ms
```

图 10-16 测试 PC1 与 PC2 之间的网络连通性

(2) 在总部 PC1 上 ping 分部 B PC3 的 IPv6 地址 2002:a01:1703:2::10,如图 10-17 所示。

```
C:\Users\admin>ping 2002:a01:1703:2::10

正在 Ping 2002:a01:1703:2::10 具有 32 字节的数据:
来自 2002:a01:1703:2::10 的回复: 时间=1ms
来自 2002:a01:1703:2::10 的回复: 时间=2ms
来自 2002:a01:1703:2::10 的回复: 时间=2ms
来自 2002:a01:1703:2::10 的回复: 时间=1ms

2002:a01:1703:2::10 的 Ping 统计信息:
    数据包: 已发送 = 4, 已接收 = 4, 丢失 = 0 (0% 丢失),
往返行程的估计时间(以毫秒为单位):
    最短 = 1ms, 最长 = 2ms, 平均 = 1ms
```

图 10-17 测试 PC1 与 PC3 之间的网络连通性

（3）在分部 A PC2 上 ping 分部 B PC3 的 IPv6 地址 2002:a01:1703:2::10，如图 10-18 所示。

```
C:\Users\admin>ping 2002:a01:1703:2::10

正在 Ping 2002:a01:1703:2::10 具有 32 字节的数据:
来自 2002:a01:1703:2::10 的回复: 时间=1ms
来自 2002:a01:1703:2::10 的回复: 时间=1ms
来自 2002:a01:1703:2::10 的回复: 时间=1ms
来自 2002:a01:1703:2::10 的回复: 时间=1ms

2002:a01:1703:2::10 的 Ping 统计信息:
    数据包: 已发送 = 4，已接收 = 4，丢失 = 0 (0% 丢失)，
往返行程的估计时间(以毫秒为单位):
    最短 = 1ms，最长 = 1ms，平均 = 1ms
```

图 10-18　测试 PC2 与 PC3 之间的网络连通性

练习与思考

一、理论题

1. 将 IPv4 地址 100.1.1.1 嵌入 6to4 地址前缀中，SLA ID 为十六进制数 0001，以下哪个前缀是正确的？（　　）

A. 2002: 6401:101:1::/64

B. 2002: 1001:101:1::/64

C. 2002: 6201:101:1::/64

D. 2002: 6401:1101:1::/64

2. 以下哪个 6to4 地址不是嵌入 IPv4 地址 101.2.2.2 得来的？（　　）

A. 2002:6502:0202:1::1/64

B. 2002:6502:0202:100::1/64

C. 2002:6502:0202:200::1/64

D. 2002:6501:0202:1::1/64

3. 以下关于 6to4 隧道技术描述错误的是（　　）。

A. 6to4 地址中的接口 ID 可以由用户自定义

B. 属于相同站点的所有网络设备的 6to4 地址中的 IPv4 字段相同

C. 6to4 是一种手动隧道

D. 配置 6to4 隧道不需要指定隧道终点地址

4. 从 6to4 地址 2020:B110:101:1::1/64 中，可以得到隧道终点的 IPv4 地址为（　　）。

A. 172.16.1.1　　　　　　　　　　B. 177.16.1.1

C. 192.168.1.1　　　　　　　　　　D. 10.1.1.1

5. 6to4 地址中的 SLA ID 可由用户自定义。（　　　）（判断）

二、项目实训题

1. 项目背景与要求

Jan16 科技公司网络为 IPv6 网络，由总部和分部 A、分部 B 组成，运营商网络为 IPv4 网络，现需要通过配置 6to4 隧道，实现公司总部与分部之间的 IPv6 网络互联互通。实训网络拓扑如图 10-19 所示。具体要求如下：

（1）根据实训网络拓扑，配置运营商路由器、公司路由器及 PC 的 IP 地址，完成公司总部与分部的基础网络配置（x 为班级，y 为短学号）；

（2）在路由器 R1 与 R3 上配置 IPv4 默认静态路由，下一跳为路由器 R2；

（3）在路由器 R1 与 R3 上配置 6to4 隧道；

（4）在路由器 R1 与 R3 上配置隧道路由。

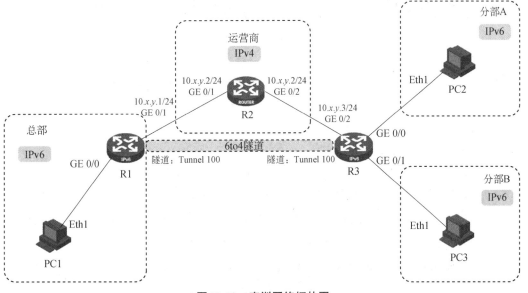

图 10-19　实训网络拓扑图

2. 实训业务规划

根据以上实训网络拓扑和要求，参考本项目的项目规划完成表 10-6～表 10-9 的规划。

表 10-6　端口互联规划表

本端设备	本端接口	对端设备	对端接口

表10-7 IPv4地址规划表

设备名称	接口	IPv4地址	用途

表10-8 SLA ID规划表

站点	SLA ID

表10-9 IPv6地址规划表

设备名称	接口	IPv6地址	网关地址	用途

3. 实训要求

完成实验后，请截取以下实验验证结果。

（1）在路由器R1上使用【display ipv6 interface brief】命令，查看IPv6地址配置情况。

（2）在路由器R3上使用【display ipv6 interface brief】命令，查看IPv6地址配置情况。

（3）在路由器R1上ping路由器R3的隧道接口IPv6地址，查看6to4隧道是否建立。

（4）使用总部PC1 ping分部A PC2，查看总部与分部A之间的网络连通性。

（5）使用总部PC1 ping分部B PC3，查看总部与分部B之间的网络连通性。

项目 11　使用 ISATAP 隧道实现 Jan16 公司 IPv4 网络与 IPv6 网络的互联互通

项目描述

园区网有 A、B 两栋商务楼，两栋商务楼之间通过路由器互联，其中 A 栋使用 IPv4 网络，B 栋使用 IPv6 网络。

Jan16 公司的设计部、人事部在 A 栋办公，研发部在 B 栋办公，公司要求在不改动原有网络配置的基础上实现 A 栋和 B 栋网络的互联互通。公司网络拓扑如图 11-1 所示，具体要求如下。

（1）公司设计部和人事部原有的 IPv4 网络不做变动。

（2）路由器 R1 通过配置站点内的自动隧道，实现设计部、人事部能够与研发部进行通信。

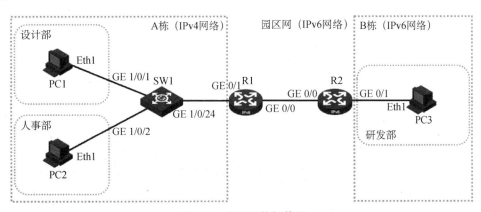

图 11-1　公司网络拓扑图

项目需求分析

Jan16 公司的设计部与人事部 PC 支持 IPv6 网络，但设计部与人事部的网络为 IPv4 网络。现设计部与人事部需要和处于 IPv6 网络的研发部通信，可以通过配置站点内自动隧道——ISATAP 隧道，实现处于 IPv4 网络的 PC1、PC2 自动获取 ISATAP 地址，并与研发部 PC3 进行通信。

因此，本项目可以通过以下工作任务来完成。

（1）创建部门 VLAN 并划分端口，完成部门网络的划分。

（2）配置 PC、路由器、交换机的 IPv4 和 IPv6 地址，完成基础网络的配置。

（3）配置 IPv4 和 IPv6 网络路由，实现 IPv4 及 IPv6 网络互联互通。

（4）配置 ISATAP 隧道，实现各部门网络通过隧道互联互通。

11.1 ISATAP 隧道概述

站点内自动隧道寻址协议（Intra-Site Automatic Tunnel Addressing Protocol，ISATAP）是一种自动隧道技术。典型的做法就是把运行 IPv4 协议的 ISATAP 主机连接到 ISATAP 路由器上，这台主机再利用分配的 IPv6 地址接入 IPv6 网络中。

如图 11-2 所示，某校园网络中双栈 PC1 需要与 IPv6 主机 PC3 进行通信，但 PC1 的网关路由器 R1 仅支持 IPv4 网络，若要实现 PC1 与 PC3 之间的通信，有两种解决方案。方案 1：更换 R1 为双栈路由器，但校园网络中需要进行 IPv6 通信的 PC 数量较少，更换设备的方案便显得有些不切实际。方案 2：不改变原有的设备及网络拓扑，在 PC1 与双栈路由器 R2 之间建立 ISATAP 隧道，PC1 与 PC3 之间的 IPv6 数据包由 ISATAP 隧道进行封装和转发。

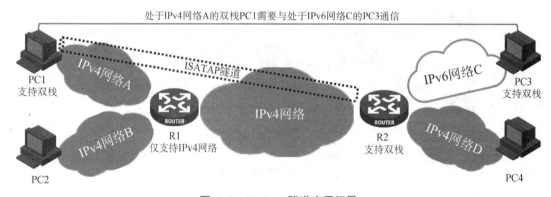

图 11-2　ISATAP 隧道应用场景

11.2 ISATAP 隧道工作原理

ISATAP 隧道是一种使用内嵌 IPv4 地址的特殊 IPv6 地址——ISATAP 地址，它将 IPv4

地址嵌入 ISATAP 地址中的接口 ID 部分。在 ISATAP 地址中，对于前缀部分并没有特殊要求，前缀可以是本地链路、本地站点、6to4 地址前缀。

1. PC 的 ISATAP 隧道地址的配置

ISATAP 隧道要求 PC 隧道接口的单播地址和链路本地地址的接口 ID 都需要根据 ISATAP 规定的格式来生成。ISATAP 地址格式如图 11-3 所示。

64位	32位	32位
前缀	000000ug0000000001011110 11111110	IPv4地址

图 11-3　ISATAP 地址格式

（1）前缀：来自 ISATAP 路由器的通告，当没有 ISATAP 路由器时，需要在 PC 上进行配置（当两台 ISATAP PC 之间直接建立隧道时，便没有 ISATAP 路由器参与工作）。

（2）000000ug000000000101111011111110：由 IANA（The Internet Assigned Numbers Authority，互联网数字分配机构）规定的格式，ISATAP 地址必须包含 32 位。其中，【u】位是全球/本地（Universal/Local）位，与格式中的【IPv4 地址】字段对应，当 IPv4 地址为私网地址时，【u】位为 0，代表在本地范围内有效。当 IPv4 地址为公网地址时，【u】位为 1，代表在全球范围内有效。【g】位是个人/集体（Individual/Group）位。

（3）IPv4 地址：当前配置了 ISATAP 隧道的 PC 接口的 IPv4 地址。

2. 路由器的 ISATAP 隧道地址的配置

ISATAP 路由器隧道接口的链路本地地址的前缀为固定的 FE80::/10，接口 ID 则必须按照 ISATAP 地址格式生成，将 IPv4 地址嵌入接口 ID 中。

ISATAP 路由器隧道接口 IPv6 单播地址有两种配置方式：一种是配置完整的 IPv6 地址，另一种是先为接口分配一个 IPv6 地址前缀，然后让路由器根据 ISATAP 地址格式自动生成接口 ID，形成完整的 IPv6 地址。

3. ISATAP 隧道地址配置过程

（1）为 PC 配置 ISATAP 地址。

配置 ISATAP 隧道后，ISATAP 路由器就能为 PC 分配 IPv6 地址前缀，PC 根据获得的地址前缀自动生成 ISATAP 单播地址。如果 PC 需要路由器来分配 IPv6 地址前缀，路由器的 ISATAP 隧道接口需要开启 RA 报文发送功能。

如图 11-4 所示，PC1 的 IPv4 地址为【10.1.1.10】，通过 ISATAP 路由器 R1 的 RA 报文可得出 IPv6 地址的前缀为【2020::/64】。根据 ISATAP 地址格式，此时 PC1 的地址是私网地址，【u】位应为 0，因此，PC1 接口的单播地址为【2020::5EFE:A01:10A/64】，计算过程如图 11-5 所示。链路本地地址的计算过程与上述过程相同，结果为【FE80::5EFE:A01:10A】。

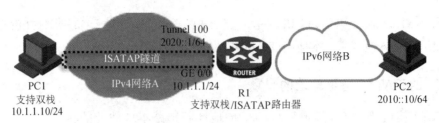

图 11-4 PC 配置 ISATAP 地址

图 11-5 ISATAP 地址计算过程

如果此时 PC1 的地址改为公网地址【20.1.1.10/24】,根据 ISATAP 地址格式,【u】位为 1,可得到 PC1 接口的单播地址为【2020::200:5EFE:1401:10A/64】,链路本地地址为【FE80::200:5EFE:1401:10A】。

ISATAP 隧道是一种非广播多路访问 (Non-Broadcast Multiple Access,NBMA) 网络,NBMA 网络不支持组播与广播,仅支持单播,而 PC 在默认情况下是通过组播的形式向路由器发送 RS 报文以触发路由器相应 RA 报文的。因此需要在 PC 上配置相关信息以实现通过发送单播 RS 报文到 ISATAP 路由器上来获取前缀信息。

(2) 为路由器配置 ISATAP 地址。

如图 11-4 所示,ISATAP 路由器隧道接口 Tunnel 100 配置自定义的 IPv6 单播地址为【2020::1/64】,根据隧道起点地址为【10.1.1.1】,结合 ISATAP 地址格式,可以得到隧道接口的链路本地地址为【FE80::5EFE:A01:101】。

虽然 IANA 对 ISATAP 地址中如何使用【u】位有规定,用于标识地址是否为全局唯一,但是 H3C 路由器仅使用【00000000 00000000 01011110 11111110】,即用【0000:5EFE】来填充接口标识中所需的 32 位。若 PC1 配置的 IPv4 地址为公网地址【20.1.1.10】,即 ISATAP 地址中的【u】位为 1,生成接口标识为【200:5EFE:1401:10A】,当 PC1 向路由器 R1 单播 RS 报文请求前缀信息时,路由器 R1 不会回应 RA 报文。此时,PC1 无法获得地址前缀来生成 ISATAP 单播地址,导致无法建立 ISATAP 隧道。

(3) 配置 ISATAP PC 的默认网关。

ISATAP 路由器向 PC 发送 RA 报文,不仅能为 PC 分配前缀信息,还能通过 RA 报文自动获得默认网关地址。

如图 11-4 所示,根据 NDP 协议,此时 PC1 的默认网关地址为路由器 R1 的隧道接口的链路本地地址【FE80::5EFE:A01:101】。当 PC1 向 PC2 发起 ping 请求时，PC1 数据包的下一跳地址为默认网关地址【FE80::5EFE:A01:101】，从地址中可提取 IPv4 地址部分为【0A01:0101】，获得隧道终点 IPv4 地址为【10.1.1.1】。PC1 即以隧道起点地址【10.1.1.10】，向隧道终点地址【10.1.1.1】发起 ISATAP 隧道建立请求，隧道建立后便开始传输数据包。

项目规划设计

▶ 项目拓扑

本项目中，使用三台 PC、两台路由器和一台三层交换机来构建项目网络拓扑，如图 11-6 所示。其中 PC1 是设计部员工 PC，PC2 是人事部员工 PC，PC3 是研发部员工 PC，R1 和 R2 是园区网 IPv6 网络路由器，SW1 是设计部和人事部 IPv4 网络网关交换机。可以在 PC1 与路由器 R1、PC2 与路由器 R1 之间配置 ISATAP 隧道，实现在 Jan16 公司的设计部、人事部和研发部之间进行通信。

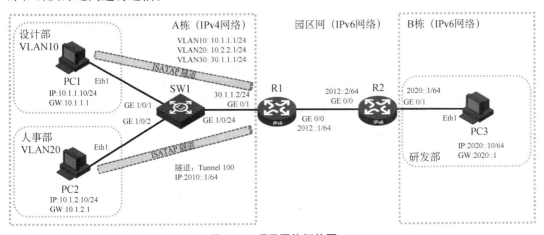

图 11-6 项目网络拓扑图

▶ 项目规划

根据图 11-6 所示的项目网络拓扑进行业务规划，端口互联规划、IPv4 地址规划、IPv6 地址规划如表 11-1～表 11-3 所示。

表 11-1 端口互联规划表

本端设备	本端接口	对端设备	对端接口
PC1	Eth1	SW1	GE 1/0/1
PC2	Eth1	SW1	GE 1/0/2

（续表）

本端设备	本端接口	对端设备	对端接口
PC3	Eth1	R2	GE 0/1
R1	GE 0/0	R2	GE 0/0
	GE 0/1	SW1	GE 1/0/24
R2	GE 0/0	R1	GE 0/0
	GE 0/1	PC3	Eth1
SW1	GE 1/0/1	PC1	Eth1
	GE 1/0/2	PC2	Eth1
	GE 1/0/24	R1	GE 0/1

表 11-2 IPv4 地址规划表

设备名称	接口	IPv4 地址	网关地址	用途
PC1	Eth1	10.1.1.10/24	10.1.1.1	PC1 地址
PC2	Eth1	10.1.2.10/24	10.1.2.1	PC2 地址
R1	GE 0/1	30.1.1.2/24	N/A	接口地址
SW1	VLAN10	10.1.1.1/24	N/A	
	VLAN20	10.1.2.1/24	N/A	
	VLAN30	30.1.1.1/24	N/A	

表 11-3 IPv6 地址规划表

设备名称	接口	IPv6 地址	网关地址	用途
PC3	Eth1	2020::10/64	2020::1	PC3 地址
R1	GE 0/0	2012::1/64	N/A	PC1 网关地址
	Tunnel 100	2010::1/64	N/A	隧道接口地址
R2	GE 0/0	2012::2/64	N/A	PC2 网关地址
	GE 0/1	2020::1/64	N/A	PC3 网关地址

项目实施

任务 11-1　创建部门 VLAN 并划分端口

▶ **任务规划**

扫一扫
看微课

根据端口互联规划表的要求，为交换机创建部门 VLAN，然后将对应端口划分到部门

VLAN 中。

▶ 任务实施

1. 为交换机创建部门 VLAN

为交换机 SW1 创建设计部 VLAN10、人事部 VLAN20 和通信 VLAN30。

```
<H3C>system-view                        //进入系统视图
[H3C]sysname SW1                        //修改设备名称
[SW1]vlan 10 20 30                      //创建VLAN10、VLAN20、VLAN30
```

2. 将交换机端口添加到对应 VLAN 中

为交换机 SW1 划分 VLAN，并将对应端口添加到 VLAN 中。

```
[SW1]interface GigabitEthernet 1/0/1              //进入端口视图
[SW1-GigabitEthernet1/0/1]port access vlan 10
                                                  //将ACCESS端口加入VLAN10中
[SW1-GigabitEthernet1/0/1]quit                    //退出端口视图
[SW1]interface GigabitEthernet 1/0/2              //进入端口视图
[SW1-GigabitEthernet1/0/2]port access vlan 20
                                                  //将ACCESS端口加入VLAN20中
[SW1-GigabitEthernet1/0/2]quit                    //退出端口视图
[SW1]interface GigabitEthernet 1/0/24             //进入端口视图
[SW1-GigabitEthernet1/0/24]port access vlan 30
                                                  //将ACCESS端口加入VLAN30中
[SW1-GigabitEthernet1/0/24]quit                   //退出端口视图
```

▶ 任务验证

（1）在交换机 SW1 上使用【display vlan】命令查看 VLAN 创建情况，如图 11-7 所示，可以看到 VLAN10、VLAN20、VLAN30 已经成功创建。

```
[SW1]display vlan
 Total VLANs: 4
 The VLANs include:
 1(default), 10, 20, 30
```

图 11-7　在交换机 SW1 上查看 VLAN 创建情况

（2）在交换机 SW1 上使用【display interface brief】命令查看链路配置情况，如图 11-8 所示。

```
[SW1]display interface brief
……
Interface          Link Speed    Duplex Type PVID Description
GE1/0/1            UP    1G(a)    F(a)    A    10
GE1/0/2            UP    1G(a)    F(a)    A    20
……
GE1/0/24           UP    1G(a)    F(a)    A    30
```

图 11-8　在交换机 SW1 上查看链路配置情况

任务 11-2　配置 PC、路由器、交换机的 IPv4 和 IPv6 地址

▶ **任务规划**

根据 IPv4 地址规划表和 IPv6 地址规划表为 PC、路由器、交换机配置 IP 地址。

▶ **任务实施**

1. 配置 PC 的 IPv4 地址

为 PC1 和 PC2 配置 IPv4 地址，如图 11-9、图 11-10 所示。

图 11-9　配置 PC1 的 IPv4 地址

项目 11　使用 ISATAP 隧道实现 Jan16 公司 IPv4 网络与 IPv6 网络的互联互通

图 11-10　配置 PC2 的 IPv4 地址

2. 配置 PC 的 IPv6 地址

为 PC3 配置 IPv6 地址，如图 11-11 所示。PC1 和 PC2 的 IPv6 地址配置为自动获取，如图 11-12 所示。

图 11-11　配置 PC3 的 IPv6 地址

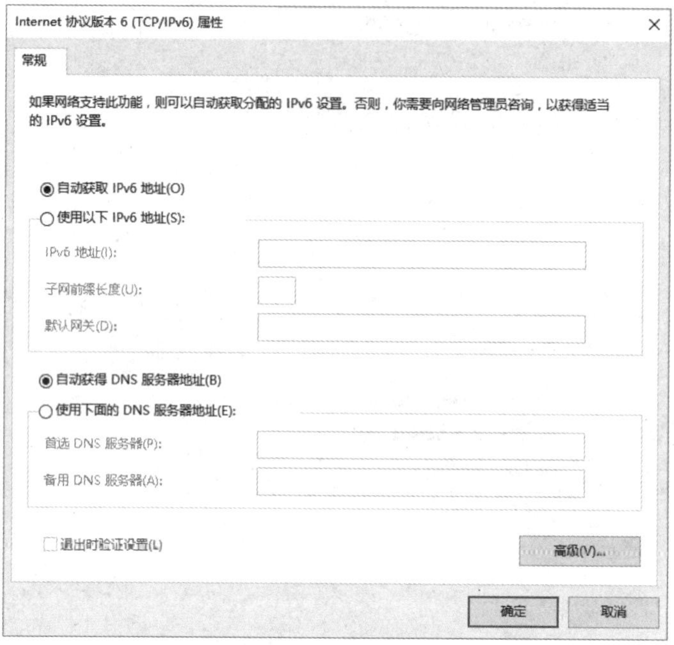

图 11-12　配置 PC1、PC2 的 IPv6 地址

3. 配置路由器 R1 的 IP 地址

在路由器 R1 上配置 IPv4 和 IPv6 地址，作为与网关交换机 SW1 和园区网路由器 R2 互联的地址。

```
<H3C>system-view                                          //进入系统视图
[H3C]sysname R1                                           //修改设备名称
[R1]interface GigabitEthernet 0/1                         //进入端口视图
[R1-GigabitEthernet0/1]ip address 30.1.1.2 24             //配置 IPv4 地址
[R1-GigabitEthernet0/1]quit                               //退出端口视图
[R1]ipv6                                                  //开启全局 IPv6 功能
[R1]interface GigabitEthernet 0/0                         //进入端口视图
[R1-GigabitEthernet0/0]ipv6 address 2012::1 64            //配置 IPv6 地址
[R1-GigabitEthernet0/0]quit                               //退出端口视图
```

4. 配置路由器 R2 的 IP 地址

在路由器 R2 上配置 IPv6 地址，作为与园区网路由器 R1 互联的地址，以及研发部的网关地址。

```
<H3C>system-view                                          //进入系统视图
[H3C]sysname R2                                           //修改设备名称
[R2]ipv6                                                  //开启全局 IPv6 功能
[R2]interface GigabitEthernet 0/1                         //进入端口视图
```

项目 11　使用 ISATAP 隧道实现 Jan16 公司 IPv4 网络与 IPv6 网络的互联互通

```
[R2-GigabitEthernet0/1]ipv6 address 2020::1 64        //配置 IPv6 地址
[R2-GigabitEthernet0/1]quit                           //退出端口视图
[R2]interface GigabitEthernet 0/0                     //进入端口视图
[R2-GigabitEthernet0/0]ipv6 address 2012::2 64        //配置 IPv6 地址
[R2-GigabitEthernet0/0]quit                           //退出端口视图
```

5. 配置交换机 SW1 的 IP 地址

为交换机 SW1 配置 IPv4 地址，作为设计部与人事部的网关地址，以及与园区网路由器 R1 互联的地址。

```
[SW1]interface Vlan-interface 10                      //进入 VLAN 接口视图
[SW1-Vlan-interface10]ip address 10.1.1.1 24          //配置 IPv4 地址
[SW1-Vlan-interface10]quit                            //退出接口视图
[SW1]interface Vlan-interface 20                      //进入 VLAN 接口视图
[SW1-Vlan-interface20]ip address 10.1.2.1 24          //配置 IPv4 地址
[SW1-Vlan-interface20]quit                            //退出接口视图
[SW1]interface Vlan-interface 30                      //进入 VLAN 接口视图
[SW1-Vlan-interface30]ip address 30.1.1.1 24          //配置 IPv4 地址
[SW1-Vlan-interface30]quit                            //退出接口视图
```

▶ 任务验证

（1）在路由器 R1 上使用【display ip interface brief】【display ipv6 interface brief】命令查看路由器 R1 的 IP 地址配置情况，如图 11-13 所示。

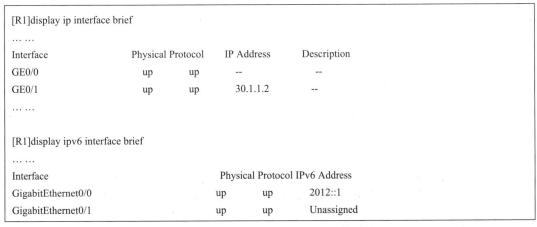

图 11-13　在路由器 R1 上查看 IP 地址配置情况

（2）在路由器 R2 上使用【display ipv6 interface brief】命令查看路由器 R2 的 IP 地址配置情况，如图 11-14 所示。

```
[R2]display ipv6 interface brief
… …
Interface                         Physical Protocol   IPv6 Address
… …
GigabitEthernet0/0                up    up            2012::2
GigabitEthernet0/1                up    up            2020::1
```

图 11-14　在路由器 R2 上查看 IP 地址配置情况

（3）在交换机 SW1 上使用【display ip interface brief】命令查看交换机 SW1 的 IP 地址配置情况，如图 11-15 所示。

```
[SW1]display ip interface brief
… …
Interface     Physical Protocol    IP address    VPN instance Description
Vlan10        up    up             10.1.1.1      --            --
Vlan20        up    up             10.1.2.1      --            --
Vlan30        up    up             30.1.1.1      --            --
```

图 11-15　在交换机 SW1 上查看 IP 地址配置情况

任务 11-3　配置 IPv4 和 IPv6 网络路由

▶ **任务规划**

扫一扫
看微课

为园区网路由器 R1 配置去往总部的 IPv4 网络静态路由，为园区网路由器 R1 和 R2 配置互联的 IPv6 网络静态路由。

▶ **任务实施**

1. 配置 IPv4 网络静态路由

在路由器 R1 上配置设计部和人事部的 IPv4 网络静态路由，下一跳为网关交换机 SW1。

```
[R1]ip route-static 10.1.1.0 24 30.1.1.1        //配置设计部静态路由
[R1]ip route-static 10.1.2.0 24 30.1.1.1        //配置人事部静态路由
```

2. 配置 IPv6 网络静态路由

（1）为路由器 R1 配置通往研发部的 IPv6 静态路由，下一跳为园区网路由器 R2。

```
[R1]ipv6 route-static 2020:: 64 2012::2         //配置研发部 IPv6 静态路由
```

（2）为路由器 R2 配置通往 ISATAP 隧道的 IPv6 静态路由，下一跳为园区网路由器 R1。

```
[R2]ipv6 route-static 2010:: 64 2012::1    //配置通往 ISATAP 隧道的 IPv6 静态路由
```

▶ **任务验证**

（1）在路由器 R1 上使用【display ip routing-table】【display ipv6 routing-table】命令查看路由器 R1 的静态路由配置情况，如图 11-16 所示。

```
[R1]display ip routing-table
… …
Destination/Mask   Proto   Pre  Cost      NextHop      Interface
10.1.1.0/24        Static  60   0         30.1.1.1     GE0/1
10.1.2.0/24        Static  60   0         30.1.1.1     GE0/1
… …

[R1]display ipv6 routing-table
… …
Destination: 2020::/64                    Protocol  : Static
NextHop    : 2012::2                      Preference: 60
Interface  : GE0/0                        Cost      : 0
… …
```

图 11-16　在路由器 R1 上查看静态路由配置情况

（2）在路由器 R2 上使用【display ipv6 routing-table】命令查看路由器 R2 的静态路由配置情况，如图 11-17 所示。

```
[R2]display ipv6 routing-table
… …
Destination: 2010::/64                    Protocol  : Static
NextHop    : 2012::1                      Preference: 60
Interface  : GE0/0                        Cost      : 0
… …
```

图 11-17　在路由器 R2 上查看静态路由配置情况

任务 11-4　配置 ISATAP 隧道

▶ **任务规划**

在 PC 端（PC1、PC2）与路由器端（R1）之间配置 ISATAP 隧道。

▶ 任务实施

1. 配置路由器 R1 的 ISATAP 隧道

在路由器 R1 上创建 ISATAP 隧道接口，配置 IPv6 地址并开启 RA 报文发送功能。

```
[R1]interface Tunnel 100 mode ipv6-ipv4 isatap    //创建 ISATAP 隧道接口
[R1-Tunnel100]ipv6 address 2010::1 64             //配置 IPv6 地址
[R1-Tunnel100]source 30.1.1.2                     //配置隧道起点地址
[R1-Tunnel100]undo ipv6 nd ra halt                //开启 RA 报文通告功能
[R1-Tunnel100]quit                                //退出接口视图
```

2. 配置 PC 的 ISATAP 隧道

（1）为 PC1 指定 ISATAP 路由器的 IPv4 地址为 30.1.1.2，以管理员身份运行 CMD 命令提示符窗口并进行配置，如图 11-18 所示。

```
C:\WINDOWS\system32>netsh interface ipv6 isatap set router 30.1.1.2
确定。

C:\WINDOWS\system32>netsh interface ipv6 isatap set state enable
确定。
```

图 11-18　配置 PC1 的 ISATAP 隧道

备注：本项目以 Windows 10 操作系统进行试验，不同操作系统的执行命令可能不同，【netsh interface ipv6 isatap set router 30.1.1.2】命令用于指定 ISATAP 路由器，【netsh interface ipv6 isatap set state enable】命令用于启用 ISATAP 隧道。

（2）为 PC2 指定 ISATAP 路由器的 IPv4 地址为 30.1.1.2，请以管理员身份运行 CMD 命令提示符窗口并进行配置，结果如图 11-19 所示。

```
C:\WINDOWS\system32>netsh interface ipv6 isatap set router 30.1.1.2
确定。

C:\WINDOWS\system32>netsh interface ipv6 isatap set state enable
确定。
```

图 11-19　配置 PC2 的 ISATAP 隧道

▶ 任务验证

（1）在 PC1 上使用【ipconfig/all】命令查看 ISATAP 接口信息，如图 11-20 所示。

项目 11　使用 ISATAP 隧道实现 Jan16 公司 IPv4 网络与 IPv6 网络的互联互通

```
C:\WINDOWS\system32>ipconfig /all
… …
隧道适配器 isatap.{267CD728-B144-4442-BCC4-B6566A446DD3}:

   连接特定的 DNS 后缀  . . . . . . . :
   描述. . . . . . . . . . . . . . . : Microsoft ISATAP Adapter
   物理地址. . . . . . . . . . . . . : 00-00-00-00-00-00-00-E0
   DHCP 已启用 . . . . . . . . . . : 否
   自动配置已启用. . . . . . . . . : 是
   IPv6 地址 . . . . . . . . . . . : 2010::5efe:10.1.1.10(首选)
   本地链接 IPv6 地址. . . . . . . : fe80::5efe:10.1.1.10%25(首选)
   默认网关. . . . . . . . . . . . : fe80::5efe:30.1.1.2%25
   DHCPv6 IAID . . . . . . . . . . : 419430400
   DHCPv6 客户端 DUID  . . . . . . : 00-01-00-01-2A-4D-BB-81-00-0C-29-C4-1C-22
   DNS 服务器    . . . . . . . . . : fec0:0:0:ffff::1%1
                                     fec0:0:0:ffff::2%1
                                     fec0:0:0:ffff::3%1
   TCPIP 上的 NetBIOS   . . . . . . : 已禁用
```

图 11-20　查看 PC1 的 ISATAP 接口信息

（2）在 PC2 上使用【ipconfig/all】命令查看 ISATAP 接口信息，如图 11-21 所示。

```
C:\WINDOWS\system32>ipconfig /all
… …
隧道适配器 isatap.{DF400C66-F8E3-4F72-8A01-E4FC35FBAC30}:

   连接特定的 DNS 后缀  . . . . . . . :
   描述. . . . . . . . . . . . . . . : Microsoft ISATAP Adapter
   物理地址. . . . . . . . . . . . . : 00-00-00-00-00-00-00-E0
   DHCP 已启用 . . . . . . . . . . : 否
   自动配置已启用. . . . . . . . . : 是
   IPv6 地址 . . . . . . . . . . . : 2010::5efe:10.1.2.10(首选)
   本地链接 IPv6 地址. . . . . . . : fe80::5efe:10.1.2.10%25(首选)
   默认网关. . . . . . . . . . . . : fe80::5efe:30.1.1.2%25
   DHCPv6 IAID . . . . . . . . . . : 419430400
   DHCPv6 客户端 DUID  . . . . . . : 00-01-00-01-2A-0B-CA-AB-00-0C-29-13-B6-07
   DNS 服务器    . . . . . . . . . : fec0:0:0:ffff::1%1
                                     fec0:0:0:ffff::2%1
                                     fec0:0:0:ffff::3%1
   TCPIP 上的 NetBIOS   . . . . . . : 已禁用
```

图 11-21　查看 PC2 的 ISATAP 接口信息

项目验证

扫一扫
看微课

（1）在设计部 PC1 上 ping 研发部 PC3 的 IPv6 地址 2020::10，如图 11-22 所示。

```
C:\WINDOWS\system32>ping 2020::10

正在 Ping 2020::10 具有 32 字节的数据:
来自 2020::10 的回复: 时间=1ms
来自 2020::10 的回复: 时间=1ms
来自 2020::10 的回复: 时间=2ms
来自 2020::10 的回复: 时间=1ms

2020::10 的 Ping 统计信息:
    数据包: 已发送 =4, 已接收 =4, 丢失 =0 (0% 丢失),
往返行程的估计时间(以毫秒为单位):
    最短 =1ms, 最长 =2ms, 平均 =1ms
```

图 11-22　测试 PC1 与 PC3 之间的网络连通性

（2）在人事部 PC2 上 ping 研发部 PC3 的 IPv6 地址 2020::10，如图 11-23 所示。

```
C:\WINDOWS\system32>ping 2020::10

正在 Ping 2020::10 具有 32 字节的数据:
来自 2020::10 的回复: 时间=1ms
来自 2020::10 的回复: 时间=1ms
来自 2020::10 的回复: 时间=1ms
来自 2020::10 的回复: 时间=2ms

2020::10 的 Ping 统计信息:
    数据包: 已发送 =4, 已接收 =4, 丢失 =0 (0% 丢失),
往返行程的估计时间(以毫秒为单位):
    最短 =1ms, 最长 =2ms, 平均 =1ms
```

图 11-23　测试 PC2 与 PC3 之间的网络连通性

一、理论题

1. 以下关于 ISATAP 隧道技术描述错误的是（　　）。

A. ISATAP 隧道是一种自动隧道

B. 可以从 ISATAP 隧道中目标地址的接口 ID 中获得隧道终点地址

C. 可以从 ISATAP 隧道中目标地址的前缀中获得隧道终点地址

D. ISATAP 隧道可为 PC 分配前缀信息

2. 将 IPv4 地址 100.1.1.1 嵌入 ISATAP 地址的接口 ID 中，将得到接口 ID 为（　　）。

A. ::5EFE:6401:101　　　　　　B. ::200:5EFE:6401:101

C. ::200:5EFE:641:101　　　　　D. ::5EFE::101

3. 从 ISATAP 地址 2020:5EFE:a01:101/64 中,可以获得隧道终点 IPv4 地址为(　　)。

A. 100.1.1.2　　　　　　　　　　B. 100.1.1.1

C. 10.1.1.2　　　　　　　　　　　D. 10.1.1.1

二、项目实训题

1. 项目背景与要求

某园区网有多栋商务楼,Jan16 科技公司的设计部与人事部位于 A 栋,A 栋仅支持 IPv4 网络。研发部位于 B 栋,B 栋支持 IPv6 网络,A 栋与 B 栋之间通过路由器 R1 互联。现需要配置网络,在设计部和人事部的 PC 与路由器 R1 之间建立 ISATAP 隧道,完成 Jan16 科技公司所有部门之间的通信需求。实训网络拓扑如图 11-24 所示。具体要求如下:

(1)根据实训网络拓扑,为 PC、路由器、交换机分别配置 IPv4 和 IPv6 地址(x 为班级,y 为短学号);

(2)配置路由器 R1 通往研发部的 IPv6 静态路由,下一跳为路由器 R2;

(3)配置路由器 R1 通往设计部和人事部的静态 IPv4 路由,下一跳为交换机 SW1;

(4)配置路由器 R2 的 IPv6 默认静态路由,下一跳为路由器 R1;

(5)为路由器 R1 与 PC1、PC2 之间配置 ISATAP 隧道。

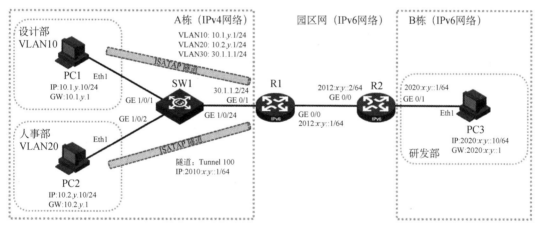

图 11-24　实训网络拓扑图

2. 实训业务规划

根据以上实训网络拓扑和要求,参考本项目的项目规划完成表 11-4～表 11-6 的规划。

表11-4　端口互联规划表

本端设备	本端接口	对端设备	对端接口

表11-5　IPv4 地址规划表

设备名称	接口	IPv4 地址	网关地址	用途

表11-6　IPv6 地址规划表

设备名称	接口	IPv6 地址	网关地址	用途

3. 实训要求

完成实验后，请截取以下实验验证结果。

（1）在路由器 R1 上使用【display ipv6 routing-table】命令，查看 IPv6 路由表信息。

（2）在路由器 R2 上使用【display ipv6 routing-table】命令，查看 IPv6 路由表信息。

（3）在设计部 PC1 的 CMD 命令行下使用【ipconfig】命令，查看 ISATAP 地址获取情况。

（4）在人事部 PC2 的 CMD 命令行下使用【ipconfig】命令，查看 ISATAP 地址获取情况。

（5）在设计部 PC1 上 ping 研发部 PC3，查看部门之间的网络连通性。

（6）在人事部 PC2 上 ping 研发部 PC3，查看部门之间的网络连通性。

单元 4　IPv6 扩展应用篇

项目 12　使用 ACL6 限制 Jan16 公司网络访问

项目描述

Jan16 公司网络已全面升级为 IPv6 网络，但出于对网络安全的考虑，需限制部分部门的网络通信，公司网络拓扑如图 12-1 所示，具体要求如下。

（1）禁止设计部访问财务部网络。

（2）禁止财务部访问互联网，出口路由器上仅允许设计部和管理部访问互联网。

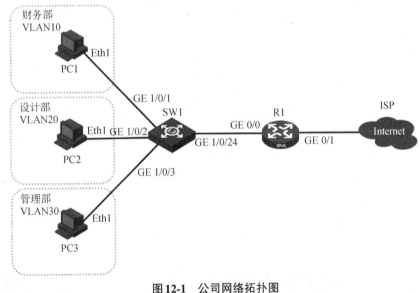

图 12-1　公司网络拓扑图

项目需求分析

本项目可以通过以下工作任务来完成。

（1）创建部门 VLAN 并划分端口，实现部门网络划分。

（2）配置 PC、交换机、路由器的 IPv6 地址，完成基础网络配置。

（3）配置静态路由，实现全网互联互通。

（4）配置 ACL6，实现公司网络的访问控制。

12.1　ACL6 概述

IPv6 访问控制列表（IPv6 Access Control List，ACL6）是由一系列规则组成的集合，ACL 通过这些规则对报文进行筛选，可以对不同类型的报文进行处理。

一个 ACL 通常由若干条【deny | permit】语句组成，每条语句就是该 ACL 的一条规则，每条语句中的【deny | permit】就是与这条规则对应的处理动作。处理动作【permit】的含义是【允许】，处理动作【deny】的含义是【拒绝】。需要特别说明的是，ACL 技术总是与其他技术结合使用的，因此，所结合的技术不同，【permit】及【deny】的含义及作用也不同。例如，当 ACL 技术与流量过滤技术结合使用时，【permit】就是【允许通行】的意思，【deny】就是【拒绝通行】的意思。

ACL 是一种应用非常广泛的网络安全技术，配置了 ACL 的网络设备的工作过程可以分为以下两个步骤。

（1）根据事先设定好的报文匹配规则对经过该设备的报文进行匹配。

（2）对匹配的报文执行事先设定好的处理动作。

12.2　ACL6 工作原理

1. ACL6 的分类

H3C 网络设备根据 ACL6 编号数值取值范围对 ACL6 进行分类，如表 12-1 所示。

表 12-1　ACL6 分类

分　　类	适用 IP 版本	规则定义	编号范围
基本 ACL6	IPv6	根据 IPv6 报文的源 IPv6 地址、分片信息生效时间段来定义规则	2000～2999
高级 ACL6		根据 IPv6 报文的源 IPv6 地址、目的 IPv6 地址、IPv6 协议类型、目的端口、源端口、生效时间段等来定义规则	3000～3999

（1）基本 ACL6 格式。

例：路由器允许源 IPv6 地址【2020::1】的流量经过，禁止源 IPv6 地址前缀【2030::/64】的流量经过。基本 ACL6 格式如图 12-2 所示。

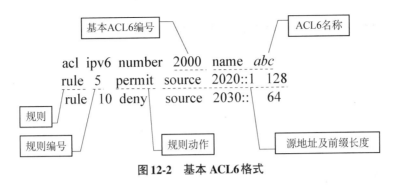

图 12-2 基本 ACL6 格式

需要注意的是：ACL 的源地址后面跟的是与地址对应的通配符，而 ACL6 源地址后面跟的是与该地址对应的前缀长度。上述例子中的生效时间段可根据实际情况选择配置。

（2）高级 ACL6 格式。

与基本 ACL 相同，高级 ACL6 根据规则定义的内容不同，格式也会所有不同，以 TCP 为例。

禁止源 IPv6 地址【2020::1】对所有 Web 进行访问，高级 ACL6 格式如图 12-3 所示。

图 12-3 高级 ACL6 格式

2. ACL6 根据创建方式进行分类

（1）数字型 ACL6。

通常用户在创建 ACL6 时会为 ACL6 指定一个编号，仅通过编号来识别 ACL6，所创建的 ACL6 属于数字型 ACL6，不同的编号对应不同类型的 ACL6。（例如，创建 ACL6 编号为 2020，则该 ACL6 属于基本 ACL6。创建 ACL6 编号为 3020，则该 ACL6 属于高级 ACL6。）不同类型的 ACL6 的规则定义不同，高级 ACL6 的规则定义能力要比基本 ACL6 强大，但是配置也较为复杂。

（2）命名型 ACL6。

为了方便记忆和识别，用户可以选择创建命名型 ACL6，即在创建 ACL6 时仅为该 ACL6 配置一个名称（例如，配置名称为 ABC）。

（3）【命名+数字】型 ACL6。

有时，也会配置【命令+数字】型 ACL6，即在定义命名型 ACL6 时，同时为该 ACL6 指定一个 ACL6 编号，该 ACL6 编号可以是基本的也可以是高级的。

3. H3C 设备 ACL6 的规则编号与匹配顺序

（1）规则编号。

根据 ACL6 格式，在每条 ACL6 中都可以创建多条规则，每条规则都有一个规则编号与之对应。在配置规则时，规则编号是一个可选配置选项，可以根据用户指定的编号数字为每条规则进行编号。若用户没有指定规则的编号，H3C 设备会根据默认步长设定规则，为创建每条规则设置一个规则编号。步长规则如下：

①默认步长数值为 5，若 ACL6 中的规则为空，即第一条被创建的 ACL 的规则编号为 0，后续创建的规则编号每次递增 5，如图 12-4 所示。

```
[R1]acl ipv6 basic 2000                              //创建 ACL6
[R1-acl-ipv6-basic-2000]display this
#
acl ipv6 basic 2000                                  //空 ACL6
#
[R1-acl-ipv6-basic-2000]rule permit source 2010::1 128 //添加第一条规则，未指定编号
[R1-acl-ipv6-basic-2000]display this
#
acl ipv6 basic 2000
 rule 0 permit source 2010::1/128                    //获得规则编号为 0
#
[R1-acl-ipv6-basic-2000]rule permit source 3010::1 128 //添加第二条规则，未指定编号
[R1-acl-ipv6-basic-2000]display this
#
acl ipv6 basic 2000
 rule 0 permit source 2010::1/128
 rule 5 permit source 3010::1/128                    //获得规则编号为 5
#
```

图 12-4　ACL6 默认步长

②若 ACL6 中的规则非空，则步长规则需结合现有规则的数值再进行规则编号配置。若现有规则的编号小于等于数值 5，则后续创建编号的规则与情况①相同。若现有规则的编号大于 5，则使用大于当前 ACL 内最大规则编号且是步长整数倍的最小整数作为规则编号。如图 12-5 所示，已有规则编号 12，根据步长规则为第二条规则设备编号取值时，数值不得小于 12，且必须是默认步长数值 5 的最小整数倍数，故取值为 15。

```
[R1-acl-ipv6-basic-2000]display this
#
acl ipv6 basic 2000
 rule 12 permit source 2010::1/128                   //现有规则编号为 12
#
[R1-acl-ipv6-basic-2000]rule permit source 3010::1/128 //创建第二条规则，未指定编号
```

图 12-5　步长的最小整数倍数取值

```
[R1-acl-ipv6-basic-2000]display this
#
acl ipv6 basic 2000
 rule 12 permit source 2010::1/128
 rule 15 permit source 3010::1/128                //获得规则编号为 15
#
```

图 12-5　步长的最小整数倍数取值（续）

（2）ACL6 匹配顺序。

H3C 设备的 ACL6 支持两种 ACL 匹配顺序：配置顺序模式（Config 模式）和自动排序模式（Auto 模式）。默认匹配顺序为 Config 模式。

①Config 模式。

根据 ACL6 规则编号，按编号数值从小到大的顺序进行匹配，规则编号越小越先用于匹配数据或路由。一旦匹配成功，立即停止匹配行为，执行当前规则编号对应的动作。

如图 12-6 所示，根据 ACL6 2000，若路由器 R1 收到源地址为【2010::1/128】的数据，则首先与 rule 0 进行匹配，匹配成功，根据 rule 0 定义动作【permit】，接收或转发数据。

```
[R1-acl-ipv6-basic-2000]display this
#
acl ipv6 basic 2000
 rule 0 permit source 2010::1/128
 rule 5 deny source 2010::1/128
#
```

图 12-6　ACL6 匹配规则 1

如图 12-7 所示，根据 ACL6 2000，若路由器 R1 收到源地址为【2010::1/128】的数据，则首先与 rule 0 进行匹配，匹配成功，根据 rule 0 定义动作【deny】，丢弃数据。

```
[R1-acl-ipv6-basic-2000]display this
#
acl ipv6 basic 2000
 rule 0 deny source 2010::1/128
 rule 5 permit source 2010::1/128
#
```

图 12-7　ACL6 匹配规则 2

备注：ACL6 的默认规则是允许所有流量通过，若流量未被 ACL6 中的规则匹配上，则按照默认规则进行处理。

②Auto 模式。

Auto 模式采用【深度优先】原则，创建 ACL 时用户不能为规则指定规则编号，设备会把指定报文地址范围最小的规则排在最前面，精确度越高，越先匹配。例如，规则

【rule … 2010::1/128】的报文地址范围精确度比规则【rule … 2010:: 64】的精确度高，按照【深度优先】原则，规则【rule … 2010::1/128】优先被执行，如图 12-8 所示。

Auto 模式收到数据之后的处理方式与 Config 模式相同。

```
[R1]acl ipv6 basic 2000 match-order auto          //配置匹配顺序为 Auto 模式
[R1-acl-ipv6-basic-2000]rule permit source 2010::/64
[R1-acl-ipv6-basic-2000]rule deny source 2010::1/128
[R1-acl-ipv6-basic-2000]display this
#
acl ipv6 basic 2000 match-order auto
 rule 5 deny source 2010::1/128
 rule 0 permit source 2010::/64
#
```

图 12-8　Auto 模式

（3）设置步长的作用。

通过设置步长，使得规则编号不连续，规则与规则之间有剩余的编号空间，这样便可以在不改变设备原有配置的情况下，为设备添加某些需要被优先执行的规则。

如图 12-9 所示，此时已经创建了 rule 0 和 rule 5，根据这两条规则，在【2020::/64】网段中，仅有地址【2020::1】的流量能通过路由器 R1。若此时需要在不改变原有配置的情况下，配置允许地址【2020::2】的流量通过路由器 R1，此时仅需添加一条规则，规则编号 X，要求 X<10 即可。例如，添加规则【rule 3 permit source 2020::2/128】，那么地址【2020::2】的流量便可通过路由器 R1。

```
[R1]acl ipv6 basic 2001
[R1-acl-ipv6-basic-2001]rule permit source 2020::1 128
[R1-acl-ipv6-basic-2001]rule deny source 2020:: 64
[R1-acl-ipv6-basic-2001]display this
#
acl ipv6 basic 2001
 rule 0 permit source 2020::1/128
 rule 5 deny source 2020::/64
#
[R1-acl-ipv6-basic-2001]rule 3 permit source 2020::2 128
[R1-acl-ipv6-basic-2001]display this
#
acl ipv6 basic 2001
 rule 0 permit source 2020::1/128
 rule 3 permit source 2020::2/128
 rule 5 deny source 2020::/64
#
```

图 12-9　步长的作用

项目规划设计

项目拓扑

本项目中，使用三台 PC、一台路由器、一台二层交换机构建项目网络拓扑，如图 12-10 所示。其中 PC1 是财务部员工主机，PC2 是设计部员工主机，PC3 是管理部员工主机，SW1 为各部门网关交换机，交换机 SW1 通过出口路由器 R1 连接至互联网。通过在路由器 R1 及交换机 SW1 上配置 ACL6，来完成对财务部的安全访问控制。

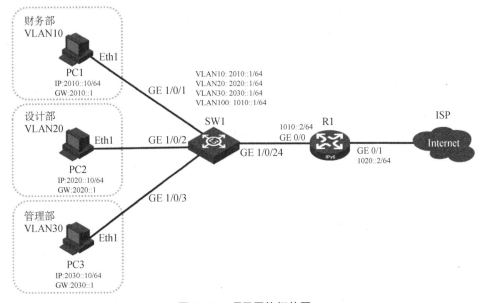

图 12-10 项目网络拓扑图

项目规划

根据项目网络拓扑进行业务规划，端口互联规划、IPv6 地址规划如表 12-2、表 12-3 所示。

表 12-2 端口互联规划表

本端设备	本端接口	对端设备	对端接口
PC1	Eth1	SW1	GE 1/0/1
PC2	Eth1	SW1	GE 1/0/2
PC3	Eth1	SW1	GE 1/0/3

（续表）

本端设备	本端接口	对端设备	对端接口
SW1	GE 1/0/1	PC1	Eth1
	GE 1/0/2	PC2	Eth1
	GE 1/0/3	PC3	Eth1
	GE 1/0/24	R1	GE 0/0
R1	GE 0/0	SW1	GE 1/0/24
	GE 0/1	ISP	N/A

表 12-3　IPv6 地址规划表

设备名称	接　　口	IPv6 地址	网关地址	用　　途
PC1	Eth1	2010::10/64	2010::1	PC1 地址
PC2	Eth1	2020::10/64	2020::1	PC2 地址
PC3	Eth1	2030::10/64	2030::1	PC3 地址
SW1	VLAN10	2010::1/64	N/A	PC1 网关地址
	VLAN20	2020::1/64	N/A	PC2 网关地址
	VLAN30	2030::1/64	N/A	PC3 网关地址
	VLAN100	1010::1/64	N/A	接口地址
R1	GE 0/0	1010::2/64	N/A	接口地址
	GE 0/1	1020::2/64	N/A	接口地址

项目实施

任务 12-1　创建部门 VLAN 并划分端口

▶ 任务规划

根据端口互联规划表的要求，为交换机创建部门 VLAN，然后将对应端口划分到 VLAN 中。

▶ 任务实施

1. 在交换机上创建部门 VLAN

在交换机 SW1 上创建部门 VLAN 及互联 VLAN。

```
<H3C>system-view                              //进入系统视图
[H3C]sysname SW1                              //修改设备名称
[SW1]vlan 10 20 30 100                        //创建VLAN
```

2. 将交换机端口添加到对应 VLAN 中

为交换机 SW1 划分 VLAN,并将对应端口添加到 VLAN 中。

```
[SW1]interface GigabitEthernet 1/0/1          //进入端口视图
[SW1-GigabitEthernet1/0/1]port access vlan 10
                                              //将ACCESS端口加入VLAN10中
[SW1-GigabitEthernet1/0/1]quit                //退出端口视图
[SW1]interface GigabitEthernet 1/0/2          //进入端口视图
[SW1-GigabitEthernet1/0/2]port access vlan 20
                                              //将ACCESS端口加入VLAN20中
[SW1-GigabitEthernet1/0/2]quit                //退出端口视图
[SW1]interface GigabitEthernet 1/0/3          //进入端口视图
[SW1-GigabitEthernet1/0/3]port access vlan 30
                                              //将ACCESS端口加入VLAN30中
[SW1-GigabitEthernet1/0/3]quit                //退出端口视图
[SW1]interface GigabitEthernet 1/0/24         //进入端口视图
[SW1-GigabitEthernet1/0/24]port access vlan 100
                                              //将ACCESS端口加入VLAN100中
[SW1-GigabitEthernet1/0/24]quit               //退出端口视图
```

▶ 任务验证

(1)在交换机 SW1 上使用【display vlan】命令查看 VLAN 创建情况,如图 12-11 所示。

```
[SW1]display vlan
Total VLANs: 5
 The VLANs include:
 1(default), 10, 20, 30, 100
```

图 12-11 在交换机 SW1 上查看 VLAN 创建情况

(2)在交换机 SW1 上使用【display interface brief】命令查看链路配置状态,如图 12-12 所示。

```
[SW1]display interface brief
... ...
Interface        Link Speed    Duplex Type PVID Description
GE1/0/1          UP   1G(a)    F(a)   A    10
GE1/0/2          UP   1G(a)    F(a)   A    20
```

图 12-12 在交换机 SW1 上查看链路配置状态

GE1/0/3	UP	1G(a)	F(a)	A	30
……					
GE1/0/24	UP	1G(a)	F(a)	A	100

图 12-12　在交换机 SW1 上查看链路配置状态（续）

任务 12-2　配置 PC、交换机、路由器的 IPv6 地址

▶ **任务规划**

根据 IPv6 地址规划表，为各部门的 PC、交换机和路由器配置 IPv6 地址。

▶ **任务实施**

1. 根据表 12-4 为各部门 PC 配置 IPv6 地址及网关地址

表 12-4　各部门 PC 的 IPv6 地址及网关地址

设备名称	IPv6 地址	网关地址
PC1	2010::10/64	2010::1
PC2	2020::10/64	2020::1
PC3	2030::10/64	2030::1

PC1 的 IPv6 地址配置结果如图 12-13 所示，同理完成 PC2～PC3 的 IPv6 地址配置。

图 12-13　PC1 的 IPv6 地址配置结果

2. 配置交换机SW1的VLAN接口IP地址

在交换机SW1上为3个部门的VLAN创建VLAN接口并配置IP地址，作为3个部门的网关地址，为VLAN100创建VLAN接口并配置IP地址，作为与路由器R1互联的地址。

```
[SW1]ipv6                                          //开启全局IPv6功能
[SW1]interface Vlan-interface 10                   //进入VLAN接口视图
[SW1-Vlan-interface10]ipv6 address 2010::1 64      //配置IPv6地址
[SW1-Vlan-interface10]quit                         //退出接口视图
[SW1]interface Vlan-interface 20                   //进入VLAN接口视图
[SW1-Vlan-interface20]ipv6 address 2020::1 64      //配置IPv6地址
[SW1-Vlan-interface20]quit                         //退出接口视图
[SW1]interface Vlan-interface 30                   //进入VLAN接口视图
[SW1-Vlan-interface30]ipv6 address 2030::1 64      //配置IPv6地址
[SW1-Vlan-interface30]quit                         //退出接口视图
[SW1]interface Vlan-interface 100                  //进入VLAN接口视图
[SW1-Vlan-interface100]ipv6 address 1010::1 64     //配置IPv6地址
[SW1-Vlan-interface100]quit                        //退出接口视图
```

3. 为路由器R1配置IPv6地址

在路由器R1上为端口配置IPv6地址，作为与交换机SW1和ISP互联的地址。

```
<H3C>system-view                                   //进入系统视图
[H3C]sysname R1                                    //修改设备名称
[R1]ipv6                                           //开启全局IPv6功能
[R1]interface GigabitEthernet 0/0                  //进入端口视图
[R1-GigabitEthernet0/0]ipv6 address 1010::2 64     //配置IPv6地址
[R1-GigabitEthernet0/0]quit                        //退出端口视图
[R1]interface GigabitEthernet 0/1                  //进入端口视图
[R1-GigabitEthernet0/1]ipv6 address 1020::2 64     //配置IPv6地址
[R1-GigabitEthernet0/1]quit                        //退出端口视图
```

▶ 任务验证

（1）在交换机SW1上使用【display ipv6 interface brief】命令查看IP地址配置情况，如图12-14所示。

```
[SW1]display ipv6 interface brief
… …
Interface                     Physical  Protocol  IPv6 Address
Vlan-interface10              up        up        2010::1
```

图12-14 在交换机SW1上查看IP地址配置情况

Vlan-interface20	up	up	2020::1
Vlan-interface30	up	up	2030::1
Vlan-interface100	up	up	1010::1

图 12-14　在交换机 SW1 上查看 IP 地址配置情况（续）

（2）在路由器 R1 上使用【display ipv6 interface brief】命令查看 IP 地址配置情况，如图 12-15 所示。

```
[R1]display ipv6 interface brief
……
Interface                    Physical Protocol   IPv6 Address
GigabitEthernet0/0           up       up         1010::2
GigabitEthernet0/1           up       up         1020::2
```

图 12-15　在路由器 R1 上查看 IP 地址配置情况

任务 12-3　配置静态路由

扫一扫
看微课

▶ **任务规划**

在交换机 SW1 上配置通往 ISP 的默认路由，在路由器 R1 上配置到达各部门的明细静态路由。

▶ **任务实施**

1. 配置交换机 SW1 的默认路由

配置通往 ISP 的默认路由，下一跳为路由器 R1（1010::2）。

```
[SW1]ipv6 route-static :: 0 1010::2              //配置 IPv6 默认路由
```

2. 配置路由器 R1 的静态路由

为各部门创建静态路由，分别指向前缀 2010::/64、2020::/64、2030::/64，下一跳为交换机 SW1（1010::1）。

```
[R1]ipv6 route-static 2010:: 64 1010::1          //配置 IPv6 静态路由
[R1]ipv6 route-static 2020:: 64 1010::1          //配置 IPv6 静态路由
[R1]ipv6 route-static 2030:: 64 1010::1          //配置 IPv6 静态路由
```

任务验证

（1）在路由器 R1 上使用【display ipv6 routing-table】命令查看静态路由配置情况，如图 12-16 所示。

```
[R1]display ipv6 routing-table
… …
Destination: 2010::/64                    Protocol  : Static
NextHop     : 1010::1                     Preference: 60
Interface   : GE0/0                       Cost      : 0

Destination: 2020::/64                    Protocol  : Static
NextHop     : 1010::1                     Preference: 60
Interface   : GE0/0                       Cost      : 0

Destination: 2030::/64                    Protocol  : Static
NextHop     : 1010::1                     Preference: 60
Interface   : GE0/0                       Cost      : 0
… …
```

图 12-16　在路由器 R1 上查看静态路由配置情况

（2）在交换机 SW1 上使用【display ipv6 routing-table】命令查看默认路由配置情况，如图 12-17 所示。

```
[SW1]display ipv6 routing-table
… …
Destination: ::/0                         Protocol  : Static
NextHop     : 1010::2                     Preference: 60
Interface   : Vlan100                     Cost      : 0
… …
```

图 12-17　在交换机 SW1 上查看默认路由配置情况

任务 12-4　配置 ACL6

▶ 任务规划

扫一扫
看微课

在交换机 SW1 上配置 ACL6，禁止设计部访问财务部网络。在路由器 R1 上配置允许设计部和管理部的流量通过，禁止财务部的流量通过。

▶ 任务实施

1. 配置交换机 SW1 的 ACL6

禁止设计部访问财务部网络,创建高级 ACL6,名称为 list1,创建规则 5,动作为【deny】,匹配源地址为设计部 IP 地址前缀,目的地址为财务部 IP 地址前缀。将 ACL6 应用于交换机 VLAN20 的流量入口方向。

```
[SW1]acl ipv6 advanced name list1              //创建高级ACL6
[SW1-acl-ipv6-adv-list1]rule 5 deny ipv6 source 2020::/64 destination
2010::/64                                       //创建规则5
[SW1-acl-ipv6-adv-list1]quit                    //退出ACL6视图
[SW1]interface Vlan-interface 20                //进入VLAN接口视图
[SW1-Vlan-interface20]packet-filter ipv6 name list1 inbound
                                                //接口的流量入口方向应用ACL6
[SW1-Vlan-interface20]quit                      //退出接口视图
```

2. 配置路由器 R1 的 ACL6

允许设计部和管理部访问互联网,禁止财务部访问互联网,创建基本 ACL6,名称为 list2,创建规则 5,动作为【permit】,匹配源地址为设计部 IP 地址前缀。创建规则 10,动作为【permit】,匹配源地址为管理部 IP 地址前缀。创建规则 15,动作为【deny】,匹配源地址为财务部 IP 地址前缀。将 ACL6 应用于路由器 R1 GE 0/0 接口的流量入口方向。

```
[R1]acl ipv6 basic name list2                   //创建基本ACL6
[R1-acl-ipv6-basic-list2]rule 5 permit source 2020:: 64
                                                //创建规则5
[R1-acl-ipv6-basic-list2]rule 10 permit source 2030:: 64
                                                //创建规则10
[R1-acl-ipv6-basic-list2]rule 15 deny source 2010:: 64
                                                //创建规则15
[R1-acl-ipv6-basic-list2]quit                   //退出ACL6视图
[R1]interface GigabitEthernet 0/0               //进入端口视图
[R1-GigabitEthernet0/0]packet-filter ipv6 name list2 inbound
                                                //接口的流量入口方向应用ACL6
[R1-GigabitEthernet0/0]quit                     //退出端口视图
```

▶ 任务验证

(1)在交换机 SW1 上使用【display acl ipv6 all】命令查看 ACL6 配置情况,如图 12-

18 所示。

```
[SW1]display acl ipv6 all
Advanced IPv6 ACL named list1, 1 rule,
ACL's step is 5, start ID is 0
 rule 5 deny ipv6 source 2020::/64 destination 2010::/64
```

图 12-18　在交换机 SW1 上查看 ACL6 配置情况

（2）在路由器 R1 上使用【display acl ipv6 all】命令查看 ACL6 配置情况，如图 12-19 所示。

```
[R1]display acl ipv6 all
Basic IPv6 ACL named list2, 3 rules,
ACL's step is 5
 rule 5 permit source 2020::/64
 rule 10 permit source 2030::/64
 rule 15 deny source 2010::/64
```

图 12-19　在路由器 R1 上查看 ACL6 配置情况

 项目验证

扫一扫
看微课

（1）在财务部 PC1 上 ping 管理部 PC3 的 IPv6 地址 2030::10，如图 12-20 所示。

```
C:\Users\admin>ping 2030::10

正在 Ping 2030::10 具有 32 字节的数据:
来自 2030::10 的回复: 时间=1ms
来自 2030::10 的回复: 时间=1ms
来自 2030::10 的回复: 时间=2ms
来自 2030::10 的回复: 时间=1ms

2030::10 的 Ping 统计信息:
    数据包: 已发送 = 4，已接收 = 4，丢失 = 0 (0% 丢失)，
往返行程的估计时间(以毫秒为单位):
    最短 = 1ms，最长 = 2ms，平均 = 1ms
```

图 12-20　测试 PC1 与 PC3 之间的网络连通性

（2）在财务部 PC1 上 ping 路由器 R1 的互联网接口 IPv6 地址 1020::2，如图 12-21 所示。

```
C:\Users\admin>ping 1020::2

正在 Ping 1020::2 具有 32 字节的数据:
请求超时。
```

图 12-21　测试 PC1 与互联网之间的网络连通性

```
请求超时。
请求超时。
请求超时。

1020::2 的 Ping 统计信息：
    数据包：已发送 = 4，已接收 = 0，丢失 = 4 (100% 丢失)，
```

图12-21　测试PC1与互联网之间的网络连通性（续）

（3）在设计部 PC2 上 ping 财务部 PC1 的 IPv6 地址 2010::10，如图 12-22 所示。

```
C:\Users\admin>ping 2010::10

正在 Ping 2010::10 具有 32 字节的数据:
请求超时。
请求超时。
请求超时。
请求超时。

2010::10 的 Ping 统计信息：
    数据包：已发送 = 4，已接收 = 0，丢失 = 4 (100% 丢失)，
```

图12-22　测试PC2与PC1之间的网络连通性

（4）在设计部 PC2 上 ping 管理部 PC3 的 IPv6 地址 2030::10，如图 12-23 所示。

```
C:\Users\admin>ping 2030::10

正在 Ping 2030::10 具有 32 字节的数据:
来自 2030::10 的回复: 时间=1ms
来自 2030::10 的回复: 时间=4ms
来自 2030::10 的回复: 时间=1ms
来自 2030::10 的回复: 时间=1ms

2030::10 的 Ping 统计信息：
    数据包：已发送 = 4，已接收 = 4，丢失 = 0 (0% 丢失)，
往返行程的估计时间(以毫秒为单位):
    最短 = 1ms，最长 = 4ms，平均 = 1ms
```

图12-23　测试PC2与PC3之间的网络连通性

（5）在设计部 PC2 上 ping 路由器 R1 的互联网接口 IPv6 地址 1020::2，如图 12-24 所示。

```
C:\Users\admin>ping 1020::2

正在 Ping 1020::2 具有 32 字节的数据:
来自 1020::2 的回复: 时间=122ms
来自 1020::2 的回复: 时间=7ms
来自 1020::2 的回复: 时间=2ms
```

图12-24　测试PC2与互联网之间的网络连通性

来自 1020::2 的回复：时间=2ms

1020::2 的 Ping 统计信息：
　　数据包：已发送 = 4，已接收 = 4，丢失 = 0 (0% 丢失)，
往返行程的估计时间(以毫秒为单位)：
　　最短 = 2ms，最长 = 122ms，平均 = 33ms

图 12-24　测试 PC2 与互联网之间的网络连通性（续）

一、理论题

1. 基本 ACL6 可以匹配哪些信息？（　　）（单选）
 A. 源 MAC 地址　　　　　　　　　B. 目的 MAC 地址
 C. 源 IPv6 地址　　　　　　　　　D. 目的 IPv6 地址

2. 关于高级 ACL6 的描述错误的是（　　）。（单选）
 A. 基于特定的源地址过滤收到的报文
 B. 基于特定的目的端口号过滤收到的报文
 C. 基于特定的源地址过滤收到的路由信息
 D. 基于特定的源地址过滤路由器产生的报文

3. ACL6 的默认步长数值为多少？（　　）
 A. 5　　　　　　B. 10　　　　　　C. 15　　　　　　D. 20

4. 在路由器 R1 G0/0 接口的流量入口方向上调用 ACL6 2001，ACL6 2001 有规则【rule 5 permit source 2020::1 128】【rule 10 deny source 2020::0 64】【rule 15 deny source 2030::0 64】，请问下列哪些报文可以通过路由器 R1？（　　）（多选）
 A. 报文源地址为 2020::1　　　　　B. 报文源地址为 2020::2
 C. 报文源地址为 2030::1　　　　　D. 报文源地址为 2040::1

5. 根据 ACL6 的创建方式不同，可以将 ACL6 分为以下哪些类型？（　　）（多选）
 A. 数值型 ACL6　　　　　　　　　B. 命名型 ACL6
 C. 匹配型 ACL6　　　　　　　　　D. 其他型 ACL6

6. ACL6 可以匹配用户数据也可以匹配路由信息。（　　）（判断）

7. ACL6 编号 4000 是高级 ACL6。（　　）（判断）

二、项目实训题

1. 项目背景与要求

Jan16 科技公司网络已全面升级为 IPv6 网络，考虑网络安全，需要配置 ACL6，限制设计

部访问财务部网络且财务部不得访问互联网。实训网络拓扑如图 12-25 所示。具体要求如下：

（1）根据实训网络拓扑，为 PC、路由器、交换机分别配置 IPv6 地址（x 为班级，y 为短学号）；

（2）为交换机 SW1 配置 IPv6 默认静态路由，下一跳为路由器 R1；

（3）为路由器 R1 配置通往设计部和管理部的静态 IPv4 路由，下一跳为交换机 SW1；

（4）为交换机 SW1 与路由器 R1 配置 ACL6。

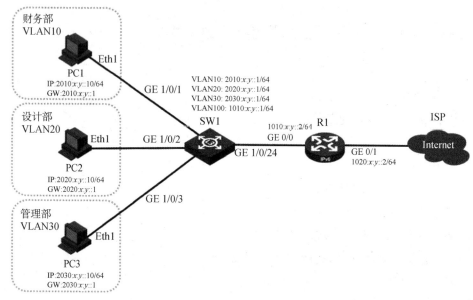

图 12-25　实训网络拓扑图

2. 实训业务规划

根据以上实训网络拓扑和要求，参考本项目的项目规划完成以下内容的规划。

表 12-5　端口互联规划表

本端设备	本端接口	对端设备	对端接口

表 12-6　IPv6 地址规划表

设备名称	接口	IPv6 地址	网关地址	用途

3. 实训要求

完成实验后,请截取以下实验验证结果。

(1)在交换机 SW1 上使用【display ipv6 routing-table】命令,查看 IPv6 路由表信息。

(2)在路由器 R1 上使用【display ipv6 routing-table】命令,查看 IPv6 路由表信息。

(3)在交换机 SW1 上使用【display acl ipv6 all】命令,查看 ACL6 配置情况。

(4)在路由器 R1 上使用【display acl ipv6 all】命令,查看 ACL6 配置情况。

(5)在设计部 PC2 上 ping 财务部 PC1,测试部门之间的网络连通性。

(6)在管理部 PC3 上 ping 财务部 PC1,测试部门之间的网络连通性。

(7)在管理部 PC3 上 ping 设计部 PC2,测试部门之间的网络连通性。

(8)在财务部 PC1 上 ping 路由器 R1 互联网接口 IP 地址 1020:x:y::2,查看是否能访问互联网。

(9)在设计部 PC2 上 ping 路由器 R1 互联网接口 IP 地址 1020:x:y::2,查看是否能访问互联网。

(10)在管理部 PC3 上 ping 路由器 R1 互联网接口 IP 地址 1020:x:y::2,查看是否能访问互联网。

项目 13　Jan16 公司基于 VRRP6 的 ISP 双出口备份链路配置

项目描述

Jan16 公司现有一台 Web 服务器和一台 FTP 服务器对外提供服务，两台服务器组建成服务器集群，为了体高服务器集群的可用性，需要为服务器集群配置冗余网关。公司网络拓扑如图 13-1 所示，具体要求如下。

（1）服务器集群中有 PC1（Web 服务器）及 PC2（FTP 服务器）。

（2）默认情况下路由器 R2 作为 Web 服务器的网关，路由器 R3 作为 FTP 服务器的网关。

（3）两个网关互为备份，在主网关故障的情况下，由备份网关继续传送用户数据。

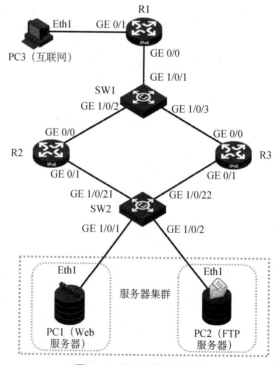

图 13-1　公司网络拓扑图

项目 13　Jan16 公司基于 VRRP6 的 ISP 双出口备份链路配置

项目需求分析

Jan16 公司需要为 Web 服务器和 FTP 服务器配备主网关和备份网关，可通过配置 VRRP6 协议，在路由器 R2 与 R3 上为 Web 服务器和 FTP 服务器各创建一个 VRRP6 备份组，分别为 VRID 10 和 VRID 20，备份组 VRID 10 设置路由器 R2 作为项目部 VRRP6 备份组的主网关，路由器 R3 作为备份网关。备份组 VRID 20 设置路由器 R3 作为销售部的主网关，路由器 R2 作为备份网关。

因此，本项目可以通过以下工作任务来完成。

（1）配置 PC、路由器的 IPv6 地址。

（2）配置静态路由，实现服务器集群与互联网互联互通。

（3）配置 VRRP6，实现服务器集群网关的冗余效果。

项目相关知识

13.1　VRRP 概述

虚拟路由器冗余协议（Virtual Router Redundancy Protocol，VRRP）是一种容错协议，它通过把几台路由设备联合组成一台虚拟的路由设备，并通过一定的机制来保证当主机的下一跳设备出现故障时，可以及时将业务切换到其他设备，从而保持通信的连续性和可靠性。

VRRP 目前包含 VRRP v2 和 VRRP v3 两个版本，前者仅适用于 IPv4 网络环境，后者则同时适用于 IPv4 和 IPv6 网络环境中。

VRRP 在不需要改变组网的情况下，提供了一个虚拟网关指向两个物理网关，实现网关冗余，提升了网络可靠性。

如图 13-2 所示的网络拓扑结构是一个典型的双出口网络，交换机的两条线路分别连接两台路由器，此时，交换机有两个出口（网关）接入 Internet 中。

从功能上看，实现以上的网络拓扑结构能够避免与网关相关的单点故障，但如果没有配套机制，这种网络拓扑结构就存在以下两个问题。

（1）系统只能配置一个默认网关，这表示每个网络只能选择其中一个出口接入 Internet 中，且实现网关切换需要管理员手动操作。

（2）当其中一个出口路由器出现故障时，该出口对应的网络将无法接入 Internet 中。

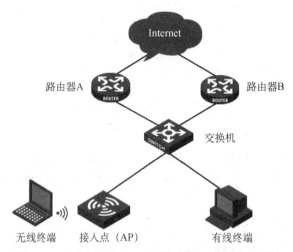

图13-2 双路由器作为冗余网关的小型网络拓扑结构

因此，网络拓扑结构中需要一种机制能够让两台网关工作起来像是一台网关设备，VRRP 就提供了这种机制。

VRRP 提供了将多台路由器虚拟成一台路由器的服务，它通过虚拟化技术，将多台物理设备在逻辑上合并为一台虚拟设备，同时让物理路由器对外隐藏各自的信息，以便针对其他设备提供一致的服务，图 13-2 所示的网络拓扑结构在应用 VRRP 后，如图 13-3 所示。

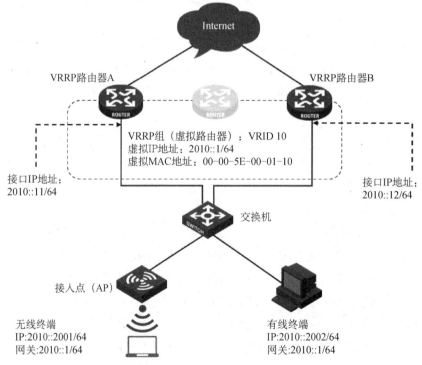

图13-3 应用了 VRRP 的逻辑拓扑结构

将 VRRP 路由器 A 和 VRRP 路由器 B 连接交换机的接口配置成一个 VRRP 组，两台路由器的接口就会对外使用相同的 IP 地址（2010::1/64）和 MAC 地址（00-00-5E-00-01-10）进行通信。此时，管理员只需要在所有终端设备上将这个 IP 地址（2010::1/64）设置为默认的网关地址，就可以实现网关设备的冗余。

当其中一台路由器出现故障时，该局域网发往 Internet 的数据包会全部由另一台设备转发，此时，局域网终端是完全感知不到出口的变化的，因为局域网的网关地址始终不变。

13.2 VRRP v3 报文结构

VRRP 消息是封装在 IP 报文头部内的，当内部封装的消息是 VRRP 消息时，IP 报文头部的协议字段会取值为【112】，表示这个 IP 数据包内部封装的上层协议是 VRRP。VRRP v3 的 IP 头部封装格式如图 13-4 所示。

4位	4位	8位	8位	8位
版本	类型	虚拟路由器ID	优先级	IP地址数
rsvd	最大通告时间间隔		校验和	
IPvX 地址				

图 13-4　VRRP v3 的 IP 头部封装格式

通过图 13-4 可以看到，VRRP 消息中会携带上文中介绍的虚拟路由器 ID 和优先级，这两个字段在 VRRP 消息封装中定义的长度皆为 8 位，因此虚拟路由器 ID 和优先级的上限皆为【255】，即 8 位二进制数全部取【1】时对应的十进制数。其中，虚拟路由器 ID 的取值范围是 1~255，而优先级的取值范围是 0~255，优先级取值越大则这个接口在主用路由器选举中的优先级就越高，【0】表示这个 VRRP 路由器接口立刻停止参与这个 VRRP 组，如果管理员给主用路由器赋予了【0】这个优先级，那么优先级取值最大的备用路由器就会被选举为新的主用路由器，而 IP 地址拥有者的优先级为【255】，优先级为【255】的设备会直接成为主用设备，H3C 路由器接口默认的优先级取值为【100】。

VRRP v3 消息的各字段含义如下。

（1）版本：对于 VRRP v3 消息，这个字段的取值为【3】。

（2）类型：这个字段的取值为【1】，表示这是一个 VRRP 通告消息。目前 VRRP v2 只定义了通告消息这一种类型。

（3）虚拟路由器 ID：虚拟路由器的标识，相同标识的路由器组成一个 VRPP 组，需要手动指定，取值为 1~255。

（4）优先级：取值为 1~255，取值越大优先级越高，默认为 100。

（5）IP 地址数：同一个 VRRP 组可以有多个虚拟 IP 地址。这个字段的作用就是标识这个 VRRP 组的虚拟 IP 地址数量。

（6）rsvd：VRRP 报文的保留字段，必须设置为 0。

（7）最大通告时间间隔：这个字段标识了 VRRP 设备发送 VRRP 通告消息的时间间隔，单位为 s。

（8）校验和：这个字段的作用是让接收方 VRRP 设备检测这个 VRRP 消息是否与始发时一致。

（9）IPvX 地址：这个字段的作用是标识这个 VRRP 组的虚拟 IP 地址。

13.3　VRRP v3 工作过程

VRRP 为局域网提供冗余网关的工作方式如下。

（1）VRRP 组选举出主用路由器，如图 13-5 所示。

VRRP 组中的路由器在选举主用路由器时，会首先对比优先级，优先级最高的接口会成为主用路由器。若多个 VRRP 路由器接口的优先级相同，它们之间则会继续对比接口的 IP 地址，IP 地址最大的接口会成为主用路由器。

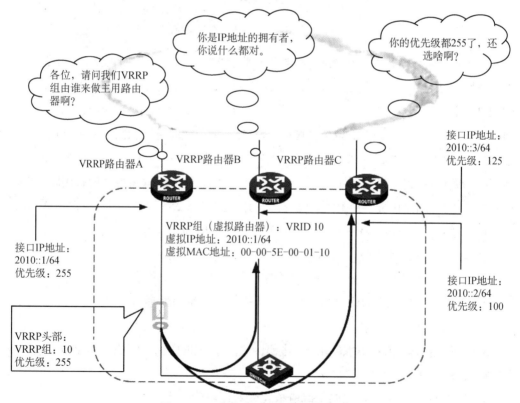

图 13-5　VRRP 主用路由器选举示意图

（2）主用路由器会主动在这个局域网中发送 ARP 响应消息来通告这个 VRRP 组虚拟的 MAC 地址，并且开始周期性地向 VRRP 组中的其他路由器通告自己的信息和状态，如图 13-6 所示。

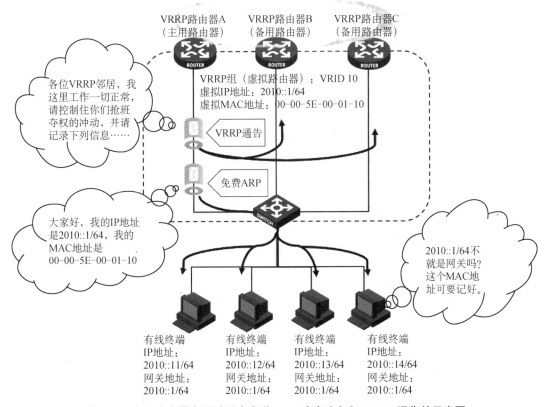

图 13-6 主用路由器在局域网中发送 ARP 响应消息和 VRRP 通告的示意图

（3）当这个局域网中的终端都获得了网关地址（VRRP 组虚拟 IP 地址）所对应的 MAC 地址（VRRP 组虚拟 MAC 地址）之后，它们就会使用虚拟 IP 地址和虚拟 MAC 地址封装数据。同时，在所有接收到发送给网关虚拟地址的 VRRP 组成员设备中，只有主用路由器会对这些数据进行处理或转发，备用路由器则会丢弃发送给虚拟地址的数据，如图 13-7 所示。

（4）如果主用路由器出现故障，那么 VRRP 组中的备用路由器就会因为在指定时间内没有接收到来自主用路由器的 VRRP 通告消息而发觉主用路由器已经无法为局域网提供网关服务，于是它们就会重新选举新的主用路由器，并且开始为这个局域网中的终端转发往返于外部网络的数据。这个物理网关设备切换的过程终端设备并不知情，这个过程也并不会影响终端设备继续使用 VRRP 虚拟地址来封装发送给网关设备和外部网络的数据包。实际上，对终端设备发送的数据包做出响应的物理设备已经不是原来的网关设备了。

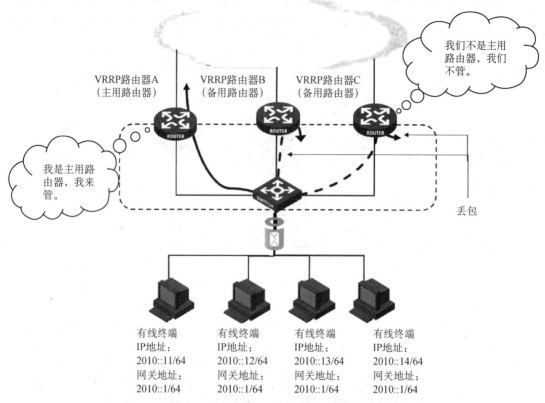

图13-7 VRRP主用路由器负责转发往返于外部网络的流量

13.4 VRRP v3 负载均衡

如图 13-8 所示,根据选举规则,路由器 R1 成为 Master(主用路由器),持有虚拟 IP 地址【2010::1】,为【2010::/64】网段提供网关服务,【2010::/64】网段的流量全部经由路由器 R1 转发到外部网络中,而路由器 R2 作为 Backup(备用路由器),不转发任何流量。这将导致路由器 R1 负担过重,而路由器 R2 持续处于空闲状态。

VRRP v3 负载均衡指的是创建多个备份组,多个备份组同时承担数据转发的任务,对于每个备份组,都有自己的 Master 和若干 Backup。如图 13-9 所示,创建备份组 VRID 10,以路由器 R1 作为 Master,路由器 R2 作为 Backup,协商出虚拟 IP 地址为【2010::1】,作为人事部 PC1 的网关地址,由路由器 R1 承担人事部流量转发工作。创建备份组 VRID 20,以路由器 R2 作为 Master,路由器 R1 作为 Backup,协商出虚拟 IP 地址【2010::100】作为财务部 PC2 的网关地址,由路由器 R2 承担财务部流量转发工作。

项目13 Jan16公司基于VRRP6的ISP双出口备份链路配置

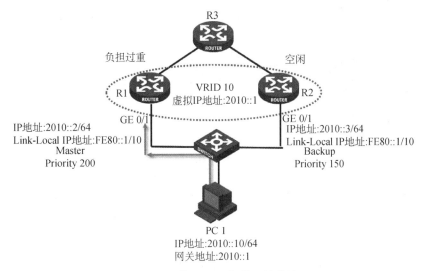

图13-8 单VRRP备份组的弊端

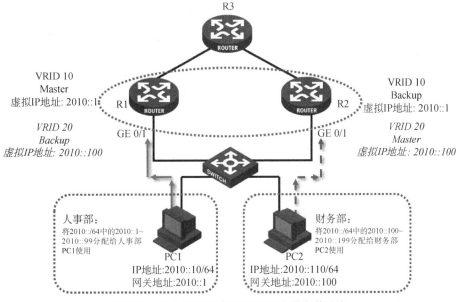

图13-9 多个VRRP备份组实现流量负载均衡

项目规划设计

▶ 项目拓扑

本项目中，使用三台PC、三台路由器、两台二层交换机来构建项目网络拓扑，如图13-10所示。其中PC1是Web服务器，PC2是FTP服务器，PC3是互联网PC，R1是Jan16公司网络的出口路由器，交换机SW2用于连接Web服务器和FTP服务器，路由器R2和R3

作为 Web 服务器和 FTP 服务器的主、备网关。

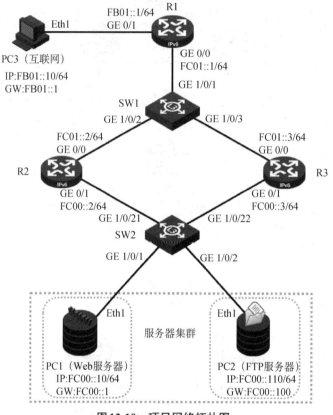

图 13-10　项目网络拓扑图

▶ 项目规划

根据图 13-10 所示的项目网络拓扑进行业务规划，端口互联规划、VRRP6 备份组规划、IPv6 地址规划如表 13-1～表 13-3 所示。

表 13-1　端口互联规划表

本端设备	本端接口	对端设备	对端接口
PC1	Eth1	SW2	GE 1/0/1
PC2	Eth1	SW2	GE 1/0/2
PC3	Eth1	R1	GE 0/1
R1	GE 0/0	SW1	GE 1/0/1
R1	GE 0/1	PC3	Eth1
R2	GE 0/0	SW1	GE 1/0/2
R2	GE 0/1	SW2	GE 1/0/21
R3	GE 0/0	SW1	GE 1/0/3
R3	GE 0/1	SW2	GE 1/0/22

项目 13　Jan16公司基于VRRP6的ISP双出口备份链路配置

（续表）

本端设备	本端接口	对端设备	对端接口
SW1	GE 1/0/1	R1	GE 0/0
	GE 1/0/2	R2	GE 0/0
	GE 1/0/3	R3	GE 0/0
SW2	GE 1/0/1	PC1	Eth1
	GE 1/0/2	PC2	Eth1
	GE 1/0/21	R2	GE 0/1
	GE 1/0/22	R3	GE 0/1

表 13-2　VRRP6备份组规划表

备份组号	虚拟 IP 地址	虚拟链路本地地址	设备名称	优先级
10	FC00::1	FE80::10	R2	200
			R3	150
20	FC00::100	FE80::20	R2	150
			R3	200

表 13-3　IPv6 地址规划表

设备名称	接口	IPv6 地址	网关地址	用途
PC1	Eth1	FC00::10/64	FC00::1	PC1 地址
PC2	Eth1	FC00::110/64	FC00::100	PC2 地址
PC3	Eth1	FB01::10/64	FB01::1	PC3 地址
R1	GE 0/0	FC01::1/64	N/A	接口地址
	GE 0/1	FB01::1/64	N/A	接口地址
R2	GE 0/0	FC01::2/64	N/A	接口地址
	GE 0/1	FC00::2/64	N/A	接口地址
R3	GE 0/0	FC01::3/64	N/A	接口地址
	GE 0/1	FC00::3/64	N/A	接口地址

项目实施

任务 13-1　配置 PC、路由器的 IPv6 地址

▶ **任务规划**

根据 IPv6 地址规划表，为 PC、路由器配置 IPv6 地址。

▶ 任务实施

1. 根据表13-4为各PC配置IPv6地址及网关地址

表13-4 各PC的IPv6地址及网关地址

设备名称	IPv6 地址	网关地址
PC1	FC00::10/64	FC00::1
PC2	FC00::110/64	FC00::100
PC3	FB01::10/64	FB01::1

PC1 的 IPv6 地址配置结果如图 13-11 所示，同理完成 PC2～PC3 的 IPv6 地址配置。

图 13-11　PC1 的 IPv6 地址配置结果

2. 配置路由器 R1 的端口 IP 地址

在路由器 R1 上配置 IPv6 地址作为 PC3 的网关地址，以及与路由器 R2、路由器 R3 互联的地址。

```
<H3C>system-view                              //进入系统视图
[H3C]sysname R1                               //修改设备名称
[R1]ipv6                                      //全局启用 IPv6功能
[R1]interface GigabitEthernet 0/0             //进入端口视图
```

```
[R1-GigabitEthernet0/0]ipv6 address fc01::1 64    //配置IPv6地址
[R1-GigabitEthernet0/0]quit                        //退出端口视图
[R1]interface GigabitEthernet 0/1                  //进入端口视图
[R1-GigabitEthernet0/1]ipv6 address fb01::1 64    //配置IPv6地址
[R1-GigabitEthernet0/1]quit                        //退出端口视图
```

3. 配置路由器 R2 的端口 IP 地址

在路由器 R2 上配置 IPv6 地址作为 PC2、PC3 的网关地址，以及与路由器 R1、路由器 R3 互联的地址。

```
<H3C>system-view                                   //进入系统视图
[H3C]sysname R2                                    //修改设备名称
[R2]ipv6                                           //全局启用IPv6功能
[R2]interface GigabitEthernet 0/0                  //进入端口视图
[R2-GigabitEthernet0/0]ipv6 address fc01::2 64    //配置IPv6地址
[R2-GigabitEthernet0/0]quit                        //退出端口视图
[R2]interface GigabitEthernet 0/1                  //进入端口视图
[R2-GigabitEthernet0/1]ipv6 address fc00::2 64    //配置IPv6地址
[R2-GigabitEthernet0/1]quit                        //退出端口视图
```

4. 配置路由器 R3 的端口 IP 地址

在路由器 R3 上配置 IPv6 地址作为 PC2、PC3 的网关地址，以及与路由器 R1、路由器 R2 互联的地址。

```
<H3C>system-view                                   //进入系统视图
[H3C]sysname R3                                    //修改设备名称
[R3]ipv6                                           //全局启用IPv6功能
[R3]interface GigabitEthernet 0/0                  //进入端口视图
[R3-GigabitEthernet0/0]ipv6 address fc01::3 64    //配置IPv6地址
[R3-GigabitEthernet0/0]quit                        //退出端口视图
[R3]interface GigabitEthernet 0/1                  //进入端口视图
[R3-GigabitEthernet0/1]ipv6 address fc00::3 64    //配置IPv6地址
[R3-GigabitEthernet0/1]quit                        //退出端口视图
```

▶ 任务验证

（1）在路由器 R1 上使用【display ipv6 interface brief】命令查看 IPv6 地址配置情况，如图 13-12 所示。

```
[R1]display ipv6 interface brief
… …
Interface                        Physical Protocol    IPv6 Address
GigabitEthernet0/0                 up        up       FC01::1
GigabitEthernet0/1                 up        up       FB01::1
```

图 13-12　在路由器 R1 上查看 IPv6 地址配置情况

（2）在路由器 R2 上使用【display ipv6 interface brief】命令查看 IPv6 地址配置情况，如图 13-13 所示。

```
[R2]display ipv6 interface brief
… …
Interface                        Physical Protocol    IPv6 Address
GigabitEthernet0/0                 up        up       FC01::2
GigabitEthernet0/1                 up        up       FC00::2
```

图 13-13　在路由器 R2 上查看 IPv6 地址配置情况

（3）在路由器 R3 上使用【display ipv6 interface brief】命令查看 IPv6 地址配置情况，如图 13-14 所示。

```
[R3]display ipv6 interface brief
… …
Interface                        Physical Protocol    IPv6 Address
GigabitEthernet0/0                 up        up       FC01::3
GigabitEthernet0/1                 up        up       FC00::3
```

图 13-14　在路由器 R3 上查看 IPv6 地址配置情况

任务 13-2　配置静态路由

▶ **任务规划**

为路由器 R1 配置静态路由，因路由器 R1 有两条访问服务器集群的路径，所以需指定路由器 R2 和 R3 作为下一跳。

分别为路由器 R2 和 R3 配置指向服务器集群的静态路由，下一跳为路由器 R1。

▶ **任务实施**

1. 配置路由器 R1 的静态路由

配置静态路由前缀 FC00::/64，下一跳为 FC01::2 和 FC01::3。

```
[R1]ipv6 route-static fc00:: 64 fc01::2          //配置静态路由
[R1]ipv6 route-static fc00:: 64 fc01::3          //配置静态路由
```

2. 配置路由器 R2 的静态路由

配置静态路由前缀 FB01::/64，下一跳为 FC01::1。

```
[R2]ipv6 route-static fb01:: 64 fc01::1          //配置静态路由
```

3. 配置路由器 R3 的静态路由

配置静态路由前缀 FB01::/64，下一跳为 FC01::1。

```
[R3]ipv6 route-static fb01:: 64 fc01::1          //配置静态路由
```

▶ 任务验证

（1）在路由器 R1 上使用【display ipv6 routing-table】命令查看静态路由配置情况，如图 13-15 所示。

```
[R1]display ipv6 routing-table
… …
Destination: FC00::/64            Protocol  : Static
NextHop    : FC01::2              Preference: 60
Interface  : GE0/0                Cost      : 0

Destination: FC00::/64            Protocol  : Static
NextHop    : FC01::3              Preference: 60
Interface  : GE0/0                Cost      : 0
… …
```

图 13-15 在路由器 R1 上查看静态路由配置情况

（2）在路由器 R2 上使用【display ipv6 routing-table】命令查看静态路由配置情况，如图 13-16 所示。

```
[R2]display ipv6 routing-table
… …
Destination: FB01::/64            Protocol  : Static
NextHop    : FC01::1              Preference: 60
Interface  : GE0/0                Cost      : 0
… …
```

图 13-16 在路由器 R2 上查看静态路由配置情况

（3）在路由器 R3 上使用【display ipv6 routing-table】命令查看静态路由配置情况，如

图 13-17 所示。

```
[R3]display ipv6 routing-table
… …
Destination: FB01::/64              Protocol   : Static
NextHop     : FC01::1               Preference: 60
Interface   : GE0/0                 Cost       : 0
… …
```

图 13-17　在路由器 R3 上查看静态路由配置情况

任务 13-3　配置 VRRP6

▶ 任务规划

扫一扫
看微课

根据 VRRP6 备份组规划表，为路由器 R2 和 R3 配置 VRRP6。

▶ 任务实施

1. 配置路由器 R2 的 VRRP6 备份组

为路由器 R2 创建备份组 10 和备份组 20。

```
[R2]interface GigabitEthernet0/1          //进入端口视图
[R2-GigabitEthernet0/1]vrrp ipv6 vrid 10 virtual-ip FE80::10 link-local
                            //配置虚拟链路本地地址，在虚拟 IP 地址之前配置
[R2-GigabitEthernet0/1]vrrp ipv6 vrid 10 virtual-ip FC00::1
                            //配置虚拟 IP 地址
[R2-GigabitEthernet0/1]vrrp ipv6 vrid 10 priority 200
                            //配置 VRID 组的优先级
[R2-GigabitEthernet0/1]vrrp ipv6 vrid 20 virtual-ip FE80::20 link-local
                            //配置虚拟链路本地地址，在虚拟 IP 地址之前配置
[R2-GigabitEthernet0/1]vrrp ipv6 vrid 20 virtual-ip FC00::100
                            //配置虚拟 IP 地址
[R2-GigabitEthernet0/1]vrrp ipv6 vrid 20 priority 150
                            //配置 VRID 组的优先级
[R2-GigabitEthernet0/1]quit               //退出端口视图
```

2. 配置路由器 R3 的 VRRP6 备份组

为路由器 R3 创建备份组 10 和备份组 20。

```
[R3]interface GigabitEthernet 0/1        //进入端口视图
[R3-GigabitEthernet0/1]vrrp ipv6 vrid 10 virtual-ip FE80::10 link-local
                                         //配置虚拟链路本地地址，在虚拟IP地址之前配置
[R3-GigabitEthernet0/1]vrrp ipv6 vrid 10 virtual-ip FC00::1
                                         //配置虚拟IP地址
[R3-GigabitEthernet0/1]vrrp ipv6 vrid 10 priority 150
                                         //配置VRID组的优先级
[R3-GigabitEthernet0/1]vrrp ipv6 vrid 20 virtual-ip FE80::20 link-local
                                         //配置虚拟链路本地地址，在虚拟IP地址之前配置
[R3-GigabitEthernet0/1]vrrp ipv6 vrid 20 virtual-ip FC00::100
                                         //配置虚拟IP地址
[R3-GigabitEthernet0/1]vrrp ipv6 vrid 20 priority 200
                                         //配置VRID组的优先级
[R3-GigabitEthernet0/1]quit              //退出端口视图
```

▶ 任务验证

（1）在路由器 R2 上使用【display vrrp ipv6】命令查看 VRRP6 选举情况，如图 13-18 所示。

```
[R2]display vrrp ipv6
IPv6 Virtual Router Information:
 Running mode     : Standard
 Total number of virtual routers : 2
 Interface        VRID    State       Running   Adver   Auth     Virtual
                                      Pri       Timer   Type     IP
 ----------------------------------------------------------------------
 GE0/1            10      Master      200       100     None     FE80::10
 GE0/1            20      Backup      150       100     None     FE80::20
```

图 13-18　在路由器 R2 上查看 VRRP6 选举情况

（2）在路由器 R3 上使用【display vrrp ipv6】命令查看 VRRP6 选举情况，如图 13-19 所示。

```
[R3]display vrrp ipv6
IPv6 Virtual Router Information:
 Running mode     : Standard
 Total number of virtual routers : 2
 Interface        VRID    State       Running   Adver   Auth     Virtual
                                      Pri       Timer   Type     IP
 ----------------------------------------------------------------------
 GE0/1            10      Backup      150       100     None     FE80::10
 GE0/1            20      Master      200       100     None     FE80::20
```

图 13-19　在路由器 R3 上查看 VRRP6 选举情况

（1）使用 PC1 tracert PC3 的 IPv6 地址 FB01::10，如图 13-20 所示。可以看到，PC1 访问 PC3 的路径为 R2→R1→PC3。

```
PC>tracert FB01::10

通过最多 30 个跃点跟踪到 FC00::10 的路由

  1    <1 毫秒   <1 毫秒   <1 毫秒  FC00::2
  2    <1 毫秒   <1 毫秒   <1 毫秒  FC01::1
  3    <1 毫秒   <1 毫秒   <1 毫秒  FB01::10
```

图 13-20 使用 PC1 访问 PC3 的路径

（2）使用 PC2 tracert PC3 的 IPv6 地址 FB01::10，如图 13-21 所示。可以看到，PC2 访问 PC3 的路径为 R3→R1→PC3。

```
PC>tracert FB01::10

通过最多 30 个跃点跟踪到 FB01::10 的路由

  1    <1 毫秒   <1 毫秒   <1 毫秒  FC00::3
  2    <1 毫秒   <1 毫秒   <1 毫秒  FC01::1
  3    1 ms      1 ms      1 ms    FB01::10
```

图 13-21 使用 PC2 访问 PC3 的路径

一、理论题

1. 以下关于 VRRP 的描述错误的是（　　）。（单选）

 A. VRRP v3 版本可支持配置 VRRP6

 B. VRRP v2 版本可支持配置 VRRP6

 C. 配置 VRRP6 可以为 PC 提供备份网关

 D. VRRP v3 可支持 IPv4 网络

2. 关于 VRRP 优先级的说法错误的是（　　）。（单选）

 A. 优先级数值越大越优先　　　　　B. 优先级最大设备会成为 Master

 C. 默认优先级数值为 100　　　　　D. IP 地址拥有者的优先级可被修改

3. 以下关于 VRRP 作用的说法正确的是（　　）。（单选）

A. 提高了网络中默认网关的可靠性

B. 加快了网络中路由协议的收敛速度

C. 主要用于网络中的流量分担

D. 为不同网段提供一个默认网关，简化了网络中 PC 的网关配置

4. 配置 VRRP 功能可以实现（　　）。（多选）

A. 局域网的网关备份　　　　　　B. 广域网的网关备份

C. 流量负载分担　　　　　　　　D. 帮助 PC 完成路由选路

5. 提供相同虚拟 IP 地址的设备上创建的 VRID 必须相同。（　　）（判断）

6. 同一个接口下可以创建多个 VRRP 备份组。（　　）（判断）

二、项目实训题

1. 项目背景与要求

Jan16 科技公司有个服务器集群，现需要为服务器集群中的 Web 服务器和 FTP 服务器分别配备主网关和备份网关。实训网络拓扑如图 13-22 所示。具体要求如下：

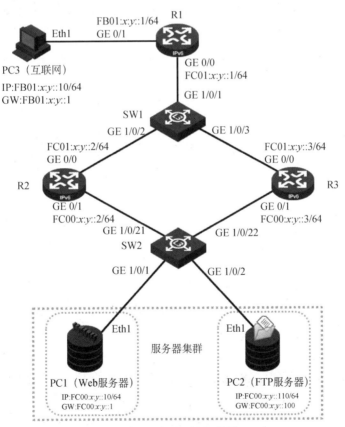

图 13-22　实训网络拓扑图

（1）根据实训网络拓扑，为 PC 和路由器配置 IPv6 地址（x 为班级，y 为短学号）；
（2）为路由器 R1 配置通往服务器集群的静态路由，下一跳分别为路由器 R2 和 R3；
（3）为路由器 R2 配置通往互联网的静态路由，下一跳为路由器 R1；
（4）为路由器 R3 配置通往互联网的静态路由，下一跳为路由器 R1；
（5）配置 VRRP6。

2. 实训业务规划

根据以上实训网络拓扑和要求，参考本项目的项目规划完成表 13-5～表 13-7 的规划。

表 13-5　端口互联规划表

本端设备	本端接口	对端设备	对端接口

表 13-6　VRRP6 备份组规划表

服务器	备份组号	设备名称	虚拟 IP 地址	虚拟链路本地地址	优先级

表 13-7　IPv6 地址规划表

设备名称	接　　口	IPv6 地址	网关地址	用　　途

3. 实训要求

完成实验后，请截取以下实验验证结果。

（1）在路由器 R1 上使用【display ipv6 routing-table】命令，查看 IPv6 路由表信息。
（2）在路由器 R2 上使用【display ipv6 routing-table】命令，查看 IPv6 路由表信息。
（3）在路由器 R3 上使用【display ipv6 routing-table】命令，查看 IPv6 路由表信息。
（4）在路由器 R2 上使用【display vrrp ipv6】命令，查看 vrrp6 选举情况。
（5）在路由器 R3 上使用【display vrrp ipv6】命令，查看 vrrp6 选举情况。
（6）使用 PC3 tracert Web 服务器，查看互联网主机访问 Web 服务器的路径。
（7）使用 PC3 tracert FTP 服务器，查看互联网主机访问 FTP 服务器的路径。

项目 14 Jan16 公司基于 MSTP 和 VRRP 的高可靠性网络搭建

项目描述

Jan16 公司网络已全面升级为 IPv6 网络,现公司业务流量较大,为防止因单点故障导致网络服务中断,需要为项目部和策划部的通信链路配置冗余链路并实现负载分担。公司网络拓扑如图 14-1 所示,具体要求如下。

(1)项目部以交换机 SW1 作为网关,策划部以交换机 SW2 作为网关。交换机 SW1 与交换机 SW2 互为备份,主网关故障时,备份网关继续传送用户数据。

(2)为提高两台核心交换机 SW1 和 SW2 之间的数据交换速率,在 SW1 和 SW2 之间配置聚合链路提高链路带宽。

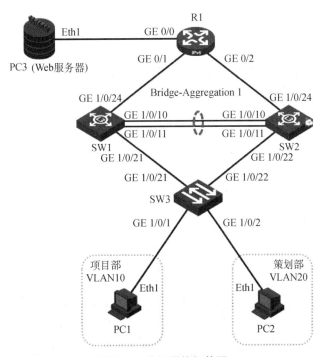

图 14-1 公司网络拓扑图

项目需求分析

Jan16 公司需要为项目部和策划部配备主网关和备份网关,可为各部门创建部门 VLAN 并配置 VRRP6 和 MSTP 协议。

在交换机 SW1 与 SW2 上为项目部 VLAN 10 和策划部 VLAN 20 各创建一个 VRRP6 备份组,分别为 VRID 10 和 VRID 20,备份组 VRID 10 设置交换机 SW1 作为主网关,交换机 SW2 作为备份网关。备份组 VRID 20 设置交换机 SW2 作为主网关,交换机 SW1 作为备份网关。

项目部 VLAN 10 和策划部 VLAN 20 各创建一个 MSTP 实例,分别为 Instance 10 和 Instance 20,Instance 10 以交换机 SW1 作为根桥,交换机 SW2 作为备份根桥,Instance 20 以交换机 SW2 作为根桥,交换机 SW1 作为备份根桥,实现数据链路层流量路径的优选。

调整 OSPFv3 的开销值(cost 值),使得一般情况下路由器 R1 向项目部转发流量时优先经由交换机 SW1 转发,交换机 SW2 作为备份网关。向策划部转发流量时优先经由交换机 SW2 转发,交换机 SW1 作为备份网关。

为提高交换机 SW1 和 SW2 之间的链路带宽,可通过创建链路聚合组 1,将交换机 SW1 和 SW2 的中间链路加入聚合组中来实现。

因此,本项目可以通过以下工作任务来完成。

(1)配置部门 VLAN,实现部门网络划分。
(2)配置聚合链路及交换机互联链路,实现 PC 与网关交换机之间的通信。
(3)配置 PC、路由器、交换机的 IPv6 地址,完成 IPv6 网络的创建。
(4)配置 MSTP,实现交换机冗余链路的创建。
(5)配置 VRRP6,实现虚拟网关的创建。
(6)配置 OSPFv3,实现 IPv6 路由自动学习。
(7)调整 OSPFv3 接口 cost 值,实现 OSPFv3 基于 cost 值的选路。

项目相关知识

14.1 传统生成树协议的弊端

在传统园区网络中,为了提高网络的可靠性,通常会通过增设冗余设备及冗余链路来实现,但同时会带来网络环路和链路闲置的问题。STP(Spanning Tree Protocol,生成树协议)和 RSTP（Rapid Spanning Tree Protocol，快速生成树协议）便是为解决交换网络中因增设冗余设备与冗余链路造成的网络环路问题而设计的，但仅解决了网络环路问题，链路闲置的问题仍然存在。

如图 14-2 所示，是运行 STP 的网络拓扑。在交换机 SW1 上 GE 1/0/1 被选举为阻塞端口，GE 1/0/2 被选举为根端口，根端口用于转发 VLAN10 和 VLAN20 的流量。当 VLAN20 需要访问其他网段的网络时，经由交换机 SW1 将流量转发至交换机 SW3 即可被网关转发。当 VLAN10 需要访问其他网段的网络时，需经由交换机 SW1 将流量转发至交换机 SW3 再转发至交换机 SW2 才可被网关转发，显然 VLAN10 的流量路径在网络拓扑中并非最优，而且在通信过程中，交换机 SW1 的 GE 1/0/1 接口的链路处于闲置状态。

若端口 GE 1/0/2 发生故障，GE 1/0/1 端口被选举为新的根端口，负责转发流量。此时，因配置问题，GE 1/0/1 端口的允许列表并未允许 VLAN20 的流量通过，将导致 VLAN20 网络中终端无法与外部网络进行通信。

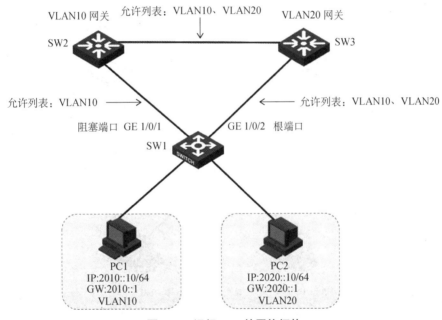

图 14-2　运行 STP 的网络拓扑

14.2　MSTP 协议原理

IEEE（Institute of Electrical and Electronics Engineers，电气与电子工程师协会）于 2002 年发布的 802.1S 标准定义了多生成树协议（Multiple Spanning Tree Protocol，MSTP），它是一种 STP 和 VLAN 结合使用的新协议，它既继承了 RSTP 端口快速迁移的优点，又解决了 RSTP 中不同 VLAN 必须运行在同一棵生成树上导致链路闲置的问题。MSTP 协议是 H3C

交换机默认运行的生成树协议。

MSTP 提出多生成树实例（MST Instance，MSTI）的概念，MSTP 允许将一个或多个 VLAN 映射到一个 MSTI 中，每个 MSTI 均根据 RSTP 算法，独立计算根交换机，单独设置端口状态，即在交换网络中计算多棵生成树，不同的生成树之间独立运行互不干扰。每个 MSTI 都有一个标识（MST Instance ID，MSTID），默认情况下，交换机所创建的 VLAN 均属于 MST Instance 0。

MSTP 的工作原理如图 14-3 所示，为 MSTP 创建两个实例（Instance），分别为 Instance 10 和 Instance 20，Instance 10 包含 VLAN10，通过配置，以交换机 SW2 作为根桥（选举原理与 RSTP 一样），交换机 SW1 的 GE 1/0/1 端口作为根端口转发 VLAN10 流量，VLAN10 流量可以通过最优路径抵达网关。Instance 20 包含 VLAN20，通过配置，以交换机 SW3 作为根桥，交换机 SW1 的 GE 1/0/2 端口作为根端口转发 VLAN20 流量，VLAN20 流量可以通过最优路径抵达网关。这样既解决了网络环路问题，也解决了链路闲置问题，流量能够在交换机 SW2 和 SW3 之间进行均衡。

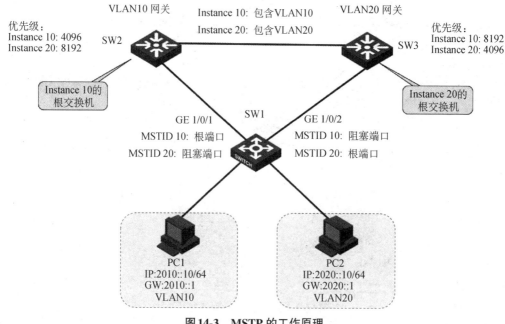

图 14-3　MSTP 的工作原理

14.3　MSTP+VRRP

MSTP 结合 VRRP 的工作模式如图 14-4 所示，Instance 10 的根交换机是 SW2，Instance 20 的根交换机是 SW3，VLAN10 和 VLAN20 的流量分别经由交换机 SW2 和 SW3 转发至其他网络中。此时设置交换机 SW2 作为 VLAN10 的网关交换机，交换机 SW3 作为 VLAN20 的网关交换机，那么 VLAN10 和 VLAN20 的流量均可通过最优路径将流量发送至网关。

若交换机 SW1 的 GE 1/0/1 端口出现故障，Instance 10 的 GE 1/0/2 端口便会被选举成为新的根端口，用于转发 VLAN10 的流量。此时 VLAN10 的流量要抵达网关，需经由交换机 SW1 发送至交换机 SW3 再发送给交换机 SW2，形成次优路径。如果此时有 VRRP 协议配合使用，可设置交换机 SW2 作为 VLAN10 的主网关，交换机 SW3 作为 VLAN10 的备份网关，当 GE 1/0/1 端口故障时，交换机 SW3 能切换为 VLAN10 的主网关，这样 VLAN10 与网关之间的流量路径仍为最优路径。

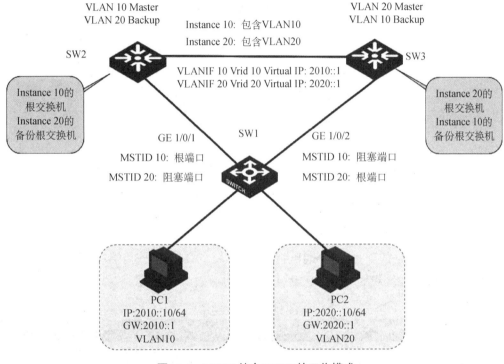

图 14-4 MSTP 结合 VRRP 的工作模式

项目规划设计

▶ 项目拓扑

本项目中，使用三台 PC、一台路由器、两台三层交换机、一台二层交换机来构建项目网络拓扑，如图 14-5 所示。其中 PC1 是项目部 PC，PC2 是策划部 PC，PC3 是公司 Web 服务器，R1 是 Jan16 公司网络的核心路由器，SW3 作为接入层交换机连接项目部和策划部的 PC，SW1 和 SW2 是汇聚层交换机，并作为各部门 PC 通信的网关。

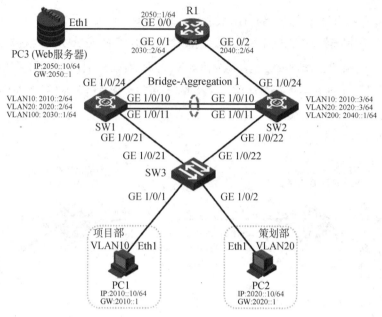

图 14-5 项目网络拓扑图

▶ 项目规划

根据图 14-5 所示的项目网络拓扑进行业务规划,VLAN 规划、端口互联规划、VRRP6 备份组规划、IPv6 地址规划、MSTP 规划如表 14-1～表 14-5 所示。

表 14-1 VLAN 规划表

VLAN	IP 地址段	用 途
VLAN10	2010::/64	项目部
VLAN20	2020::/64	策划部
VLAN100	2030::/64	交换机 SW1 与路由器 R1 互联地址
VLAN200	2040::/64	交换机 SW2 与路由器 R1 互联地址

表 14-2 端口互联规划表

本端设备	本端接口	对端设备	对端接口
PC1	Eth1	SW3	GE 1/0/1
PC2	Eth1	SW3	GE 1/0/2
PC3(Web 服务器)	Eth1	R1	GE 0/0
R1	GE 0/0	PC3(Web 服务器)	Eth1
	GE 0/1	SW1	GE 1/0/24
	GE 0/2	SW2	GE 1/0/24
SW1	GE 1/0/10	SW2	GE 1/0/10
	GE 1/0/11	SW2	GE 1/0/11

项目14 Jan16公司基于MSTP和VRRP的高可靠性网络搭建

（续表）

本端设备	本端接口	对端设备	对端接口
SW1	GE 1/0/21	SW3	GE 1/0/21
	GE 1/0/24	R1	GE 0/1
SW2	GE 1/0/10	SW1	GE 1/0/10
	GE 1/0/11	SW1	GE 1/0/11
	GE 1/0/22	SW3	GE 1/0/22
	GE 1/0/24	R1	GE 0/2
SW3	GE 1/0/1	PC1	Eth1
	GE 1/0/2	PC2	Eth1
	GE 1/0/21	SW1	GE 1/0/21
	GE 1/0/22	SW2	GE 1/0/22

表14-3 VRRP6备份组规划表

备份组号	VLAN	设备名称	虚拟IP地址	虚拟链路本地地址	优先级
10	10	SW1	2010::1	FE80::10	200
		SW2			150
20	20	SW1	2020::1	FE80::20	150
		SW2			200

表14-4 IPv6地址规划表

设备名称	接口	IPv6地址	网关地址	用途
PC1	Eth1	2010::10/64	2010::1	PC1地址
PC2	Eth1	2020::10/64	2020::1	PC2地址
PC3（Web服务器）	Eth1	2050::10/64	2050::1	Web服务器地址
R1	GE 0/0	2050::1/64	N/A	Web服务器网关地址
	GE 0/1	2030::2/64	N/A	接口地址
	GE 0/2	2040::2/64	N/A	接口地址
SW1	VLAN10	2010::2/64	N/A	接口地址
	VLAN20	2020::2/64	N/A	接口地址
	VLAN100	2030::1/64	N/A	接口地址
SW2	VLAN10	2010::3/64	N/A	接口地址
	VLAN20	2020::3/64	N/A	接口地址
	VLAN200	2040::1/64	N/A	接口地址

表14-5 MSTP规划表

设备名称	VLAN	MSTID	域名	优先级
SW1	10	10	JAN16	4096
	20	20		8192

（续表）

设备名称	VLAN	MSTID	域名	优先级
SW2	10	10	JAN16	8192
	20	20		4096

项目实施

任务 14-1　配置部门 VLAN

▶ 任务规划

根据端口互联规划表的要求，为 3 台交换机创建部门 VLAN，然后将对应端口划分到部门 VLAN 中。

▶ 任务实施

1. 在交换机上创建 VLAN

（1）为交换机 SW1 创建部门 VLAN10、VLAN20 及通信 VLAN100。

```
<H3C>system-view              //进入系统视图
[H3C]sysname SW1              //修改设备名称
[SW1]vlan 10 20 100           //创建 VLAN10、VLAN20、VLAN100
```

（2）为交换机 SW2 创建部门 VLAN10、VLAN20 及通信 VLAN200。

```
<H3C>system-view              //进入系统视图
[H3C]sysname SW2              //修改设备名称
[SW2]vlan 10 20 200           //创建 VLAN10、VLAN20、VLAN200
```

（3）为交换机 SW3 创建部门 VLAN10、VLAN20。

```
<H3C>system-view              //进入系统视图
[H3C]sysname SW3              //修改设备名称
[SW3]vlan 10 20               //创建 VLAN 10、20
```

2. 为交换机划分端口到 VLAN 中

（1）为交换机 SW1 划分 VLAN，并将对应端口添加到 VLAN 中。

```
[SW1]interface GigabitEthernet 1/0/24           //进入端口视图
[SW1-GigabitEthernet1/0/24]port access vlan 100
                                                //将ACCESS端口加入VLAN100中
[SW1-GigabitEthernet1/0/24]quit                 //退出端口视图
```

（2）为交换机 SW2 划分 VLAN，并将对应端口添加到 VLAN 中。

```
[SW2]interface GigabitEthernet 1/0/24           //进入端口视图
[SW2-GigabitEthernet1/0/24]port access vlan 200
                                                //将ACCESS端口加入VLAN200中
[SW2-GigabitEthernet1/0/24]quit                 //退出端口视图
```

（3）为交换机 SW3 划分 VLAN，并将对应端口添加到 VLAN 中。

```
[SW3]interface GigabitEthernet 1/0/1            //进入端口视图
[SW3-GigabitEthernet1/0/1]port access vlan 10
                                                //将ACCESS端口加入VLAN10中
[SW3-GigabitEthernet1/0/1]quit                  //退出端口视图
[SW3]interface GigabitEthernet 1/0/2            //进入端口视图
[SW3-GigabitEthernet1/0/2]port access vlan 20   //将ACCESS端口加入VLAN20中
[SW3-GigabitEthernet1/0/2]quit                  //退出端口视图
```

▶ 任务验证

（1）在交换机 SW1 上使用【display vlan】命令查看 VLAN 创建情况，如图 14-6 所示，可以看到 VLAN10、VLAN20、VLAN100 已经成功创建。

```
[SW1]display vlan
 Total VLANs: 4
 The VLANs include:
 1(default), 10, 20, 100
```

图 14-6　在交换机 SW1 上查看 VLAN 创建情况

（2）在交换机 SW2 上使用【display vlan】命令查看 VLAN 创建情况，如图 14-7 所示，可以看到 VLAN10、VLAN20、VLAN200 已经成功创建。

```
[SW2]display vlan
 Total VLANs: 4
 The VLANs include:
 1(default), 10, 20, 200
```

图 14-7　在交换机 SW2 上查看 VLAN 创建情况

（3）在交换机 SW3 上使用【display vlan】命令查看 VLAN 创建情况，如图 14-8 所示，可以看到 VLAN10、VLAN20 已经成功创建。

```
[SW3]display vlan
 Total 3 VLAN exist(s).
 The following VLANs exist:
  1(default), 10, 20
```

图14-8　在交换机 SW3 上查看 VLAN 创建情况

（4）在交换机 SW1 上使用【display interface brief】命令查看链路状态，如图 14-9 所示。

```
[SW1]display interface brief
Interface         Link Speed     Duplex Type PVID Description
… …
GE1/0/24          UP    1G(a)    F(a)    A    100
… …
```

图14-9　在交换机 SW1 上查看链路状态

（5）在交换机 SW2 上使用【display interface brief】命令查看链路状态，如图 14-10 所示。

```
[SW2]display interface brief
Interface         Link Speed     Duplex Type PVID Description
… …
GE1/0/24          UP    1G(a)    F(a)    A    200
… …
```

图14-10　在交换机 SW2 上查看链路状态

（6）在交换机 SW3 上使用【display interface brief】命令查看链路状态，如图 14-11 所示。

```
[SW3]display interface brief
Interface         Link Speed     Duplex Type PVID Description
GE1/0/1           UP    1G(a)    F(a)    A    10
GE1/0/2           UP    1G(a)    F(a)    A    20
… …
```

图14-11　在交换机 SW3 上查看链路状态

任务 14-2　配置聚合链路及交换机互联链路

▶ **任务规划**

扫一扫
看微课

将交换机 SW1 与 SW2 之间的链路配置为聚合链路，交换机 SW1、SW2、SW3 之间的链路需要转发 VLAN10、VLAN20 的流量，因此需要将交换机互联链路设置为 TRUNK 链路，并配置 TRUNK 链路的 VLAN 允许列表。

▶ 任务实施

1. 配置交换机SW1和交换机SW2的聚合链路

（1）在交换机SW1上创建链路聚合端口1，并配置 GE 1/0/10、GE 1/0/11 为聚合链路。

```
[SW1]interface Bridge-Aggregation 1              //创建链路聚合端口1
[SW1-Bridge-Aggregation1]quit                    //退出端口视图
[SW1]interface GigabitEthernet 1/0/10            //进入端口视图
[SW1-GigabitEthernet1/0/10]port link-aggregation group 1
                                                 //添加端口到链路聚合组中
[SW1-GigabitEthernet1/0/10]quit                  //退出端口视图
[SW1]interface GigabitEthernet 1/0/11            //进入端口视图
[SW1-GigabitEthernet1/0/11]port link-aggregation group 1
                                                 //添加端口到链路聚合组中
[SW1-GigabitEthernet1/0/11]quit                  //退出端口视图
```

（2）在交换机SW2上创建链路聚合端口1，并配置 GE 1/0/10、GE 1/0/11 为聚合链路。

```
[SW2]interface Bridge-Aggregation 1              //创建链路聚合端口1
[SW2-Bridge-Aggregation1]quit                    //退出端口视图
[SW2]interface GigabitEthernet 1/0/10            //进入端口视图
[SW2-GigabitEthernet1/0/10]port link-aggregation group 1
                                                 //添加端口到链路聚合组中
[SW2-GigabitEthernet1/0/10]quit                  //退出端口视图
[SW2]interface GigabitEthernet 1/0/11            //进入端口视图
[SW2-GigabitEthernet1/0/11]port link-aggregation group 1
                                                 //添加端口到链路聚合组中
[SW2-GigabitEthernet1/0/11]quit                  //退出端口视图
```

2. 配置交换机SW1、SW2、SW3的互联链路

（1）在交换机SW1上配置交换机互联链路为 TRUNK 链路，并配置 VLAN 允许列表，允许指定的 VLAN 通过。

```
[SW1]interface GigabitEthernet 1/0/21            //进入端口视图
[SW1-GigabitEthernet1/0/21]port link-type trunk
                                                 //配置链路类型为TRUNK
[SW1-GigabitEthernet1/0/21]port trunk permit vlan 10 20
                                                 //配置允许列表
[SW1-GigabitEthernet1/0/21]quit                  //退出端口视图
```

```
[SW1]interface Bridge-Aggregation 1                    //进入链路聚合组
[SW1-Bridge-Aggregation1]port link-type trunk          //配置链路类型为TRUNK
[SW1-Bridge-Aggregation1]port trunk permit vlan 10 20
                                                       //配置允许列表
[SW1-Bridge-Aggregation1]quit                          //退出端口视图
```

（2）在交换机 SW2 上配置交换机互联链路为 TRUNK 链路，并配置 VLAN 允许列表，允许指定的 VLAN 通过。

```
[SW2]interface GigabitEthernet 1/0/22                  //进入端口视图
[SW2-GigabitEthernet1/0/22]port link-type trunk
                                                       //配置链路类型为TRUNK
[SW2-GigabitEthernet1/0/22]port trunk permit vlan 10 20
                                                       //配置允许列表
[SW2-GigabitEthernet1/0/22]quit                        //退出端口视图
[SW2]interface Bridge-Aggregation 1                    //进入链路聚合组
[SW2-Bridge-Aggregation1]port link-type trunk
                                                       //配置链路类型为TRUNK
[SW2-Bridge-Aggregation1]port trunk permit vlan 10 20
                                                       //配置允许列表
[SW2-Bridge-Aggregation1]quit                          //退出端口视图
```

（3）在交换机 SW3 上配置交换机互联链路为 TRUNK 链路，并配置 VLAN 允许列表，允许指定的 VLAN 通过。

```
[SW3]interface GigabitEthernet 1/0/21                  //进入端口视图
[SW3-GigabitEthernet1/0/21]port link-type trunk
                                                       //配置链路类型为TRUNK
[SW3-GigabitEthernet1/0/21]port trunk permit vlan 10 20
                                                       //配置允许列表
[SW3-GigabitEthernet1/0/21]quit                        //退出端口视图
[SW3]interface GigabitEthernet 1/0/22                  //进入链路聚合组
[SW3-GigabitEthernet1/0/22]port link-type trunk
                                                       //配置链路类型为TRUNK
[SW3-GigabitEthernet1/0/22]port trunk permit vlan 10 20
                                                       //配置允许列表
[SW3-GigabitEthernet1/0/22]quit                        //退出端口视图
```

▶ 任务验证

（1）在交换机 SW1 上使用【display link-aggregation verbose】【display port trunk】命令查看聚合链路配置情况和链路状态，如图 14-12 所示。

```
[SW1]display link-aggregation verbose
… …
Aggregate Interface: Bridge-Aggregation1
Aggregation Mode: Static
Loadsharing Type: Shar
Management VLANs: None
  Port              Status   Priority Oper-Key
  GE1/0/10(R)       S        32768    1
  GE1/0/11          S        32768    1

[SW1]display port trunk
Interface         PVID     VLAN Passing
BAGG1             1        1, 10, 20
GE1/0/10          1        1, 10, 20
GE1/0/11          1        1, 10, 20
GE1/0/21          1        1, 10, 20
```

图 14-12 在交换机 SW1 上查看聚合链路配置情况和链路状态

（2）在交换机 SW2 上使用【 display link-aggregation verbose 】【 display port trunk 】命令查看聚合链路配置情况和链路状态，如图 14-13 所示。

```
[SW2]display link-aggregation verbose
… …
Aggregate Interface: Bridge-Aggregation1
Aggregation Mode: Static
Loadsharing Type: Shar
Management VLANs: None
  Port              Status   Priority Oper-Key
  GE1/0/10(R)       S        32768    1
  GE1/0/11          S        32768    1

[SW2]display port trunk
Interface         PVID     VLAN Passing
BAGG1             1        1, 10, 20
GE1/0/10          1        1, 10, 20
GE1/0/11          1        1, 10, 20
GE1/0/22          1        1, 10, 20
```

图 14-13 在交换机 SW2 上查看聚合链路配置情况和链路状态

（3）在交换机 SW3 上使用【 display port trunk 】命令查看链路状态，如图 14-14 所示。

```
[SW3]display port trunk
Interface         PVID     VLAN passing
GE1/0/21          1        1, 10, 20,
GE1/0/22          1        1, 10, 20,
```

图 14-14 在交换机 SW3 上查看链路状态

任务 14-3 配置 PC、路由器、交换机的 IPv6 地址

▶ **任务规划**

扫一扫
看微课

根据 IPv6 地址规划表为路由器、交换机、PC 及服务器配置 IPv6 地址。

▶ **任务实施**

1. 根据表 14-6 为各 PC 配置 IPv6 地址及网关地址

表 14-6 各 PC 的 IPv6 地址及网关地址

设备名称	IPv6 地址	网关地址
PC1	2010::10/64	2010::1
PC2	2020::10/64	2020::1
PC3（Web 服务器）	2050::10/64	2050::1

PC1 的 IPv6 地址配置结果如图 14-15 所示，同理完成 PC2、PC3 的 IPv6 地址配置。

图 14-15 PC1 的 IPv6 地址配置结果

2. 配置路由器 R1 的端口 IP 地址

在路由器 R1 上配置 IPv6 地址,作为与 PC3(Web 服务器)通信的网关地址,以及与交换机 SW1、SW2 互联的地址。

```
<H3C>system-view                                        //进入系统视图
[H3C]sysname R1                                         //修改设备名称
[R1]ipv6                                                //全局下启用 IPv6 功能
[R1]interface GigabitEthernet 0/0                       //进入端口视图
[R1-GigabitEthernet0/0]ipv6 address 2050::1 64          //配置 IPv6 地址
[R1-GigabitEthernet0/0]quit                             //退出端口视图
[R1]interface GigabitEthernet 0/1                       //进入端口视图
[R1-GigabitEthernet0/1]ipv6 address 2030::2 64          //配置 IPv6 地址
[R1-GigabitEthernet0/1]quit                             //退出端口视图
[R1]interface GigabitEthernet 0/2                       //进入端口视图
[R1-GigabitEthernet0/2]ipv6 address 2040::2 64          //配置 IPv6 地址
[R1-GigabitEthernet0/2]quit                             //退出端口视图
```

3. 配置交换机 SW1 的 VLAN 接口 IP 地址

在交换机 SW1 上配置 IPv6 地址,作为 PC1、PC2 的网关地址,以及与路由器 R1 互联的地址。

```
[SW1]ipv6                                               //全局下启用 IPv6 功能
[SW1]interface Vlan-interface 10                        //进入 VLAN 接口视图
[SW1-Vlan-interface10]ipv6 address 2010::2 64           //配置 IPv6 地址
[SW1-Vlan-interface10]quit                              //退出接口视图
[SW1]interface Vlan-interface 20                        //进入 VLAN 接口视图
[SW1-Vlan-interface20]ipv6 address 2020::2 64           //配置 IPv6 地址
[SW1-Vlan-interface20]quit                              //退出接口视图
[SW1]interface Vlan-interface 100                       //进入 VLAN 接口视图
[SW1-Vlan-interface100]ipv6 address 2030::1 64          //配置 IPv6 地址
[SW1-Vlan-interface100]quit                             //退出接口视图
```

4. 配置交换机 SW2 的 VLAN 接口 IP 地址

在交换机 SW2 上配置 IPv6 地址,作为 PC1、PC2 的网关地址,以及与路由器 R1 互联的地址。

```
[SW2]ipv6                                               //全局启用 IPv6 功能
[SW2]interface Vlan-interface 10                        //进入 VLAN 接口视图
[SW2-Vlan-interface10]ipv6 address 2010::3 64           //配置 IPv6 地址
[SW2-Vlan-interface10]quit                              //退出接口视图
```

```
[SW2]interface Vlan-interface 20                      //进入VLAN接口视图
[SW2-Vlan-interface20]ipv6 address 2020::3 64         //配置IPv6地址
[SW2-Vlan-interface20]quit                            //退出接口视图
[SW2]interface Vlan-interface 200                     //进入VLAN接口视图
[SW2-Vlan-interface200]ipv6 address 2040::1 64        //配置IPv6地址
[SW2-Vlan-interface200]quit                           //退出接口视图
```

▶ 任务验证

（1）在路由器 R1 上使用【display ipv6 interface brief】命令查看 IPv6 地址配置情况，如图 14-16 所示。

```
[R1]display ipv6 interface brief
... ...
Interface                Physical    Protocol    IPv6 Address
GigabitEthernet0/0       up          up          2050::1
GigabitEthernet0/1       up          up          2030::2
GigabitEthernet0/2       up          up          2040::2
... ...
```

图 14-16　在路由器 R1 上查看 IPv6 地址配置情况

（2）在交换机 SW1 上使用【display ipv6 interface brief】命令查看 IPv6 地址配置情况，如图 14-17 所示。

```
[SW1]display ipv6 interface brief
... ...
Interface                Physical    Protocol    IPv6 Address
Vlan-interface10         up          up          2010::2
Vlan-interface20         up          up          2020::2
Vlan-interface100        up          up          2030::1
... ...
```

图 14-17　在交换机 SW1 上查看 IPv6 地址配置情况

（3）在交换机 SW2 上使用【display ipv6 interface brief】命令查看 IPv6 地址配置情况，如图 14-18 所示。

```
[SW2]display ipv6 interface brief
... ...
Interface                Physical    Protocol    IPv6 Address
Vlan-interface10         up          up          2010::3
Vlan-interface20         up          up          2020::3
Vlan-interface200        up          up          2040::1
... ...
```

图 14-18　在交换机 SW2 上查看 IPv6 地址配置情况

任务 14-4　配置 MSTP

▶ 任务规划

根据 MSTP 规划表的要求，为交换机 SW1、SW2、SW3 配置 MSTP。

▶ 任务实施

1. 配置交换机 SW1 的 MSTP

配置交换机 SW1 的生成树模式为 MSTP，配置生成树域名并映射 VLAN 到实例中，同时调整实例的优先级。

```
[SW1]stp mode mstp                                    //配置 STP 模式为 MSTP
[SW1]stp region-configuration                         //进入 STP 协议视图
[SW1-mst-region]region-name JAN16                     //配置域名
[SW1-mst-region]instance 10 vlan 10                   //映射 VLAN10 到实例 10 中
[SW1-mst-region]instance 20 vlan 20                   //映射 VLAN20 到实例 20 中
[SW1-mst-region]active region-configuration           //激活配置
[SW1-mst-region]quit                                  //退出 STP 协议视图
[SW1]stp instance 10 priority 4096                    //配置实例优先级
[SW1]stp instance 20 priority 8192                    //配置实例优先级
```

2. 配置交换机 SW2 的 MSTP

配置交换机 SW2 的生成树模式为 MSTP，配置生成树域名并映射 VLAN 到实例中，同时调整实例的优先级。

```
[SW2]stp mode mstp                                    //配置 STP 模式为 MSTP
[SW2]stp region-configuration                         //进入 STP 协议视图
[SW2-mst-region]region-name JAN16                     //配置域名
[SW2-mst-region]instance 10 vlan 10                   //映射 VLAN10 到实例 10 中
[SW2-mst-region]instance 20 vlan 20                   //映射 VLAN20 到实例 20 中
[SW2-mst-region]active region-configuration           //激活配置
[SW2-mst-region]quit                                  //退出 STP 协议视图
[SW2]stp instance 10 priority 8192                    //配置实例优先级
[SW2]stp instance 20 priority 4096                    //配置实例优先级
```

3. 配置交换机 SW3 的 MSTP

配置交换机 SW3 的生成树模式为 MSTP，配置生成树域名并映射 VLAN 到实例中。

```
[SW3]stp mode mstp                              //配置 STP 模式为 MSTP
[SW3]stp region-configuration                   //进入 STP 协议视图
[SW3-mst-region]region-name JAN16               //配置域名
[SW3-mst-region]instance 10 vlan 10             //映射 VLAN10 到实例 10 中
[SW3-mst-region]instance 20 vlan 20             //映射 VLAN20 到实例 20 中
[SW3-mst-region]active region-configuration     //激活配置
[SW3-mst-region]quit                            //退出 STP 协议视图
[SW3]interface GigabitEthernet 1/0/1            //进入端口视图
[SW3-GigabitEthernet1/0/1]stp edged-port        //配置端口为边缘端口
[SW3-GigabitEthernet1/0/1]quit                  //退出端口视图
[SW3]interface GigabitEthernet 1/0/2            //进入端口视图
[SW3-GigabitEthernet1/0/2]stp edged-port        //配置端口为边缘端口
[SW3-GigabitEthernet1/0/2]quit                  //退出端口视图
```

▶ 任务验证

在交换机 SW3 上使用【display stp brief】命令查看 MSTP 运行状态，如图 14-19 所示。可以看到交换机 SW3 的 Instance 10 的 GE 1/0/21 端口为 FORWARDING 状态，GE 1/0/22 端口为 DISCARDING 状态，VLAN10 的流量从 GE 1/0/21 端口进行转发。Instance 20 的 GE 1/0/22 根端口为 FORWARDING 状态，GE 1/0/21 端口为 DISCARDING 状态，VLAN20 的流量从 GE 1/0/22 端口进行转发。

```
[SW3]display stp brief
MST ID    Port                    Role    STP State       Protection
… …
10        GigabitEthernet1/0/1    DESI    FORWARDING      NONE
10        GigabitEthernet1/0/21   ROOT    FORWARDING      NONE
10        GigabitEthernet1/0/22   ALTE    DISCARDING      NONE
20        GigabitEthernet1/0/2    DESI    FORWARDING      NONE
20        GigabitEthernet1/0/21   ALTE    DISCARDING      NONE
20        GigabitEthernet1/0/22   ROOT    FORWARDING      NONE
```

图 14-19　在交换机 SW3 上查看 MSTP 运行状态

任务 14-5　配置 VRRP6

▶ 任务规划

根据 VRRP6 备份组规划表的要求，为交换机 SW1 和 SW2 配置 VRRP6 备份组。

▶ 任务实施

1. 配置交换机 SW1 的 VRRP6 备份组

为交换机 SW1 创建备份组 10 和备份组 20，调整备份组 10 的优先级。

```
[SW1]interface Vlan-interface 10                          //进入VLAN接口视图
[SW1-Vlan-interface10]vrrp ipv6 vrid 10 virtual-ip FE80::10 link-local
                                                          //配置虚拟链路本地地址
[SW1-Vlan-interface10]vrrp ipv6 vrid 10 virtual-ip 2010::1
                                                          //配置虚拟IP地址
[SW1-Vlan-interface10]vrrp ipv6 vrid 10 priority 200
                                                          //配置VRID组的优先级
[SW1-Vlan-interface10]quit                                //退出接口视图
[SW1]interface Vlan-interface 20                          //进入VLAN接口视图
[SW1-Vlan-interface20]vrrp ipv6 vrid 20 virtual-ip FE80::20 link-local
                                                          //配置虚拟链路本地地址
[SW1-Vlan-interface20]vrrp ipv6 vrid 20 virtual-ip 2020::1
                                                          //配置虚拟IP地址
[SW1-Vlan-interface20]quit                                //退出接口视图
```

2. 配置交换机 SW2 的 VRRP6 备份组

为交换机 SW2 创建备份组 10 和备份组 20，调整备份组 20 的优先级。

```
[SW2]interface Vlan-interface 10                          //进入VLAN接口视图
[SW2-Vlan-interface10]vrrp ipv6 vrid 10 virtual-ip FE80::10 link-local
                                                          //配置虚拟链路本地地址
[SW2-Vlan-interface10]vrrp ipv6 vrid 10 virtual-ip 2010::1
                                                          //配置虚拟IP地址
[SW2-Vlan-interface10]quit                                //退出接口视图
[SW2]interface Vlan-interface 20                          //进入VLAN接口视图
[SW2-Vlan-interface20]vrrp ipv6 vrid 20 virtual-ip FE80::20 link-local
                                                          //配置虚拟链路本地地址
[SW2-Vlan-interface20]vrrp ipv6 vrid 20 virtual-ip 2020::1
                                                          //配置虚拟IP地址
[SW2-Vlan-interface20]vrrp ipv6 vrid 20 priority 200
                                                          //配置VRID组的优先级
[SW2-Vlan-interface20]quit                                //退出接口视图
```

任务验证

（1）在交换机 SW1 上使用【display vrrp ipv6】命令查看 VRRP6 配置情况，如图 14-20 所示。

```
[SW1]display vrrp ipv6
IPv6 Virtual Router Information:
 Running mode : Standard
 Total number of virtual routers : 2
 Interface       VRID   State    Running  Adver    Auth     Virtual
                                 Pri      Timer    Type     IP
 --------------------------------------------------------------------
 Vlan10          10     Master   200      100      None     FE80::10
 Vlan20          20     Backup   100      100      None     FE80::20
```

图 14-20　在交换机 SW1 上查看 VRRP6 配置情况

（2）在交换机 SW2 上使用【display vrrp ipv6】命令查看 VRRP6 配置情况，如图 14-21 所示。

```
[SW2]display vrrp ipv6
IPv6 Virtual Router Information:
 Running mode : Standard
 Total number of virtual routers : 2
 Interface       VRID   State    Running  Adver    Auth     Virtual
                                 Pri      Timer    Type     IP
 --------------------------------------------------------------------
 Vlan10          10     Backup   100      100      None     FE80::10
 Vlan20          20     Master   200      100      None     FE80::20
```

图 14-21　在交换机 SW2 上查看 VRRP6 配置情况

任务 14-6　配置 OSPFv3

任务规划

扫一扫
看微课

在交换机 SW1、交换机 SW2、路由器 R1 之间配置 OSPFv3 动态路由协议。

任务实施

1. 配置路由器 R1 的 OSPFv3

在路由器 R1 上创建 OSPFv3 进程，配置 Router ID，并宣告端口到 OSPFv3 的对应区域中。

```
[R1]ospfv3 1                                  //创建OSPFv3进程1
[R1-ospfv3-1]router-id 1.1.1.1                //配置Router ID
[R1-ospfv3-1]quit                             //退出OSPFv3视图
[R1]interface GigabitEthernet 0/0             //进入端口视图
[R1-GigabitEthernet0/0]ospfv3 1 area 0        //宣告端口到OSPFv3进程1的Area0中
[R1-GigabitEthernet0/0]quit                   //退出端口视图
[R1]interface GigabitEthernet 0/1             //进入端口视图
[R1-GigabitEthernet0/1]ospfv3 1 area 0        //宣告端口到OSPFv3进程1的Area0中
[R1-GigabitEthernet0/1]quit                   //退出端口视图
[R1]interface GigabitEthernet 0/2             //进入端口视图
[R1-GigabitEthernet0/2]ospfv3 1 area 0        //宣告端口到OSPFv3进程1的Area0中
[R1-GigabitEthernet0/2]quit                   //退出端口视图
```

2. 配置交换机 SW1 的 OSPFv3

在交换机 SW1 上创建 OSPFv3 进程，配置 Router ID，并宣告接口到 OSPFv3 的对应区域中。

```
[SW1]ospfv3 1                                    //创建OSPFv3进程1
[SW1-ospfv3-1]router-id 2.2.2.2                  //配置Router ID
[SW1-ospfv3-1]quit                               //退出OSPFv3视图
[SW1]interface Vlan-interface 10                 //进入VLAN接口视图
[SW1-Vlan-interface10]ospfv3 1 area 0            //宣告接口到OSPFv3进程1的Area0中
[SW1-Vlan-interface10]quit                       //退出接口视图
[SW1]interface Vlan-interface 20                 //进入VLAN接口视图
[SW1-Vlan-interface20]ospfv3 1 area 0            //宣告接口到OSPFv3进程1的Area0中
[SW1-Vlan-interface20]quit                       //退出接口视图
[SW1]interface Vlan-interface 100                //进入VLAN接口视图
[SW1-Vlan-interface100]ospfv3 1 area 0           //宣告接口到OSPFv3进程1的Area0中
[SW1-Vlan-interface100]quit                      //退出接口视图
```

3. 配置交换机 SW2 的 OSPFv3

在交换机 SW2 上创建 OSPFv3 进程，配置 Router ID，并宣告接口到 OSPFv3 的对应区域中。

```
[SW2]ospfv3 1                                    //创建OSPFv3进程1
[SW2-ospfv3-1]router-id 3.3.3.3                  //配置Router ID
[SW2-ospfv3-1]quit                               //退出OSPFv3视图
[SW2]interface Vlan-interface 10                 //进入VLAN接口视图
```

```
[SW2-Vlan-interface10]ospfv3 1 area 0        //宣告接口到OSPFv3进程1的Area0中
[SW2-Vlan-interface10]quit                   //退出接口视图
[SW2]interface Vlan-interface 20             //进入VLAN接口视图
[SW2-Vlan-interface20]ospfv3 1 area 0        //宣告接口到OSPFv3进程1的Area0中
[SW2-Vlan-interface20]quit                   //退出接口视图
[SW2]interface Vlan-interface 200            //进入VLAN接口视图
[SW2-Vlan-interface200]ospfv3 1 area 0       //宣告接口到OSPFv3进程1的Area0中
[SW2-Vlan-interface200]quit                  //退出接口视图
```

► **任务验证**

（1）在路由器 R1 上使用【display ipv6 routing-table】命令查看 OSPFv3 路由学习情况，如图 14-22 所示。

```
[R1]display ipv6 routing-table
… …
Destination: 2010::/64                       Protocol   : O_INTRA
NextHop     : FE80::5A3D:54FF:FEA3:102       Preference : 10
Interface   : GE0/1                          Cost       : 2

Destination: 2010::/64                       Protocol   : O_INTRA
NextHop     : FE80::5A3D:5DFF:FE18:202       Preference : 10
Interface   : GE0/2                          Cost       : 2

Destination: 2020::/64                       Protocol   : O_INTRA
NextHop     : FE80::5A3D:54FF:FEA3:102       Preference : 10
Interface   : GE0/1                          Cost       : 2

Destination: 2020::/64                       Protocol   : O_INTRA
NextHop     : FE80::5A3D:5DFF:FE18:202       Preference : 10
Interface   : GE0/2                          Cost       : 2
… …
```

图14-22　在路由器 R1 上查看 OSPFv3 路由学习情况

（2）在交换机 SW1 上使用【display ipv6 routing-table】命令查看 OSPFv3 路由学习情况，如图 14-23 所示。

```
[SW1]display ipv6 routing-table
… …
Destination: 2040::/64                       Protocol   : O_INTRA
NextHop     : FE80::5A3D:5DFF:FE18:202       Preference : 10
```

图14-23　在交换机 SW1 上查看 OSPFv3 路由学习情况

```
Interface    : Vlan10                               Cost        : 2

Destination: 2040::/64                              Protocol    : O_INTRA
NextHop      : FE80::5A3D:5DFF:FE18:202             Preference: 10
Interface    : Vlan20                               Cost        : 2

Destination: 2040::/64                              Protocol    : O_INTRA
NextHop      : FE80::5A3D:86FF:FE27:406             Preference: 10
Interface    : Vlan100                              Cost        : 2

Destination: 2050::/64                              Protocol    : O_INTRA
NextHop      : FE80::5A3D:86FF:FE27:406             Preference: 10
Interface    : Vlan100                              Cost        : 2
……
```

图 14-23　在交换机 SW1 上查看 OSPFv3 路由学习情况（续）

（3）在交换机 SW2 上使用【display ipv6 routing-table】命令查看 OSPFv3 路由学习情况，如图 14-24 所示。

```
[SW2]display ipv6 routing-table
……
Destination: 2030::/64                              Protocol    : O_INTRA
NextHop      : FE80::5A3D:54FF:FEA3:102             Preference: 10
Interface    : Vlan10                               Cost        : 2

Destination: 2030::/64                              Protocol    : O_INTRA
NextHop      : FE80::5A3D:54FF:FEA3:102             Preference: 10
Interface    : Vlan20                               Cost        : 2

Destination: 2030::/64                              Protocol    : O_INTRA
NextHop      : FE80::5A3D:86FF:FE27:407             Preference: 10
Interface    : Vlan200                              Cost        : 2
… …
Destination: 2050::/64                              Protocol    : O_INTRA
NextHop      : FE80::5A3D:86FF:FE27:407             Preference: 10
Interface    : Vlan200                              Cost        : 2
……
```

图 14-24　在交换机 SW2 上查看 OSPFv3 路由学习情况

任务 14-7　配置 OSPFv3 接口 cost 值

扫一扫
看微课

▶ **任务规划**

在交换机 SW1、SW2 上配置 OSPFv3 的接口 cost 值，实现负载分担。

▶ 任务实施

1. 配置交换机 SW1 的 OSPFv3 接口 cost 值

在交换机 SW1 的 VLAN 接口上，修改 OSPFv3 的接口 cost 值。

```
[SW1]interface Vlan-interface 20              //进入 VLAN 接口视图
[SW1-Vlan-interface20]ospfv3 cost 10          //修改接口 cost 值
[SW1-Vlan-interface20]quit                    //退出接口视图
```

2. 配置交换机 SW2 的 OSPFv3 接口 cost 值

在交换机 SW2 的 VLAN 接口上，修改 OSPFv3 的接口 cost 值。

```
[SW2]interface Vlan-interface 10              //进入 VLAN 接口视图
[SW2-Vlan-interface10]ospfv3 cost 10          //修改接口 cost 值
[SW2-Vlan-interface10]quit                    //退出接口视图
```

▶ 任务验证

在路由器 R1 上使用【display ipv6 routing-table】命令查看 OSPFv3 路由学习情况，可以看到路由器 R1 去往 2010::/64 的路由下一跳为交换机 SW1，去往 2020::/64 的路由下一跳为交换机 SW2，如图 14-25 所示。

```
[R1]display ipv6 routing-table
……
Destination: 2010::/64                        Protocol  : O_INTRA
NextHop    : FE80::5A3D:54FF:FEA3:102         Preference: 10
Interface  : GE0/1                            Cost      : 2

Destination: 2020::/64                        Protocol  : O_INTRA
NextHop    : FE80::5A3D:5DFF:FE18:202         Preference: 10
Interface  : GE0/2                            Cost      : 2
……
```

图 14-25　在路由器 R1 上查看 OSPFv3 路由学习情况

扫一扫
看微课

（1）在项目部 PC1 上 tracert PC3（Web 服务器）的 IPv6 地址 2050::10，可以看到 PC1 访问 PC3（Web 服务器）的路径为 SW1→R1→PC3（Web 服务器），如图 14-26 所示。

```
PC>tracert 2050::10

通过最多 30 个跃点跟踪到 2050::10 的路由

1    1 ms     <1 毫秒    <1 毫秒    2010::2
2    1 ms     <1 毫秒    <1 毫秒    2030::2
3    1 ms     1 ms       1 ms       2050::10
```

图 14-26   PC1 访问 PC3（Web 服务器）的路径

（2）在策划部 PC2 上 tracert PC3（Web 服务器）的 IPv6 地址 2050::10，可以看到 PC2 访问 PC3（Web 服务器）的路径为 SW2→R1→PC3（Web 服务器），如图 14-27 所示。

```
PC>tracert 2050::10

通过最多 30 个跃点跟踪到 2050::10 的路由

1    <1 毫秒   <1 毫秒    <1 毫秒    2020::3
2    1 ms     <1 毫秒    <1 毫秒    2040::2
3    1 ms     <1 毫秒    <1 毫秒    2050::10
```

图 14-27   PC2 访问 PC3（Web 服务器）的路径

一、理论题

1. 以下关于 MSTP 的描述中错误的是（　　）。（单选）

A. 一个 Instance 仅支持映射一个 VLAN

B. 一个 Instance 可以映射一个或多个 VLAN

C. 不同 MSTI 之间独立运行，互不影响

D. 在同一个 MSTI 中，优先级最高的交换机将成为根交换机

2. MSTP 在以下哪个协议中被定义？（　　）（单选）

A. 802.1W   B. 802.1D   C. 802.1S   D. 802.1Q

3. H3C 交换机默认运行的生成树协议是以下哪一个？（　　）（单选）

A. PVST   B. MSTP   C. STP   D. RSTP

4. 以下哪些参数将会影响交换机对 MST 区域的识别？（　　）（多选）

A. 优先级   B. 域名

C. 修订级别   D. 端口 ID

5. 可以在 MSTP 网络中配置多个 MSTI，不同 MSTI 定义不同的根交换机来实现数据链路层流量负载的分担。（　　）（判断）

二、项目实训题

1. 项目背景与要求

Jan16 科技公司有项目部与策划部两个部门，现需要配置 VRRP6，为项目部和策划部分别配备主网关和备份网关，来保障业务的可靠性。为方便网络路由的管理，需要配置 OSPFv3 协议来维护公司网络中的路由。实训网络拓扑如图 14-28 所示。具体要求如下：

（1）在交换机 SW1、SW2、SW3 上创建部门 VLAN 和业务 VLAN 并划分 VLAN；

（2）在交换机 SW1 与交换机 SW2 之间配置聚合链路；

（3）配置交换机之间链路为 TRUNK 链路及允许的 VLAN 列表；

（4）配置 MSTP；

（5）根据实训网络拓扑，为 PC、路由器、交换机分别配置 IPv6 地址（x 为班级，y 为短学号）；

（6）在路由器 R1、交换机 SW1、交换机 SW2 上配置 OSPFv3 并调整 OSPFv3 的接口 cost 值；

（7）为交换机 SW1 与 SW2 配置 VRRP6。

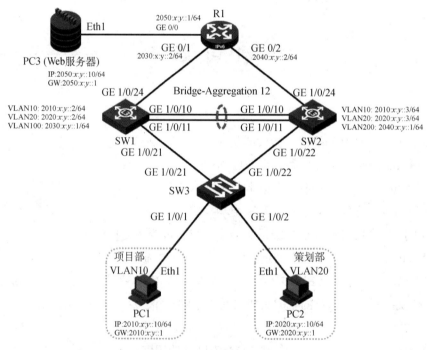

图 14-28 实训网络拓扑图

2. 实训业务规划

根据以上实训网络拓扑和要求，参考本项目的项目规划完成表 14-7～表 14-10 的规划。

表14-7 端口互联规划表

本端设备	本端接口	对端设备	对端接口

表14-8 VRRP6备份组规划表

备份组号	VLAN	设备名称	虚拟IP地址	虚拟链路本地地址	优先级

表14-9 IPv6地址规划表

设备名称	接口	IPv6地址	网关地址	用途

表14-10 MSTP规划表

设备名称	VLAN	MSTID	域名	优先级

3. 实训要求

完成实验后,请截取以下实验验证结果。

(1)在交换机 SW1 上使用【display link-aggregation verbose】命令,查看链路聚合情况。

(2)在交换机 SW3 上使用【display stp brief】命令,查看 MSTP 运行情况。

(3)在路由器 R1 上使用【display ipv6 routing-table】命令,查看 IPv6 路由表信息。

(4)在交换机 SW1 上使用【display ipv6 routing-table】命令,查看 IPv6 路由表信息。

(5)在交换机 SW2 上使用【display ipv6 routing-table】命令,查看 IPv6 路由表信息。

(6)在交换机 SW1 上使用【display vrrp ipv6】命令,查看 VRRP6 配置情况。

(7)在交换机 SW2 上使用【display vrrp ipv6】命令,查看 VRRP6 配置情况。

(8)在项目部 PC1 上 tracert PC3(Web 服务器),测试项目部访问 Web 服务器的路径。

(9)在策划部 PC2 上 tracert PC3(Web 服务器),测试策划部访问 Web 服务器的路径。

项目15　综合项目——Jan16公司总部及分部IPv6网络联调

项目描述

Jan16 公司在某园区 A 栋建立了公司总部，在 B 栋建立了分部。分部与总部时常有网络互访需求，但园区路由器仅能连通总部和分部的出口路由器，公司要求管理员配置路由器实现总部和分部互联互通。公司网络拓扑如图 15-1 所示，具体要求如下。

（1）交换机 SW1 和 SW2 分别作为总部和分部 PC 的网关交换机。

（2）公司总部使用 OSPFv3 动态路由协议维护公司路由。分部规模较小，使用 RIPng 动态路由协议维护分部路由。公司的出口路由器通过静态路由与运营商通信。

（3）运营商网络目前仅支持 IPv4 网络，总部与分部通过在路由器 R1 与 R3 之间配置 IPv6 Over IPv4 GRE 隧道实现通信。

（4）财务部数据较为机密，禁止设计部 PC 访问财务部的网络。

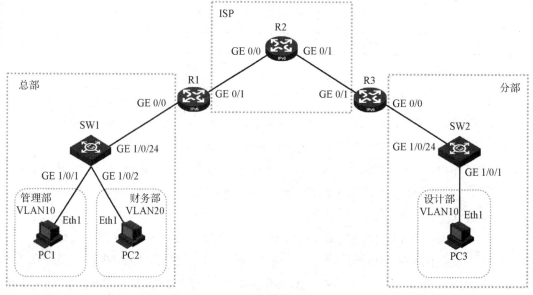

图 15-1　公司网络拓扑图

项目 15　综合项目——Jan16公司总部及分部IPv6网络联调

项目需求分析

Jan16 公司总部和分部需要进行 IPv6 网络互通；在路由器 R1 与交换机 SW1 之间配置 OSPFv3 动态路由协议维护公司总部路由，在路由器 R3 与交换机 SW2 之间配置 RIPng 动态路由协议维护公司分部路由，路由器 R1 与路由器 R3 分别配置指向运营商路由器 R2 的默认路由；在路由器 R1 与路由器 R3 之间配置 IPv6 Over IPv4 GRE 隧道及隧道路由，实现公司总部与分部的网络通信；为保证财务部数据安全，可在路由器 R3 上配置 ACL6，限制设计部 PC 访问财务部的网络。

因此，本项目可以通过以下工作任务来完成。

（1）互联网网络配置。
（2）总部基础网络配置。
（3）总部 IP 业务及路由配置。
（4）分部基础网络配置。
（5）分部 IP 业务及路由配置。
（6）总部与分部互联隧道配置。
（7）总部安全配置。

项目规划设计

▶ 项目拓扑

本项目中，使用三台 PC、三台路由器、两台三层交换机来构建项目网络拓扑，如图 15-2 所示。其中 PC1 是管理部员工主机，PC2 是财务部员工主机，PC3 是设计部员工主机，R1 是总部的出口路由器，R3 是分部的出口路由器。交换机 SW1 用于连接管理部和财务部员工主机，交换机 SW2 用于连接设计部员工主机。

▶ 项目规划

根据图 15-2 所示的项目网络拓扑进行业务规划，端口互联规划、IPv6 地址规划、IPv4 地址规划如表 15-1～表 15-3 所示。

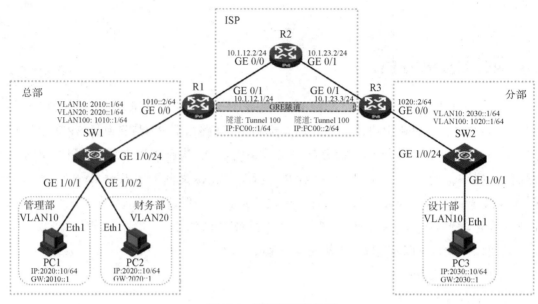

图 15-2　项目网络拓扑图

表 15-1　端口互联规划表

本端设备	本端接口	对端设备	对端接口
PC1	Eth1	SW1	GE 1/0/1
PC2	Eth1	SW1	GE 1/0/2
PC3	Eth1	SW2	GE 1/0/1
R1	GE 0/0	SW1	GE 1/0/24
R1	GE 0/1	R2	GE 0/0
R2	GE 0/0	R1	GE 0/1
R2	GE 0/1	R3	GE 0/1
R3	GE 0/1	R2	GE 0/1
R3	GE 0/0	SW2	GE 1/0/24
SW1	GE 1/0/1	PC1	Eth1
SW1	GE 1/0/2	PC2	Eth1
SW1	GE 1/0/24	R1	GE 0/0
SW2	GE 1/0/1	PC3	Eth1
SW2	GE 1/0/24	R3	GE 0/0

表 15-2　IPv6 地址规划表

设备名称	接口	IPv6 地址	网关地址	用途
PC1	Eth1	2010::10/64	2010::1	PC1 地址
PC2	Eth1	2020::10/64	2020::1	PC2 地址
PC3	Eth1	2030::10/64	2030::1	PC3 地址

（续表）

设备名称	接口	IPv6 地址	网关地址	用途
R1	GE 0/0	1010::2/64	N/A	接口地址
	Tunnel 100	FC00::1/64	N/A	隧道地址
R3	GE 0/0	1020::2/64	N/A	接口地址
	Tunnel 100	FC00::2/64	N/A	隧道地址
SW1	VLAN10	2010::1/64	N/A	PC1 网关地址
	VLAN20	2020::1/64	N/A	PC2 网关地址
	VLAN100	1010::1/64	N/A	接口地址
SW2	VLAN10	2030::1/64	N/A	PC3 网关地址
	VLAN100	1020::1/64	N/A	接口地址

表 15-3　IPv4 地址规划表

设备名称	接口	IPv4 地址	用途
R1	GE 0/1	10.1.12.1/24	接口地址
R2	GE 0/0	10.1.12.2/24	接口地址
	GE 0/1	10.1.23.2/24	接口地址
R3	GE 0/1	10.1.23.3/24	接口地址

项目实施

任务 15-1　互联网网络配置

扫一扫
看微课

▶ **任务规划**

根据 IPv4 地址规划表，为运营商路由器 R2 配置 IPv4 地址。

▶ **任务实施**

在路由器 R2 上为两个端口配置 IPv4 地址，作为与路由器 R1、R3 互联的地址。

```
<H3C>system-view                                            //进入系统视图
[H3C]sysname R2                                             //修改设备名称
[R2]interface GigabitEthernet 0/0                           //进入端口视图
[R2-GigabitEthernet0/0]ip address 10.1.12.2 24              //配置IPv4地址
```

```
[R2-GigabitEthernet0/0]quit                              //退出端口视图
[R2]interface GigabitEthernet 0/1                        //进入端口视图
[R2-GigabitEthernet0/1]ip address 10.1.23.2 24           //配置IPv4地址
[R2-GigabitEthernet0/1]quit                              //退出端口视图
```

▶ **任务验证**

在路由器 R2 上使用【display ip interface brief】命令查看 IPv4 地址配置情况，如图 15-3 所示。

```
[R2]display ip interface brief
… …
Interface              Physical Protocol     IP Address        Description
GE0/0                  up         up         10.1.12.2         --
GE0/1                  up         up         10.1.23.2         --
… …
```

图 15-3　在路由器 R2 上查看 IPv4 地址配置情况

任务 15-2　总部基础网络配置

▶ **任务规划**

根据端口互联规划表的要求，为交换机 SW1 创建部门 VLAN，并将对应端口划分到 VLAN 中。

▶ **任务实施**

1. 为交换机 SW1 创建 VLAN

为交换机 SW1 创建 VLAN10、VLAN20、VLAN100。

```
<H3C>system-view                    //进入系统视图
[H3C]sysname SW1                    //修改设备名称
[SW1]vlan 10 20 100                 //创建VLAN10、VLAN20、VLAN100
```

2. 将交换机端口添加到对应 VLAN 中

为交换机 SW1 划分 VLAN，并将对应端口添加到 VLAN 中。

```
[SW1]interface GigabitEthernet 1/0/1              //进入端口视图
[SW1-GigabitEthernet1/0/1]port access vlan 10     //将ACCESS端口加入VLAN10中
[SW1-GigabitEthernet1/0/1]quit                    //退出端口视图
[SW1]interface GigabitEthernet 1/0/2              //进入端口视图
[SW1-GigabitEthernet1/0/2]port access vlan 20     //将ACCESS端口加入VLAN20中
[SW1-GigabitEthernet1/0/2]quit                    //退出端口视图
[SW1]interface GigabitEthernet 1/0/24             //进入端口视图
[SW1-GigabitEthernet1/0/24]port access vlan 100
                                                  //将ACCESS端口加入VLAN100中
[SW1-GigabitEthernet1/0/24]quit                   //退出端口视图
```

▶ 任务验证

（1）在交换机SW1上使用【display vlan】命令查看VLAN创建情况，如图15-4所示。

```
[SW1]display vlan
 Total VLANs: 4
 The VLANs include:
 1(default), 10, 20, 100
```

图15-4 在交换机SW1上查看VLAN创建情况

（2）在交换机SW1上使用【display interface brief】命令查看链路配置情况，如图15-5所示。

```
[SW1]display interface brief
… …
Interface          Link Speed   Duplex Type PVID Description
GE1/0/1            UP   1G(a)   F(a)   A    10
GE1/0/2            UP   1G(a)   F(a)   A    20
GE1/0/24           UP   1G(a)   F(a)   A    100
… …
```

图15-5 在交换机SW1上查看链路配置情况

任务15-3 总部IP业务及路由配置

▶ 任务规划

根据IPv6地址规划表和IPv4地址规划表，为总部的路由器和交换机配置IPv6和IPv4地址；为交换机SW1配置DHCP服务；在交换机SW1与路由器R1之间配置OSPFv3动态路由协议,以及配置路由器 R1 指向运营商的 IPv4 默认路由。

▶ 任务实施

1. 根据表15-4为总部各部门PC配置IPv6地址及网关地址

表15-4 总部各部门PC的IPv6地址及网关地址

设备名称	IPv6 地址	网关地址
PC1	2010::10/64	2010::1
PC2	2020::10/64	2020::1

PC1 的 IPv6 地址配置结果如图 15-6 所示,同理完成 PC2 的 IPv6 地址配置。

图15-6 PC1 的 IPv6 地址配置结果

2. 配置交换机和路由器的接口IP地址

(1)在交换机 SW1 上配置 IPv6 地址,作为总部各部门的网关地址,以及与路由器 R1 互联的地址。

```
[SW1]ipv6                                            //开启全局IPv6功能
[SW1]interface Vlan-interface 10                     //进入VLAN接口视图
[SW1-Vlan-interface10]ipv6 address 2010::1 64        //配置IPv6地址
[SW1-Vlan-interface10]quit                           //退出接口视图
[SW1]interface Vlan-interface 20                     //进入VLAN接口视图
[SW1-Vlan-interface20]ipv6 address 2020::1 64        //配置IPv6地址
```

```
[SW1-Vlan-interface20]quit                        //退出接口视图
[SW1]interface Vlan-interface 100                 //进入VLAN接口视图
[SW1-Vlan-interface100]ipv6 address 1010::1 64    //配置IPv6地址
[SW1-Vlan-interface100]quit                       //退出接口视图
```

（2）在路由器R1上配置IPv6地址，作为与总部交换机SW1互联的地址，配置IPv4地址，作为与路由器R2互联的地址。

```
<H3C>system-view                                  //进入系统视图
[H3C]sysname R1                                   //修改设备名称
[R1]ipv6                                          //开启全局IPv6功能
[R1]interface GigabitEthernet 0/0                 //进入端口视图
[R1-GigabitEthernet0/0]ipv6 address 1010::2 64    //配置IPv6地址
[R1-GigabitEthernet0/0]quit                       //退出端口视图
[R1]interface GigabitEthernet 0/1                 //进入端口视图
[R1-GigabitEthernet0/1]ip add 10.1.12.1 24        //配置IPv4地址
[R1-GigabitEthernet0/1]quit                       //退出端口视图
```

3. 配置OSPFv3动态路由协议

（1）在交换机SW1上创建OSPFv3进程，并宣告接口到OSPFv3的对应区域中。

```
[SW1]ospfv3 1                                     //创建OSPFv3进程1
[SW1-ospfv3-1]router-id 2.2.2.2                   //配置Router ID
[SW1-ospfv3-1]quit                                //退出OSPFv3视图
[SW1]interface Vlan-interface 10                  //进入VLAN接口视图
[SW1-Vlan-interface10]ospfv3 1 area 0             //宣告接口到OSPFv3进程1的Area0中
[SW1-Vlan-interface10]quit                        //退出接口视图
[SW1]interface Vlan-interface 20                  //进入VLAN接口视图
[SW1-Vlan-interface20]ospfv3 1 area 0             //宣告接口到OSPFv3进程1的Area0中
[SW1-Vlan-interface20]quit                        //退出接口视图
[SW1]interface Vlan-interface 100                 //进入VLAN接口视图
[SW1-Vlan-interface100]ospfv3 1 area 0            //宣告接口到OSPFv3进程1的Area0中
[SW1-Vlan-interface100]quit                       //退出接口视图
```

（2）在路由器R1上创建OSFPv3进程，并宣告端口到OSPFv3的对应区域中。

```
[R1]ospfv3 1                                      //创建OSPFv3进程1
[R1-ospfv3-1]router-id 1.1.1.1                    //配置Router ID
[R1-ospfv3-1]quit                                 //退出OSPFv3视图
[R1]interface GigabitEthernet 0/0                 //进入端口视图
[R1-GigabitEthernet0/0]ospfv3 1 area 0            //宣告端口到OSPFv3进程1的Area0中
[R1-GigabitEthernet0/0]quit                       //退出端口视图
```

4. 配置路由器的默认路由

为路由器 R1 配置默认路由，作为总部的 IPv4 网络默认出口。

```
[R1]ip route-static 0.0.0.0 0.0.0.0 10.1.12.2          //配置默认路由
```

▶ 任务验证

（1）在路由器 R1 上使用【display ip interface brief】【display ipv6 interface brief】命令查看 IP 地址配置情况，如图 15-7 所示。

```
[R1]display ip interface brief
… …
Interface              Physical  Protocol   IP Address    Description
… …
GE0/1                  up        up         10.1.12.1     --
… …

[R1]display ipv6 interface brief
… …
Interface                        Physical  Protocol   IPv6 Address
GigabitEthernet0/0               up        up         1010::2
… …
```

图 15-7　在路由器 R1 上查看 IP 地址配置情况

（2）在交换机 SW1 上使用【display ipv6 interface brief】命令查看 IP 地址配置情况，如图 15-8 所示。

```
[SW1]display ipv6 interface brief
… …
Interface                   Physical  Protocol   IPv6 Address
Vlan-interface10            up        up         2010::1
Vlan-interface20            up        up         2020::1
Vlan-interface100           up        up         1010::1
```

图 15-8　在交换机 SW1 上查看 IP 地址配置情况

（3）在路由器 R1 上使用【display ip routing-table】【display ipv6 routing-table】命令查看路由学习情况，如图 15-9 所示。

```
[R1]display ip routing-table
… …
Destination/Mask   Proto    Pre  Cost    NextHop       Interface
0.0.0.0/0          Static   60   0       10.1.12.2     GE0/1
```

图 15-9　在路由器 R1 上查看路由学习情况

… …
[R1]display ipv6 routing-table
… …
Destination: 2010::/64   Protocol ：O_INTRA
NextHop   ：FE80::763A:20FF:FECF:ECDB   Preference: 10
Interface ：GE0/0   Cost   ：2

Destination: 2020::/64   Protocol ：O_INTRA
NextHop   ：FE80::763A:20FF:FECF:ECDB   Preference: 10
Interface ：GE0/0   Cost   ：2
… …

图 15-9　在路由器 R1 上查看路由学习情况（续）

任务 15-4　分部基础网络配置

扫一扫
看微课

▶ **任务规划**

根据端口互联规划表的要求，为交换机 SW2 创建部门 VLAN，并将对应端口划分到 VLAN 中。

▶ **任务实施**

1. 为交换机 SW2 创建部门 VLAN

为交换机 SW2 创建 VLAN10、VLAN100 并划分 VLAN。

```
<H3C>system-view                                //进入系统视图
[H3C]sysname SW2                                //修改设备名称
[SW2]vlan 10 100                                //创建 VLAN10、VLAN100
```

2. 将交换机端口添加到对应 VLAN 中

为交换机 SW2 划分 VLAN，并将对应端口添加到 VLAN 中。

```
[SW2]interface GigabitEthernet 1/0/1            //进入端口视图
[SW2-GigabitEthernet1/0/1]port access vlan 10   //划分端口到 VLAN10 中
[SW2-GigabitEthernet1/0/1]quit                  //退出端口视图
[SW2]interface GigabitEthernet 1/0/24           //进入端口视图
[SW2-GigabitEthernet1/0/24]port access vlan 100 //划分端口到 VLAN100 中
[SW2-GigabitEthernet1/0/24]quit                 //退出端口视图
```

▶ 任务验证

在交换机 SW2 上使用【display vlan】【display interface brief】命令查看 VLAN 创建情况与链路配置情况，如图 15-10 所示。

```
[SW2]display vlan
 Total VLANs: 3
 The VLANs include:
 1(default), 10, 100

[SW2]display interface brief
… …
Interface            Link Speed    Duplex Type PVID Description
GE1/0/1              UP   1G(a)    F(a)    A    10
… …
GE1/0/24             UP   1G(a)    F(a)    A    100
… …
```

图 15-10 在交换机 SW2 上查看 VLAN 创建情况与链路配置情况

任务 15-5 分部 IP 业务及路由配置

▶ 任务规划

根据 IPv6 地址规划表和 IPv4 地址规划表，为分部的路由器和交换机配置 IPv6 和 IPv4 地址；为交换机 SW2 开启 RA 报文发送功能；在路由器 R3 与交换机 SW2 之间运行 RIPng 动态路由协议，以及配置路由器 R3 指向运营商的 IPv4 默认路由。

▶ 任务实施

1. 根据表 15-5 为分部 PC 配置 IPv6 地址及网关地址

表 15-5 分部 PC 的 IPv6 地址及网关地址

设备名称	IPv6 地址	网关地址
PC3	2030::10/64	2030::1

PC3 的 IPv6 地址配置结果如图 15-11 所示。

图 15-11　PC3 的 IPv6 地址配置结果

2. 配置交换机和路由器的接口 IP 地址

（1）在交换机 SW2 上配置 IPv6 地址，作为设计部的网关地址，以及与路由器 R3 互联的地址。

```
[SW2]ipv6                                          //开启全局IPv6功能
[SW2]interface Vlan-interface 10                   //进入VLAN接口视图
[SW2-Vlan-interface10]ipv6 address 2030::1 64      //配置IPv6地址
[SW2-Vlan-interface10]quit                         //退出接口视图
[SW2]interface Vlan-interface 100                  //进入VLAN接口视图
[SW2-Vlan-interface100]ipv6 address 1020::1 64     //配置IPv6地址
[SW2-Vlan-interface100]quit                        //退出接口视图
```

（2）在路由器 R3 上配置 IPv6 地址，作为与分部交换机 SW2 互联的地址，配置 IPv4 地址，作为与路由器 R2 互联的地址。

```
<H3C>system-view                                   //进入系统视图
[H3C]sysname R3                                    //修改设备名称
[R3]ipv6                                           //开启全局IPv6功能
[R3]interface GigabitEthernet 0/0                  //进入端口视图
[R3-GigabitEthernet0/0]ipv6 address 1020::2 64     //配置IPv6地址
[R3-GigabitEthernet0/0]quit                        //退出端口视图
[R3]interface GigabitEthernet 0/1                  //进入端口视图
[R3-GigabitEthernet0/1]ip add 10.1.23.3 24         //配置IPv4地址
[R3-GigabitEthernet0/1]quit                        //退出端口视图
```

3. 配置 RIPng 动态路由协议

（1）在交换机 SW2 上配置 RIPng 动态路由协议，并宣告对应接口到 RIPng 中。

```
[SW2]interface Vlan-interface 10                //进入接口视图
[SW2-Vlan-interface10]ripng 1 enable            //宣告接口到 RIPng 进程 1 中
[SW2-Vlan-interface10]quit                      //退出接口视图
[SW2]interface Vlan-interface 100               //进入接口视图
[SW2-Vlan-interface100]ripng 1 enable           //宣告接口到 RIPng 进程 1 中
[SW2-Vlan-interface100]quit                     //退出接口视图
```

（2）在路由器 R3 上配置 RIPng 动态路由协议，并宣告对应端口到 RIPng 中。

```
[R3]interface GigabitEthernet 0/0               //进入端口视图
[R3-GigabitEthernet0/0]ripng 1 enable           //宣告端口到 RIPng 进程 1 中
[R3-GigabitEthernet0/0]quit                     //退出端口视图
```

4. 配置路由器的默认路由

为路由器 R3 配置默认路由，作为分部的 IPv4 网络默认出口。

```
[R3]ip route-static 0.0.0.0 0.0.0.0 10.1.23.2   //配置默认路由
```

▶ 任务验证

（1）在路由器 R3 上使用【display ip interface brief】【display ipv6 interface brief】命令查看 IP 地址配置情况，如图 15-12 所示。

```
[R3]display ip interface brief
……
Interface           Physical  Protocol   IP Address      Description
……
GE0/1               up        up         10.1.23.3       --
……

[R3]display ipv6 interface brief
……
Interface                     Physical  Protocol   IPv6 Address
GigabitEthernet0/0            up        up         1020::2
……
```

图 15-12 在路由器 R3 上查看 IP 地址配置情况

（2）在交换机 SW2 上使用【display ipv6 interface brief】命令查看 IP 地址配置情况，如图 15-13 所示。

```
[SW2]display ipv6 interface brief
… …
Interface                      Physical Protocol    IPv6 Address
Vlan-interface10                  up        up       2030::1
Vlan-interface100                 up        up       1020::1
```

图 15-13 在交换机 SW2 上查看 IP 地址配置情况

（3）在路由器 R3 上使用【 display ip routing-table 】【 display ipv6 routing-table 】命令查看路由学习情况，如图 15-14 所示。

```
[R3]display ip routing-table
… …
Destination/Mask    Proto    Pre  Cost        NextHop         Interface
0.0.0.0/0           Static   60   0           10.1.23.2       GE0/1
… …

[R3]display ipv6 routing-table
… …
Destination: 2030::/64                          Protocol   : RIPng
NextHop    : FE80::763A:20FF:FECF:F1A3          Preference : 100
Interface  : GE0/0                              Cost       : 1
… …
```

图 15-14 在路由器 R3 上查看路由学习情况

任务 15-6 总部与分部互联隧道配置

▶ 任务规划

在路由器 R1 与 R3 之间配置 IPv6 Over IPv4 GRE 隧道及隧道路由，并将隧道路由分别引入总部和分部的网络。

▶ 任务实施

1. 配置路由器 R1 的 IPv6 Over IPv4 GRE 隧道及隧道路由

创建隧道接口 Tunnel 100，配置隧道协议为 GRE，IPv6 地址为 FC00::1/64，隧道起点地址为 10.1.12.1，隧道终点地址为 10.1.23.3。配置 R1 指向设计部的隧道路由。

```
[R1]interface Tunnel 100 mode ipv6-ipv4         //创建隧道接口
[R1-Tunnel100]ipv6 address FC00::1 64           //配置隧道地址
[R1-Tunnel100]source 10.1.12.1                  //配置隧道起点地址
[R1-Tunnel100]destination 10.1.23.3             //配置隧道终点地址
```

```
[R1-Tunnel100]quit                              //退出接口视图
[R1]ipv6 route-static 2030:: 64 Tunnel 100      //配置隧道路由
```

2. 配置路由器 R3 的 IPv6 Over IPv4 GRE 隧道及隧道路由

创建隧道接口 Tunnel 100，配置隧道协议为 GRE，IPv6 地址为 FC00::2/64，隧道起点地址为 10.1.23.3，隧道终点地址为 10.1.12.1。配置 R3 指向管理部和财务部的隧道路由。

```
[R3]interface Tunnel 100 mode ipv6-ipv4         //创建隧道接口
[R3-Tunnel100]ipv6 address FC00::2 64           //配置隧道地址
[R3-Tunnel100]source 10.1.23.3                  //配置隧道起点地址
[R3-Tunnel100]destination 10.1.12.1             //配置隧道终点地址
[R3-Tunnel100]quit                              //退出接口视图
[R3]ipv6 route-static 2010:: 64 Tunnel 100      //配置 IPv6 静态路由
[R3]ipv6 route-static 2020:: 64 Tunnel 100      //配置 IPv6 静态路由
```

3. 引入隧道路由

（1）在路由器 R1 上将隧道路由引入 OSPFv3 进程中。

```
[R1]ospfv3 1                                    //进入 OSPFv3 进程 1
[R1-ospfv3-1]import-route static                //引入静态路由
[R1-ospfv3-1]quit                               //退出 OSPFv3 视图
```

（2）在路由器 R3 上将隧道路由引入 RIPng 进程中。

```
[R3]ripng 1                                     //进入 RIPng 进程 1
[R3-ripng-1]import-route static                 //引入静态路由
[R3-ripng-1]quit                                //退出 RIPng 视图
```

▶ 任务验证

（1）在路由器 R1 上使用【ping ipv6 FC00::2】命令尝试 ping 通隧道终点地址，如图 15-15 所示。

```
[R1]ping ipv6 FC00::2
Ping6(56 data bytes) FC00::1 --> FC00::2, press CTRL_C to break
56 bytes from FC00::2, icmp_seq=0 hlim=64 time=0.946 ms
56 bytes from FC00::2, icmp_seq=1 hlim=64 time=0.522 ms
56 bytes from FC00::2, icmp_seq=2 hlim=64 time=0.627 ms
56 bytes from FC00::2, icmp_seq=3 hlim=64 time=0.544 ms
56 bytes from FC00::2, icmp_seq=4 hlim=64 time=0.522 ms
```

图 15-15　在路由器 R1 上测试隧道网络连通性

```
--- Ping6 statistics for FC00::2 ---
5 packets transmitted, 5 packets received, 0.0% packet loss
round-trip min/avg/max/std-dev = 0.522/0.632/0.946/0.162 ms
```

图 15-15 在路由器 R1 上测试隧道网络连通性（续）

（2）在交换机 SW1 上使用【display ipv6 routing-table】命令查看隧道路由学习信息，如图 15-16 所示。

```
[SW1]display ipv6 routing-table
… …
Destination: 2030::/64              Protocol   : O_ASE2
NextHop    : FE80::4A7A:DAFF:FEFE:116     Preference: 150
Interface  : Vlan100                Cost       : 1
… …
```

图 15-16 在交换机 SW1 上查看隧道路由学习信息

（3）在交换机 SW2 上使用【display ipv6 routing-table】命令查看隧道路由学习信息，如图 15-17 所示。

```
[SW2]display ipv6 routing-table
… …
Destination: 2010::/64              Protocol   : RIPng
NextHop    : FE80::4A7A:DAFF:FEFD:FADA    Preference: 100
Interface  : Vlan100                Cost       : 1

Destination: 2020::/64              Protocol   : RIPng
NextHop    : FE80::4A7A:DAFF:FEFD:FADA    Preference: 100
Interface  : Vlan100                Cost       : 1
… …
```

图 15-17 在交换机 SW2 上查看隧道路由学习信息

任务 15-7 总部安全配置

▶ **任务规划**

在路由器 R3 上配置 ACL6，禁止设计部 PC 访问财务部的网络。

▶ **任务实施**

创建高级 ACL6，名称为 JAN16，创建规则 5，动作为【deny】，匹配源地址为设计部网段 2030::/64，匹配目标地址为财务部网段 2020::/64；应用于路由器 R3 GE 0/0 端口流量的入口方向。

```
[R3]acl ipv6 advanced name JAN16                //创建高级ACL6
[R3-acl-ipv6-adv-JAN16]rule 5 deny ipv6 source 2030:: 64 destination
2020:: 64                                       //创建规则5
[R3-acl-ipv6-adv-JAN16]quit                     //退出ACL6视图
[R3]interface GigabitEthernet 0/0               //进入端口视图
[R3-GigabitEthernet0/0]packet-filter ipv6 name JAN16 inbound
                                                //在端口流量的入口方向上调用ACL6
[R3-GigabitEthernet0/0]quit                     //退出端口视图
```

▶ **任务验证**

在路由器 R3 上使用【display acl ipv6 all】命令查看 ACL6 创建情况，如图 15-18 所示。

```
[R3]display acl ipv6 all
Advanced IPv6 ACL named JAN16, 1 rule,
ACL's step is 5
 rule 5 deny ipv6 source 2030::/64 destination 2020::/64
```

图 15-18　在路由器 R3 上查看 ACL6 创建情况

项目验证

扫一扫
看微课

（1）在管理部 PC1 上 ping 财务部 PC2 的 IPv6 地址 2020::10，如图 15-19 所示。

```
C:\Users\admin>ping 2020::10

正在 Ping 2020::10 具有 32 字节的数据:
来自 2020::10 的回复: 时间=1ms
来自 2020::10 的回复: 时间=1ms
来自 2020::10 的回复: 时间=1ms
来自 2020::10 的回复: 时间<1ms

2020::10 的 Ping 统计信息:
    数据包: 已发送 = 4, 已接收 = 4, 丢失 = 0 (0% 丢失),
往返行程的估计时间(以毫秒为单位):
    最短 = 0ms, 最长 = 1ms, 平均 = 0ms
```

图 15-19　测试 PC1 与 PC2 之间的网络连通性

（2）在管理部 PC1 上 ping 设计部 PC3 的 IPv6 地址 2030::10，如图 15-20 所示。

```
C:\Users\admin>ping 2030::10

正在 Ping 2030::10 具有 32 字节的数据:
来自 2030::10 的回复: 时间=1ms
来自 2030::10 的回复: 时间=1ms
来自 2030::10 的回复: 时间=1ms
来自 2030::10 的回复: 时间=1ms

2030::10 的 Ping 统计信息:
    数据包: 已发送 = 4, 已接收 = 4, 丢失 = 0 (0% 丢失),
往返行程的估计时间(以毫秒为单位):
    最短 = 1ms, 最长 = 1ms, 平均 = 1ms
```

图 15-20 测试 PC1 与 PC3 之间的网络连通性

（3）在设计部 PC3 上 ping 财务部 PC2 的 IPv6 地址 2020::10，如图 15-21 所示。

```
C:\Users\admin>ping 2020::10

正在 Ping 2020::10 具有 32 字节的数据:
请求超时。
请求超时。
请求超时。
请求超时。

2020::10 的 Ping 统计信息:
    数据包: 已发送 = 4, 已接收 = 0, 丢失 = 4 (100% 丢失),
```

图 15-21 测试 PC3 与 PC2 之间的网络连通性

项目实训题

1. 项目背景与要求

Jan16 科技公司网络工程师小钱，接到任务需对公司总部与分部网络进行规划设计。实训网络拓扑如图 15-22 所示。具体要求如下：

（1）在交换机 SW1、SW2 上创建部门 VLAN 和业务 VLAN 并划分 VLAN；

（2）根据实训网络拓扑，为 PC、路由器、交换机分别配置 IPv6 地址（x 为班级，y 为短学号）；

（3）在路由器 R1、交换机 SW1 上配置 OSPFv3 协议，维护总部网络路由；

（4）在路由器 R3、交换机 SW2 上配置 RIPng 协议，维护分部网络路由；

（5）在路由器 R1 与 R3 上配置 IPv4 默认路由，下一跳为路由器 R2，使运营商网络互联互通；

（6）在路由器 R1 与 R3 上配置 GRE 隧道；

（7）在路由器 R1 与 R3 上分别配置隧道路由并分别引入 OSPFv3 进程和 RIPng 进程中；

（8）在路由器 R3 上配置 ACL6 限制设计部 PC 访问财务部的网络。

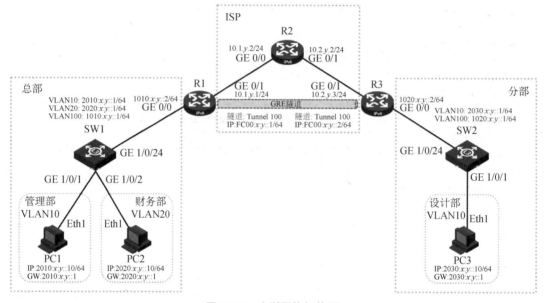

图15-22　实训网络拓扑图

2. 实训业务规划

根据以上实训网络拓扑和要求，参考本项目的项目规划完成表 15-6～表 15-8 的规划。

表15-6　端口互联规划表

本端设备	本端接口	对端设备	对端接口

表15-7　IPv6 地址规划表

设备名称	接　　口	IPv6 地址	网关地址	用　　途

表15-8　IPv4 地址规划表

设备名称	接　　口	IPv4 地址	用　　途

3. 实训要求

完成实验后，请截取以下实验验证结果。

（1）在交换机 SW1 上使用【display interface brief】命令，查看链路配置情况。

（2）在交换机 SW2 上使用【display interface brief】命令，查看链路配置情况。

（3）在路由器 R1 上使用【display ip routing-table】命令，查看 IPv4 路由表信息。

（4）在路由器 R3 上使用【display ip routing-table】命令，查看 IPv4 路由表信息。

（5）在路由器 R1 上使用【display ipv6 routing-table】命令，查看 IPv6 路由表信息。

（6）在交换机 SW1 上使用【display ipv6 routing-table】命令，查看 IPv6 路由表信息。

（7）在路由器 R3 上使用【display ipv6 routing-table】命令，查看 IPv6 路由表信息。

（8）在交换机 SW2 上使用【display ipv6 routing-table】命令，查看 IPv6 路由表信息。

（9）以路由器 R1 作为 GRE 隧道起点，ping 隧道终点地址 FC00:x:y::2，查看隧道建立情况。

（10）在管理部 PC1 上 ping 设计部 PC3，测试部门之间的网络连通性。

（11）在财务部 PC2 上 ping 设计部 PC3，测试部门之间的网络连通性。